北京理工大学"双一流"建设精品出版工程

Organic Synthesis Unit Reaction

有机合成单元反应

李晓芳◎编著

北京理工大学出版社
BEIJING INSTITUTE OF TECHNOLOGY PRESS

图书在版编目（CIP）数据

有机合成单元反应／李晓芳编著. —北京：北京理工大学出版社，2020.12
ISBN 978 - 7 - 5682 - 9315 - 0

Ⅰ.①有…　Ⅱ.①李…　Ⅲ.①有机合成　Ⅳ.①O621.3

中国版本图书馆 CIP 数据核字（2020）第 244180 号

出版发行／北京理工大学出版社有限责任公司

社　　址／北京市海淀区中关村南大街 5 号

邮　　编／100081

电　　话／（010）68914775（总编室）

　　　　　（010）82562903（教材售后服务热线）

　　　　　（010）68948351（其他图书服务热线）

网　　址／http：//www.bitpress.com.cn

经　　销／全国各地新华书店

印　　刷／保定市中画美凯印刷有限公司

开　　本／787 毫米×1092 毫米　1/16

印　　张／12.75　　　　　　　　　　　　　　　　责任编辑／刘　派

字　　数／300 千字　　　　　　　　　　　　　　　文案编辑／李丁一

版　　次／2020 年 12 月第 1 版　2020 年 12 月第 1 次印刷　　责任校对／周瑞红

定　　价／68.00 元　　　　　　　　　　　　　　　责任印制／李志强

前言

有机合成单元反应是有机化学的核心，有机合成的基础需要各式各样的基元反应，因此，发展新反应，采用新试剂与新合成技术已成为发展有机合成的重要途径。

纵观有机化学近年来的发展，我们通过对相关文献及书籍的整理、归纳及总结，比较全面地编写了一本反映有机合成单元反应现状的新教材。

本书主要介绍了有机合成中自由基试剂、亲核试剂、亲电试剂等参与的有机合成的几个方面以及金属有机化学简史。第一章主要介绍了自由基试剂参与的有机反应，包括自由基试剂的分类及其参与的加成、取代、重排和氧化还原反应。第二章主要介绍了亲核试剂参与的有机反应，包括脂肪类碳原子参与的亲核反应、碳杂原子多重键参与的亲核反应及芳香亲核试剂参与的亲核反应。第三章主要介绍了亲电试剂参与的有机反应，包括烯烃、炔烃和共轭烯烃参与的亲电反应，芳香类亲电试剂参与的有机反应以及亲电试剂参与的重排反应。第四章主要介绍了金属有机试剂参与的有机反应，包括主族金属有机试剂和过渡金属有机试剂参与的有机反应。通过上述的编排有利于反映它们的共性以及特性，进而有利于我们了解、学习及掌握相关的内容。

本书在编写过程中得到了北京理工大学出版社策划编辑刘兴春及李丁一所给予的关心、支持和帮助，感谢他们对本书的顺利出版所做的大量工作。

参与本书编写的有宋闯、刘豪、徐欢、武晓林等，感谢他们为本书编写所做出的贡献，全书由李晓芳统稿和定稿。

本书在编写的过程中广泛阅读和参考了国内外有关的书籍、论文及研究成果，通过整体的归纳、总结、筛选和整理，使得本书更具系统性、实用性和先进性。整体连贯叙述性强，并且引用了部分原始的论文、评论及专著，使学生开阔视野和更加深入的学习。这些参考在书中均有标注，在此向上述有关作者表示衷心的感谢。

由于有机合成单元反应的发展十分迅速，而且内容丰富具有多样性，加上作者水平有限，书中难免会有一些漏洞和疏忽，敬请批评指正。

目　录
CONTENTS

第一章 自由基参与的有机反应

自由基的生成

在一个化学反应中，或在外界（光、热、辐射等）影响下，分子中共价键断裂，使共用电子对变为一方所独占，则生成离子；若分裂的结果使共用电子对分属于两个原子（或基团），则生成自由基。自由基反应涉及具有未配对电子的分子。自由基可以是起始化合物或产物，但自由基通常是反应的中间产物。到目前为止讨论的大多数反应都是涉及极性中间产物以及过渡结构的杂化过程，其中所有电子在整个反应过程中保持成对。

自由基的稳定性

自由基的稳定性，是指与它的母体化合物的稳定性相比较，比母体化合物能量高得多的较不稳定，高得少的相对较稳定。自由基的稳定性与相连的取代基有关，当吸电子取代基和给电子取代基同时存在于自由基位置时，自由基特别稳定，称为"mero 稳定"或"capto-dative 稳定"，是两个取代基效应相互加强的结果。烯丙基和苄基等不饱和基团的共轭会对自由基产生稳定作用。这些取代基效应有时会导致协同稳定，烯丙基和苄基自由基也受吸电子基和给电子基的影响，自由基通过共轭、吸电子和给电子基团而稳定。

离甲基越远的越稳定，因为甲基有推电子性，使自由基上电子云密度增大，靠双键越近的越稳定，因为双键电子离域，可以使自由基电子云密度下降，自由基电子云密度越低就越稳定。简单的有机自由基，如甲基自由基、乙基自由基，是在 20 年代通过气相反应证实的。有机自由基作为活泼中间体，是在 20 世纪 30 年代由 D. H. 海伊、W. A. 沃特斯和 M. S. 卡拉施等研究发现的。有机化合物发生化学反应时，总是伴随着一部分共价键的断裂和新的共价键的生成。当共价键发生均裂时，两个成键电子分离，所生成的碎片有一个未成对电子，如 H·，CH·，Cl· 等。因为存在未成对电子，自由基和自由原子非常活泼，通常无法分离得到。不过在许多反应中，自由基和自由原子以中间体的形式存在，尽管浓度很低，但存留时间很短。

空间位阻也会影响自由基反应，让我们先考虑一下，当一个自由基的中心连接一个吸电子基时会发生什么，像 C $=$ O 和 C $\equiv$ N 这样的基团是吸电子的，因为它们有一个低空的 π^* 轨道。如图 1 – 1 所示，通过与含有自由基（SOMO）的（通常是 p）轨道重叠，产生两个新的分子轨道。一个电子（旧 SOMO 中的一个）可用于填充两个新的轨道 ALS。它进入了新的SOMO，它比旧的 SOMO 低，因为电子处于低能量轨道上，自由基变得稳定。

我们可以以类似的方式分析富电子基团如—OR 基团所发生的情况。醚氧原子具有相对高能填充的 n 轨道，它们的孤对电子如图 1 – 2 与 SOMO 的相互作用又给出了两个新的分子

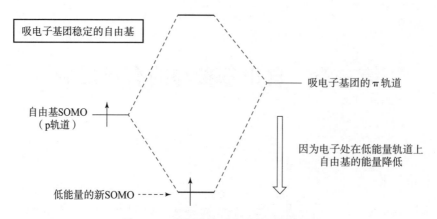

图 1-1 空间位阻对自由基反应影响

轨道。有三个电子可用来填充它们。SOMO 能级现在比开始时高,但是孤对电子能量较低。因为两个电子,虽然新的 SOMO 比旧的 SOMO 具有更高的能量,但它的能量已经下降,只有一个上升,系统整体稳定。稍后我们将看到 SOMO 的能量对其反应活性的影响。

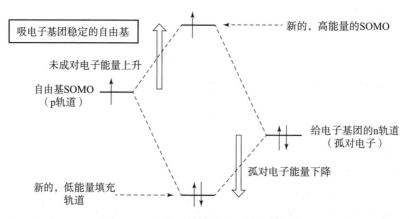

图 1-2 富电子基因对自由基反应影响

自由基的分类

自由基具有很高的活性,可进行多种类型的反应,常见反应类型有自由基取代反应、自由基加成反应、自由基氧化还原反应和自由基重排反应等。

1.1 自由基加成反应

自由基反应的关键步骤是通过自由基加成生成自由基。Br·自由基是通过 RO·从 HBr 中提取 H·而生成的,加成到烯烃中,得到一个新的碳中心自由基,这就是自由基加成机理。值得注意的是,箭头用于指示单个电子的运动。

正如电荷必须通过化学反应守恒一样,所涉及的电子的自旋也必须守恒。如果一个反应物携带一个未配对的电子,那么一个产物也必须如此。加成对自旋配对分子来说,总是会产生一个新的自由基。因此，自由基加成是一种生成自由基的反应。当将单个电子加入自旋配对分子中时，发生最简单的自由基加成反应。这个过程是还原过程。单电子还原的例子如 Birch 还原，第一主族金属（通常是钠）溶解在液氨时会通过失去一个 s 电子，生成稳定的 M^+ 离子。例如，酮可以与钠反应生成酮基自由基（图 1 - 3）。

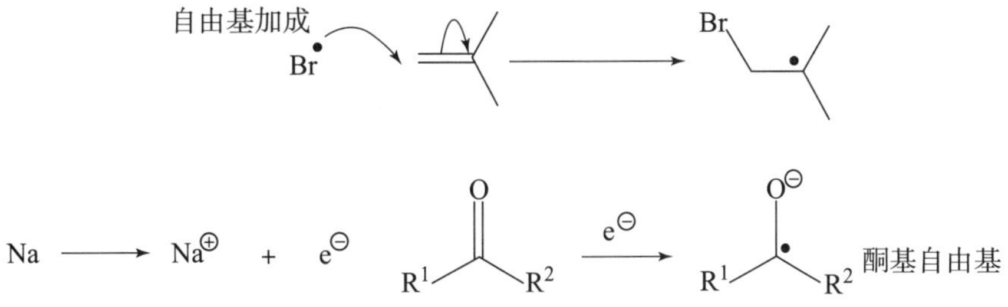

图 1 - 3　酮基自由基的生成

1.1.1　烯烃的自由基加成

简单烯烃的自由基加成反应可以有效增加分子的复杂度，1945 年，Kharasch 教授发展了多卤甲烷对末端烯烃的加成，该反应在构建新的 C—C 键和 C—X 键的同时可以引入一个 CX_3 官能团。该反应作为最早发现的自由基反应之一，后来被命名为 Kharasch 加成反应，也称为原子自由基加成反应。多卤甲烷与烯烃的加成反应如下所示：

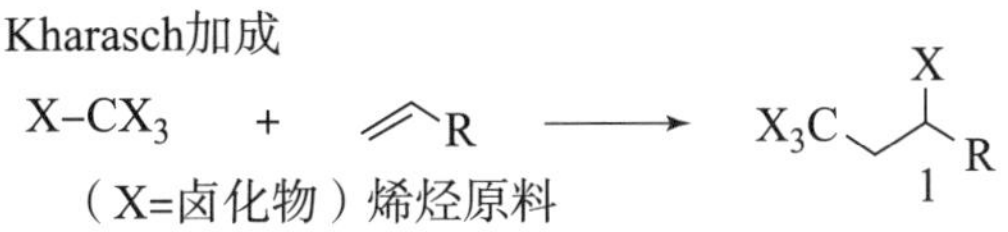

羰基发生单电子还原可生成羰基阴离子自由基，该物种在参与偶联反应构建 C—C 键时发生极性反转。产生羰基阴离子自由基通常需要使用化学计量的强还原剂（如 Na、K、Ti）来克服羰基化合物的高还原电势。David A. Nagib 等人基于原子转移自由基加成（ATRA）机理，发展了一种中性的氧化还原反应生成自由基的方法。反应中醛类化合物原位转化为 α-乙酰氧基碘，由此降低了其还原电势，能以更温和的条件得到乙酰基修饰的羰基自由基。产生的自由基物种能够与一系列炔类化合物偶联，高选择性地得到 Z 型乙烯基卤化物。

1.1.2　炔烃的自由基加成

炔烃的自由基加成反应在有机合成中有着广泛的应用。加成过程中因为 Kharasch 效应的影响，往往只会得到反马氏的加成产物［图 1 - 4（a）］。如何调节自由基加成位点，实现自由基的马氏选择性加成是一个具有很大挑战的科学问题。

炔烃的自由基加成反应会倾向于生成稳定的自由基中间体，因此优先发生反马氏加成得到更加稳定的 α-烯基碳自由基（相比于 β-烯基碳自由基）。雷爱文课题组利用光氧化还原催化剂催化的方式通过单电子转移生成 α-烯基碳自由基，接着由体系中产生的磺酰自由基与 α-烯基碳自由基交叉偶联得到马氏选择性产物。为了验证反应机理，作者设计了多个控制实验，并使用在线仪器设备监测反应历程。首先，向反应体系中添加自由基抑制剂（TEMPO

及 BHT），反应过程受到抑制。这一结果说明反应可能经历了自由基过程 [图 1-4（a）]。此外，加入亚磷酸三乙酯捕获得到 α-烯基碳自由基，进一步验证了对反应的猜想，即体系中可能存在 α-烯基碳自由基 [图 1-4（b）]。

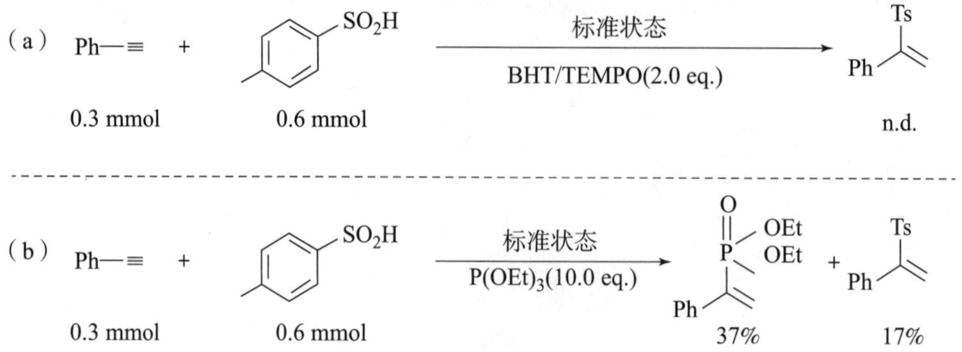

图 1-4　控制实验

有过氧化物存在时，炔烃和一分子溴化氢发生自由基加成反应，得到反马氏规则的产物（图 1-5）。

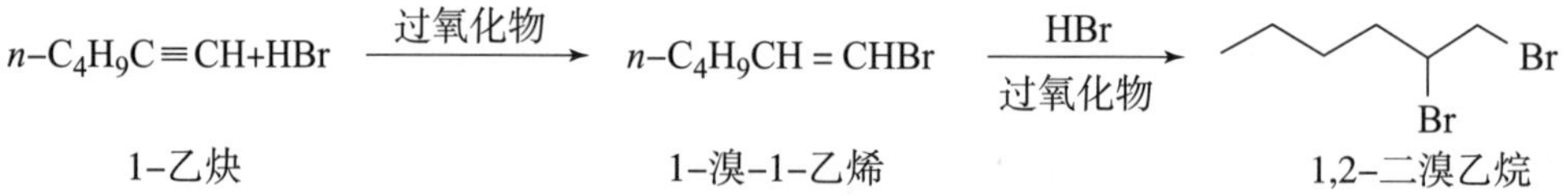

图 1-5　反马氏规则产物的生成

在 $n\text{-}C_4H_9CH = CHBr$ 进一步与 HBr 进行自由基加成时，由于 $n\text{-}C_4H_9CHBrCHBr$ 较 $n\text{-}C_4H_9CHCHBr_2$ 稳定，故得到 1,2-二溴己烷。

1.1.3　自由基聚合

原子转移自由基聚合（Atom Transfer Radical Polymerization，ATRP）是以简单的有机卤化物作为引发剂、过渡金属配合物作为催化剂，通过原子转移机理，在活性种与休眠种之间建立可逆的动态平衡，通过快引发、慢增长，降低自由基浓度，从而实现对自由基聚合反应的可控调节。这一概念最早于 1995 年由 Matyjaszewski 教授提出，在短短二十几年的时间里，原子转移自由基聚合迅速成为高分子合成领域的研究前沿。

活性/可控自由基聚合是目前制备复杂聚合物以及聚合物分子刷的重要途径。由于在铜单质存在的条件下，聚合反应具有极高的反应速率、单体转化率以及末端活性，因此铜单质催化可控自由基聚合近年来格外受到关注。尽管该聚合反应机理仍在原子转移自由基聚合（SARA-ATRP）和单电子转移活性聚合（SET-LRP）之间备受热议，但是该方法已经被广泛应用于各种乙烯基功能聚合物的制备。

2015 年，Rainer Jordan 等成功地将铜（0）单质催化的可控自由基聚合应用于表面引发聚合制备聚合物分子刷（图 1-6），并命名为 SI-Cu(0)CRP，在室温下从各种乙烯基单体中制备聚合物刷。表面引发的可控自由基聚合是迄今为止报道最多的一次。为了展示这种方法的通用性，作者还展示了嵌段共聚物刷的简易制备以及在有限的反应体积中制备的刷、刷梯度和刷阵列。

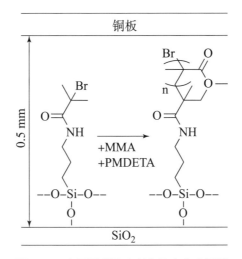

图 1-6　表面引发聚合制备聚合物分子刷

在自由基聚合反应中，氧气是一种有效的自由基淬灭物种，因而自由基聚合反应需要在无氧条件下进行。目前除氧的方法主要有：向体系中通入氮气、冷冻抽排或使用化学试剂将氧气消耗或进行转化，这些瓶颈限制了可控自由基聚合反应在各领域的发展和工业上的大规模应用。

潘翔城等提出使用氧气引发并调控自由基反应，以烷基硼试剂在氧气下自氧化产生乙基自由基为核心机理，使用 RAFT 链转移试剂（CTA）实现活性自由基的聚合，无须任何脱氧工艺，可在室温并完全暴露在空气的环境下，短时间（15 min）内完成聚合反应完成，得到的聚合物与理论分子量吻合，并具有较窄的分子量分布：

$$\text{Pn} \cdot \ + \ \underset{Z}{\overset{S}{\text{C}}}{-}S{-}\text{Pm} \ \rightleftharpoons \ \underset{Z}{\overset{S}{\text{C}}}{-}S{-}\text{Pn} \ + \ \text{Pm} \cdot$$

1.2　自由基取代反应

1.2.1　饱和烷烃的自由基取代

1.2.1.1　烷烃的卤化

烷烃中的氢原子被卤原子取代的反应称为卤化反应（halogenating reaction）。卤化反应包括氟化（fluorinate）、氯化（chlorizate）、溴化（brominate）和碘化（iodinate），其中有实用意义的卤化反应是氯化和溴化。

烷基的氯化

烷烃与氯反应生成烷基氯化物。例如，环己烷加氯气，在光的存在下，会产生环己基氯化物和氯化氢：

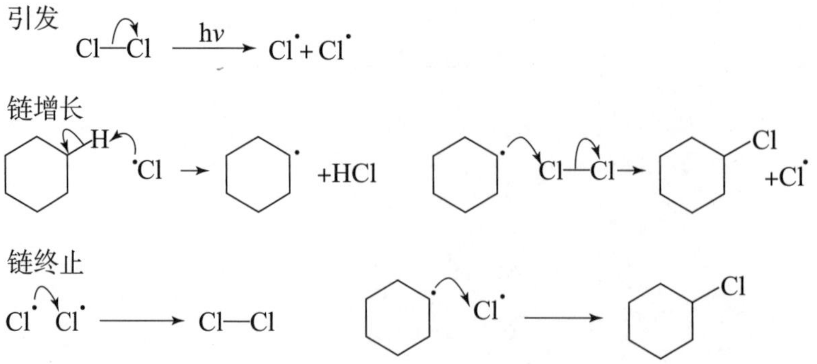

引发

$$Cl\overset{\curvearrowright}{-}Cl \xrightarrow{h\nu} Cl^{\cdot} + Cl^{\cdot}$$

链增长

链终止

这类反应在工业上是很重要的，因为它是少数几种允许由烷烃生成含有官能团的化合物的反应之一。该方法是自由基链反应的另一个实例。就像在烷烃中加入 HBr 一样，我们可以识别出机理中的引发、增长和终止步骤：

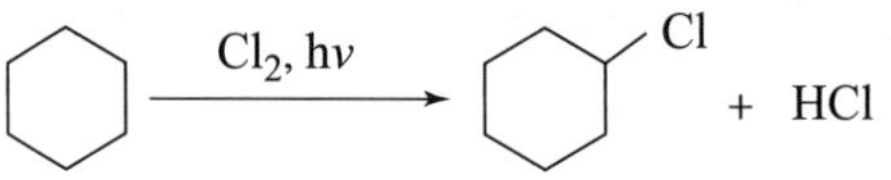

在这种情况下，终止步骤远不如我们所看到的最后一种情况重要，并且通常链式反应对于每个起始事件（氯的光解）可以持续 10^6 个步骤。需要注意的是，这样的反应在阳光下会发生爆炸。

当氯基团从环己烷中提取氢原子时，只生成一种产物，因为所有 12 个氢原子是相等的。对于其他烷烃，可能不是这种情况，可能有烷基氯化物的混合物产生。例如，丙烷被氯化，得到含有 45% 1-氯丙烷和 55% 2-氯丙烷的烷基氯化物的混合物；异丁烷被氯化，则得到 63% 的异丁基氯和 37% 的叔丁基氯。

我们如何解释所生成产物的比率？关键是看反应中所涉及的自由基的相对稳定性，以及所生成和破坏的键的强度。丙烷的氯化，通过光解产生的氯自由基，可以从分子末端提取一个初级氢原子，也可以从中间提取一个次级氢原子。对于第一个过程，能量的增加和损耗如表 1 − 1 所示。

表 1 − 1　丙烷的氯化一次 C—H 键断裂能量的变化

第一个进程	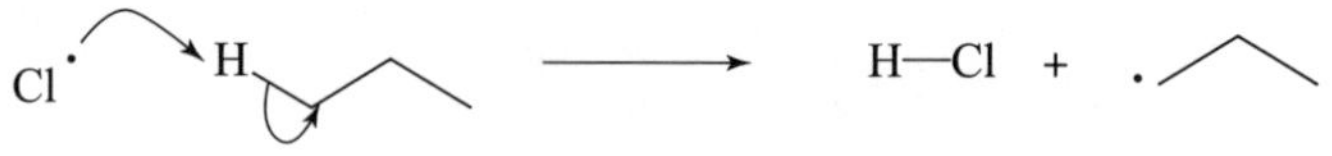
	ΔH, kJ·mol^{-1}
一个 H—Cl 键的生成	−431
一次 H—Cl 键的断裂	+423
总计	−8

对于第二个过程，表 1-2 给出了能量变化。

表 1-2 丙烷氯化二次 C—H 键断裂能量变化

第二个过程	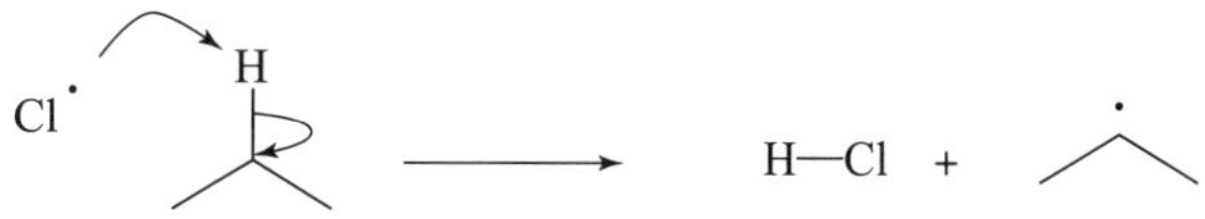 Cl• + H（丙烷） ⟶ H—Cl + •（异丙基自由基）
	ΔH，$kJ \cdot mol^{-1}$
一个 H—Cl 键的生成	−431
二次 H—Cl 键的断裂	+410
总计	−21

二次氢原子的抽提比一次氢原子的抽提更具有放热性，其原因有：①二次 C—H 键比初级氢原子弱；②二次 C—H 键弱。二次自由基比初级自由基更稳定。因此，相比 1-氯丙烷，可以得到更多的 2-氯丙烷。但在这种情况下，这并不是唯一的影响因素：有六个一级氢原子和两个二级氢原子，所以一级和二级氢原子的相对反应性甚至比反应产物的简单比例要大得多。这些反应说明了自由基反应的一个关键点——影响选择性的一个非常重要的因素是键的生成和断裂的强度。

烷烃的溴化

因为自由基溴化是选择性的，所以它们可以成功用于实验室制备烷基溴化物。非功能化中心的功能化方法相对较少，但自由基烯丙基溴化反应就是其中之一。就像三级自由基比初级自由基更稳定一样，烯丙基甚至比三级自由基更稳定。因此，在合适的引发剂的存在下，溴将选择性地抽提烯丙基氢原子以得到烯丙基自由基，该烯丙基然后可以被溴的分子捕获到再生生成溴自由基（链传播）并产生烯丙基溴。

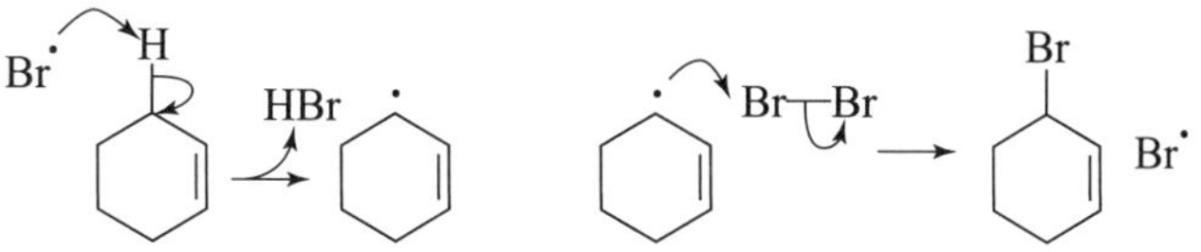

然而，如果使用溴本身，这个反应就会出现问题，因为另一种自由基加成反应可以与自由基抽提物竞争，如图 1-7 所示。

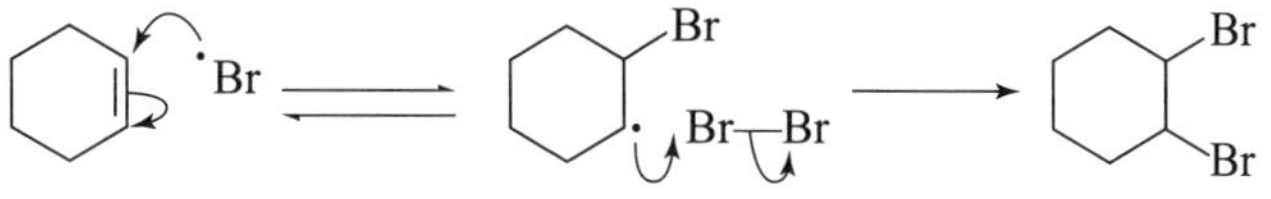

图 1-7 竞争反应

这种相互竞争的加成反应的第一步实际上是可逆的；该反应是由第二分子溴的参与驱动的，该分子捕获了产物烷基自由基。如果反应中 Br$_2$ 的浓度保持非常低，则可以防止这种副反应。一种可能是向反应混合物中缓慢加入 Br$_2$，最好不要使用溴本身，但在反应过程中可以缓慢释放分子溴的化合物。该化合物是 N-溴琥珀亚胺或 NBS。

$$\text{（环己烯）} \xrightarrow[\text{NBS, CCl}_4]{hv} \text{（Br-环己烯）} \quad 产率85\%$$

在取代反应中产生的 HBr 与 NBS 反应，以保持低浓度的溴。

$$\text{（N—Br）} + HBr \rightleftharpoons \text{（NH）} + Br_2$$

虽然烷烃的自由基卤化在实验室中很少使用，但烯烃的自由基烯烃溴化是一种通用和常用的制备烯丙基溴化物的方法。亲核取代反应可用于将溴化物转化为其他官能团，例如，英国曼彻斯特的一些化学家制造了 5-叔丁基环合-2-烯-1-醇的两个非对映异构体，以研究它们与四氧化锇的反应。叔丁基环己烯是现成的，因此他们使用自由基烯丙基溴化引入烯丙基的位置，利用水转化为羟基。空间效应在反应的区域选择性中起着一定的作用，只有较少阻碍的烯丙基氢原子被移除。

1.2.1.2　烷烃的硝化

烷烃与硝酸或四氧化二氮（N_2O_4）进行气相（$400 \sim 450$ ℃）反应，生成硝基化合物（RNO_2）。这种直接生成硝基化合物的反应叫做硝化（nitration），它在工业上是一个很重要的反应。在实验室中采用气相硝化法有很大的局限性，所以实验室内主要通过间接方法制备硝基烷烃。

气相硝化法制备硝基烷烃，常得到多种硝基化合物的混合物，反应如下：

$$CH_3CH_2CH_3 \xrightarrow[420\ ℃]{HNO_3}
\begin{cases}
CH_3CH_2CH_2NO_2 & 25\% \\
CH_3\underset{|}{CH}CH_3 & 40\% \\
\quad\ NO_2 & \\
CH_3CH_2NO_2 & 10\% \\
CH_3NO_2 & 25\%
\end{cases}$$

这种气相硝化反应的机理与上述硝化反应的机理大体相同，也是通过自由基进行反应的。即烷烃在气相发生热裂解，生成自由基，它再和硝酸进行链反应：

$$R—H \xrightarrow{\Delta} R\cdot + H\cdot \ 及\ R''—R' \xrightarrow{\Delta} R''\cdot + R'\cdot$$
$$R\cdot + HO—NO_2 \longrightarrow R—NO_2 + HO\cdot$$
$$R—H + \cdot OH \longrightarrow R\cdot + H_2O$$
$$R'\cdot + HO—NO_2 \longrightarrow R'—NO_2 + HO\cdot$$
$$R''\cdot + HO—NO_2 \longrightarrow R''—NO_2 + HO\cdot$$

与卤化反应不同的是，在此反应中发生 C—C 键的断裂，因而生成小分子的硝基化合物。这种小分子的硝基烷烃在工业上是很有用的溶剂，例如用来溶解醋酸纤维、假漆、合成橡胶以及其他有机化合物。低级硝基烷烃都是可燃的，而且毒性很大。

1.2.1.3　烷烃的磺化及氯磺化

烷烃在高温下与硫酸反应（和与硝酸反应相似），生成烷基磺酸，这种反应叫做磺化。

例如：

$$CH_3CH_3 + H_2SO_4 \xrightarrow{400\ ℃} CH_3CH_2SO_3H + H_2O$$

长链烷基磺酸的钠盐是一种洗涤剂，称为合成洗涤剂，例如常用的十二烷基磺酸钠（$C_{12}H_{25}SO_3Na$）即为其中的一种。

高级烷烃与硫酰氯（或二氧化硫和氯气的混合物）在光的照射下，生成烷基磺酰氯的反应称为氯磺化（chloro-sulfonation）。磺酰氯这个名称是由硫酸推衍出来的：硫酸去掉一个羟基后剩下的基团称为磺（酸）基，磺（酸）基和烷基或其他烃基相连而成的化合物统称为磺酸。磺酸中的羟基去掉后，就得到磺酰基，它与氯结合，就得到磺酰氯。这些关系如下：

$$HO—SO_2—OH \qquad HO—SO_2— \qquad R—SO_2—OH \qquad R—SO_2— \qquad R—SO_2Cl$$

磺酰氯经水解，生成烷基磺酸，其钠盐或钾盐即上述的洗涤剂，反应如下：

$$C_{12}H_{26} + SO_2Cl_2 \longrightarrow C_{12}H_{25}SO_2Cl + HCl$$
$$\xrightarrow{H_2O} C_{12}H_{25}SO_2OH + HCl$$

该反应的反应机理与烷烃的氯化很相似：

$$SO_2Cl_2 \xrightarrow{光} SO_2 + 2Cl\cdot$$
$$C_{12}H_{26} + Cl\cdot \longrightarrow C_{12}H_{25}\cdot + HCl$$
$$C_{12}H_{25}\cdot + SO_2Cl_2 \longrightarrow C_{12}H_{25}SO_2Cl + Cl\cdot$$

1.2.2　芳香族的自由基取代

1.2.2.1　芳香族化合物的烷基化

Waters 等研究了一系列取代苯的甲基化反应和苯基化反应，并获得了所生成的间位和对位异构体产率的对比，称作间-对比。间-对比表示甲基自由基和苯基自由基的相对亲核性。

由表 1-3 中的数据可知，在异裂取代反应中，邻、对-位定位的取代基的比，在甲基化时要比苯基化时高。这些取代基是已知的，可通过诱导和共振效应在对位上和间位上进行对比，通过对比发现在对位上产生了高电子密度。这一结果表明，甲基自由基比苯基自由基更为亲核，对于具有相反极性的取代基则相反。这里的间-对比，在甲基化时比苯基化时低，证明了自由基具有比较强的亲核特性。这一特性对其他的烷基自由基同样适用，例如乙基和正丁基，已经发现，这两种烷基自由基的亲核性比芳基自由基更强。

表 1-3　甲基化反应与苯基化反应间-对比

X	苯基化反应	甲基化反应
CH_3	1.32	1.56
Cl	1.71	2.27
Br	1.91	2.42
OMe	1.20	1.36
NO_2	0.82	0.21
CN	0.81	0.21

万小兵等发展了一种自由基卡宾的交叉偶联反应。该反应利用廉价的锰盐作为催化剂，有机偶氮类化合物作为自由基引发剂，以三级芳香胺和重氮酯作为底物，在空气氛围下就可以方便地生成取代吲哚化合物。

1.2.2.2 分子内的芳香族取代

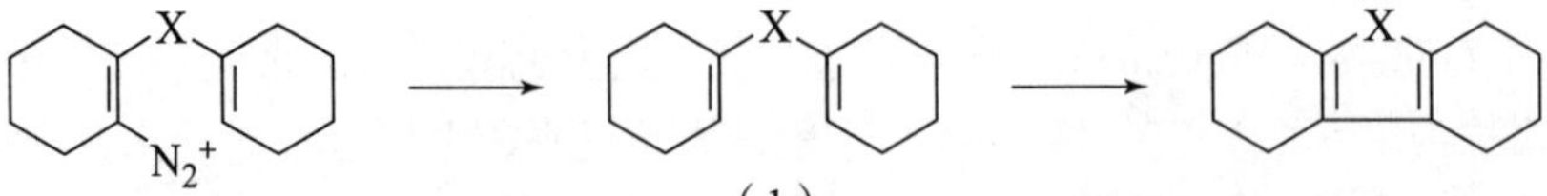

（1）

X=CH$_2$，O，CH=CH（顺式）CO，CH$_2$OH$_2$，NR，S或SO$_2$

1896 年，Pschorr 合成了和分子内芳香族取代有关的反应，对于这些反应都曾进行过大量的研究工作。这个反应还可以应用于许多芳香族系统的合成，具体过程如下所示：铜粉或铜盐可以使重氮盐离子分解，从而得到取代的苯基自由基（1），后者进攻附近的芳核。

分子内的自由基反应非常强烈，经常被用来制造五元环。也可以作其他大小的环，但范围相当有限。由于环的限制，不能通过自由基反应生成三元环和四元环。否则，较小的环生成比较大的环更快，其选择性如下：

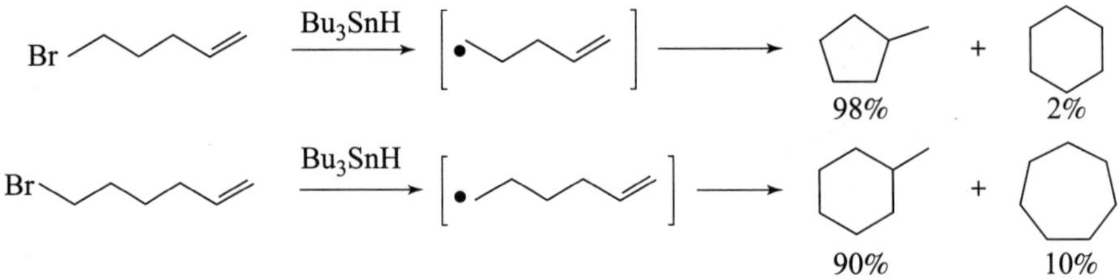

在这个反应中，生成五元环而不是六元环，即使环化给出一个六元环的同时，也会给出一个稳定的自由基。自由基之所以重要，是因为它们的反应方式很难用阴离子、阳离子和不同的选择性来实现。尽管自由基反应不如离子反应重要，也应了解它们的机制，因为它们广泛存在于氧原子的大气中。

1.3 自由基重排反应

涉及自由基中间体的有机反应很少发生重排。因为从动力学角度来讲，反应较快，且能量较高，所以一般是动力学控制。从热力学角度来讲则较稳定，产物以能量最低的状态存在。比如碳正离子发生重排就是一种热力学控制的过程，生成更稳定的产物。尽管与较为缺电子物种相比，自由基较少发生重排反应，但也已经报道了许多类型的自由基重排，例如桥式自由基、芳基的1,2-迁移、卤素迁移和高-烯丙基自由基重排等。

1.3.1 桥式自由基

一个分子内基团的重排，既可以代表过渡态，也可以代表短寿命高能量的中间体，如图1-8所示。分子轨道理论指出，一个低能量的分子轨道和两个高能量的非键轨道是从两个碳原子的 p 轨道和一个迁移基团轨道的偶联而得到的，例如一个桥式碳正离子将有两个电子处在低能级上，能量低较稳定。

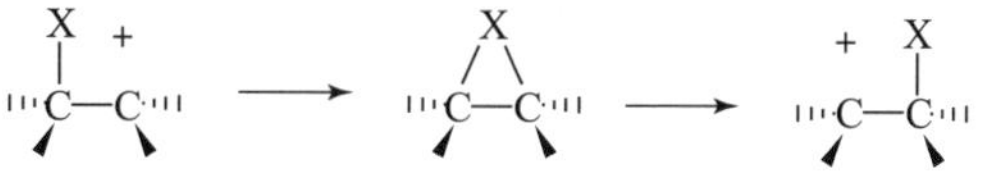

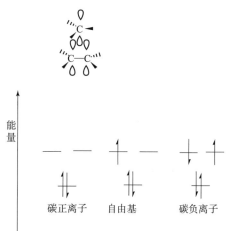

图 1-8　分子重排过渡态

另一方面，一个桥式自由基的第三个电子，如图 1-9 所示，必须进入高能量的分子轨道，稳定性降低。而对一个桥式碳负离子来说，在高能量轨道上的两个电子造成了能量上处于更不利的地位。遵循从量子力学导得的洪特（Hunds）规则，桥式碳负离子应该处在三线态，因此可以理解碳正离子重排是普遍的，而且实际上也已经知道了若干桥式或"非经典"离子。但是，由于同类型的自由基物种对稳定性稍有降低，所以自由基重排在数目上会有一定的限制。一个桥式碳负离子是一个不相似的物种，因此，真正的 1,2-碳负离子重排过去没有或者将来也绝不会有。

图 1-9　桥式物种的能级

虽然包括卤素、芳基和硫基的自由基重排是肯定存在的，然而对桥式结构究竟代表一个过渡态还是一个中间体却还不十分清楚，现有证据指出，这种中间体很少，桥式结构在重排时通常是高能量的过渡态，至于在桥式溴或碘的情况下，可能是图 1-10 中对称的中间体（a），这里未成对电子通过离域进入卤素的 d 轨道而可能达到稳定。至于在自由基中 1,2-烷基或氢的转移则都还不清楚，可能是芳基转移。芳基的重排并不通过桥式中间体，而是进行离域，因此在过渡态 ［图 1-10（b）］ 中可能是稳定的。通过顺磁共振研究，可以证明对称的硫桥自由基是不成立的。但一个不对称的自由基 ［图 1-10（c）］，由于其中硫原子相互作用的结果足以阻止键的旋转，因此，已证明是可能的。

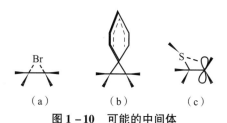

（a）　　　　（b）　　　　（c）

图 1-10　可能的中间体

1.3.2　芳基的1,2-迁移

1944年，卡拉奇和欧莱（Urry）首先观察到 phCMe$_2$CH$_2$·的重排。他们把一氯-2-苯基-2-甲基丙烷在氯化钴存在下和一个格利雅试剂反应制得该自由基。更能说明情况的材料是后来由 Ruchardt 所提供的，他通过 β-苯基异戊醛的脱碳和过氧数酸酯的分解以产生自由基。

$$\begin{array}{c}
PhCMe_2CH_2CHO \xrightarrow[\displaystyle -CO]{\displaystyle Bu^tO\cdot} \\[2mm]
PhCMe_2CH_2CO_2OBu^t \xrightarrow[\displaystyle -CO_2]{\displaystyle -Bu^tO\cdot}
\end{array}
\Bigg\} PhCMe_2CH_2\cdot \longrightarrow Me_2\overset{\cdot}{C}HCH_2Ph$$

$$\downarrow \qquad\qquad\qquad \downarrow$$

$$PhCMe_2CH_3\cdot \qquad\qquad Me_2CHCH_2Ph$$

从实验中发现，在没有溶剂存在下发生脱羧时，得到重排产物异丁苯，产率为60%。当溶剂为氯苯时，产率升高到80%。但若有一个有效的供氢体——苄基硫醇存在时，产率下降到低于2%。这种结果可用重排反应和转移反应两者之间的竞争来解释。在用氯苯作为稀释剂时，转移剂即醛的浓度便降低了，因此重排占优势。实际上，在存在一个有效的供氢体时，则在重排反应发生以前，所有的自由基均已被清除。这些反应可表示如下：

$$PhCMe_2CH_2CHO \longrightarrow PhCMe_2CH_2\cdot
\begin{array}{c}
\xrightarrow{PhCMe_2CH_2CHO} \\[1mm]
\xrightarrow[PhCH_2SH]{}
\end{array}
\begin{cases}
PhCMe_3 + PhCMe_2CH_2CO \\
Me_2\overset{\cdot}{C}HCH_2Ph \longrightarrow Me_2CHCH_2Ph \\
PhCMe_3 + PhCH_2S\cdot
\end{cases}$$

现有的证据也对烷基或桥式氢自由基进行争论。事实上，在一个烃的单自由基中，1,2-烷基（或氢）迁移的可靠例子已经得到证明，过氧羧酸酯外向异构体的分解速率仅比内向异构体快3倍。因此，2-降冰片基自由基（1）并不是非经典的，其他碳桥式非经典自由基的存在，在结构上却类似于更熟悉的非经典正离子，对此已有明确的例证。图1-11所示顺磁共振研究表明，7-降冰片基自由基（2）是经典的而不是非经典的，这个自由基中心由7-位氢弯离双键呈角锥体形。

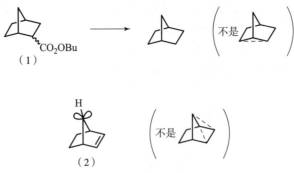

图1-11　经典与非经典自由基

1.3.3　卤素迁移

在多卤烷基自由基中，自由基重排的最多最好的侧证是卤素转移。1,2-氯转移显得特别容易。在最简单的例子中，溴化氢均裂加成到 3,3,3-三氯丙烯上生成 1,1,2-三氯-3-溴丙烷，产率较高。一般认为这个反应包括分子内氯的转移，而不是一个加成-消除-再加成的过程。上述结论是根据许多氯重排例子得到的。

$$CCl_3CH=CH_2 \xrightarrow{Br\cdot} CCl_3\overset{\cdot}{C}H\!-\!CH_2Br \longrightarrow \overset{\cdot}{C}Cl_2CHClCH_3Br$$

$$CCl_2=CHCH_2Br + Cl\cdot$$

$$\overset{\cdot}{C}Cl_2CHCH_2Br \xrightarrow{HBr} HCCl_2CHClCH_2Br + Br\cdot$$

没有发现从可能的分子间夺取任何消除的氯原子引起的副产物。但是，也有报道仅有很少的加成-消除反应例子。例如，硫酚的均裂加成到 3,3,3-三氯丙烯上，得到 HCl 和一个烯烃，产率较低。

$$CCl_3HC=CH_2 + Ph\overset{\cdot}{S} \longrightarrow CCl_3\overset{\cdot}{C}HCH_2SPh$$

$$CCl_3\overset{\cdot}{C}HCH_2SPh \begin{cases} \overset{\cdot}{C}Cl_2CHClCH_2\overset{\cdot}{S}HPh \rightarrow HCCl_2CHClCH_2SPh \\ CCl_2=CHCH_2SPh + Cl\cdot \rightarrow HCl \end{cases}$$

1,2-溴转移比较少，因为连接在自由基中心 α 位的溴原子有发生消除反应的倾向，会生成一个烯烃产物。似乎一个 α-溴对自由基具有稳定的效应，而事实上，Skell 已经提出了桥式自由基的确存在。例如，已发现光学活性的 1-溴 2-甲基丁烷的均裂溴化（用分子溴，N-溴代琥珀酰亚胺或叔-丁氧基溴）能得到光学活性的 1,2-二溴-2-甲基丁烷，这一结果可解释为是由于一个桥式自由基作为中间媒介的缘故。这个中间体可能不特别稳定，因为当溴的浓度低于 0.05 M 时，生成外消旋产物的开环反应开始与转移反应相竞争。同样，光学活性的 1-氯-2-甲基丁烷的溴化也可得到光学活性产物。在这个例子中，即使有高浓度的溴存在，但仍有大量的外消旋作用发生。溴具有生成桥式物种的较大能力，在直链脂肪族溴化物的光溴化反应中，溴可以生成桥式物种。这一反应表现出很大的倾向，会选择性地生成高产率的二溴化合物。例如，正－溴丁烷的光溴化反应可得到 85% 产率的 1,2-二溴丁烷，可与正－氯丁烷的光溴化反应仅得到 25% 2-溴 1-氯丁烷进行对比。

1.3.4　高-烯丙基自由基重排

在自由基中，烷基转移比较难发生，已有的烷基转移有乙烯基的 1,2-转移，这个重排在结构上与前面讨论过的 2-苯基 2-甲基丙基自由基的重排类似。Montgomery 等已经证明，这个反应的发生是经过环丙基甲基自由基中间过程的（a）。由叔丁基过氧化物引发的 3-甲基-4-戊烯醛的脱羰反应可得到 3 甲基 1-丁烯和 1-戊烯，1-戊烯的产率随醛浓度的降低而增加。痕量的 1,2-二甲基环丙烷也能用气相色谱检出，环丙基甲基自由基不如在 1,1-二苯基环丙基甲基自由基中那样足够稳定，所以一般情况下，这个重排得不到环状产物。值得注意的是，与分子的扩散相比，环丙基甲基自由基的开环速度较快。

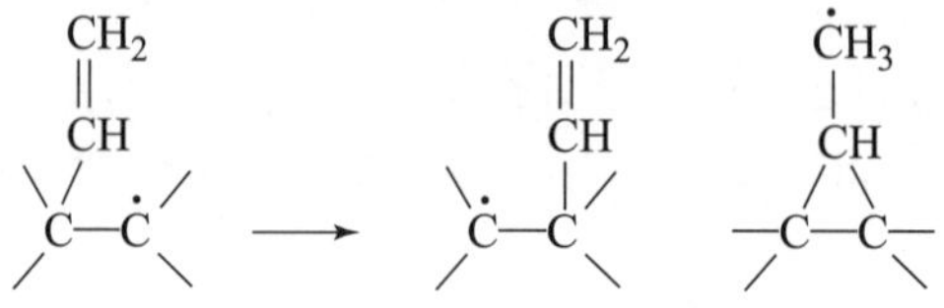

（a）

1.3.5　自由基链 1,3-迁移

烯醇醚和其他结构上类似化合物的大基团重排，可用下列方程式表示：

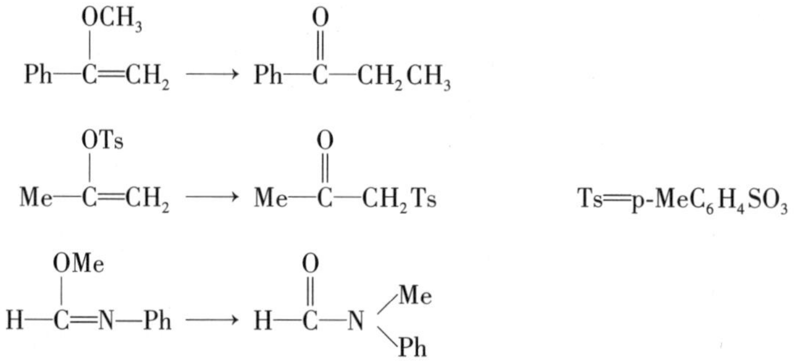

一些发现支持了这些自由基链的本质：①反应能被过氧化物和有关的引发剂所催化，并且可以被抑制剂所减慢；②光学活性的迁移基团，发生完全的外消旋化；③在有容易被夺取氢原子的化合物的存在下，迁移的烷基生成一个烷烃，而其他自由基碎片则被结合进入反应产物。符合这些观察的机理如下：

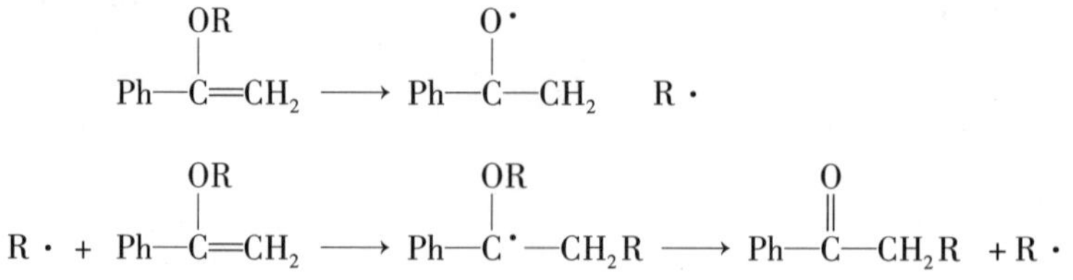

1.3.6　其他重排反应

雷晓光等近期对香茶菜属（Isodon）二萜的合成研究取得一系列新的重要进展，完成了 5 个香茶菜属二萜分子的首次不对称全合成，并且发现由紫外光或自然光引发的 [3.2.1]

桥环骨架自由基重排反应可以高效促发二萜类天然产物的骨架重排，从而揭示了该自由基重排——而非传统上认为的碳正离子重排——是该类天然产物可能的生物合成过程。

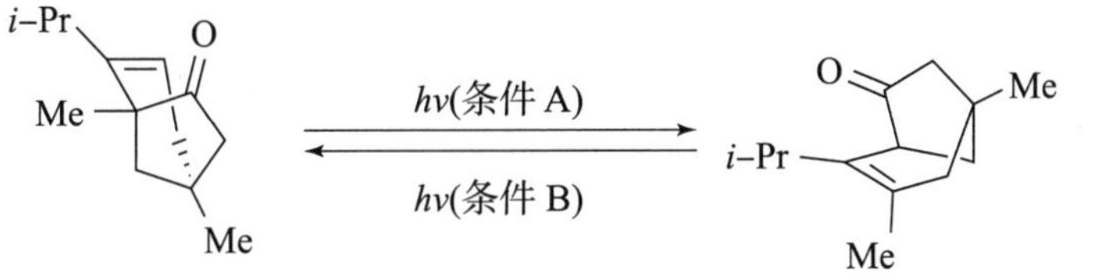

1.4 自由基氧化

分子氧对有机分子的自由基链氧化常称为自氧化。一般机制概述如下：

引发　　　　　　　　　　In· + H—R ⟶ In—H + R·

增长　　　　　　　　　　R· + O₂ ⟶ R—O—O·

　　　　　　　　　R—O—O· + H—R ⟶ R—O—O—H + R·

由于分子氧的三重态性质，氧与大多数自由基的反应非常快。因此，在传播序列的第二步中，自氧化的容易程度取决于氢的提取速率。用作链载体的烷基过氧化氢基团的选择性很好。相对电子富集或提供特别稳定的基团的位置是最容易氧化的。苯、烯丙基和叔丁基位置最容易氧化。

氮杂环卡宾（NHC）催化剂可促使反应物发生极性反转，在有机合成领域具有重要的应用。该类催化过程涉及双电子或自由基反应途径。Studer 等首次报道了 NHC 参与的自由基催化反应（如下图所示）。该反应能够将醛氧化成酯，涉及 TEMPO 对 Breslow 中间体进行两次连续的单电子氧化，生成相应的氮杂环阳离子取代的酮。然而，这些偶联体仅限于氧中心自由基或十分特殊的碳自由基。

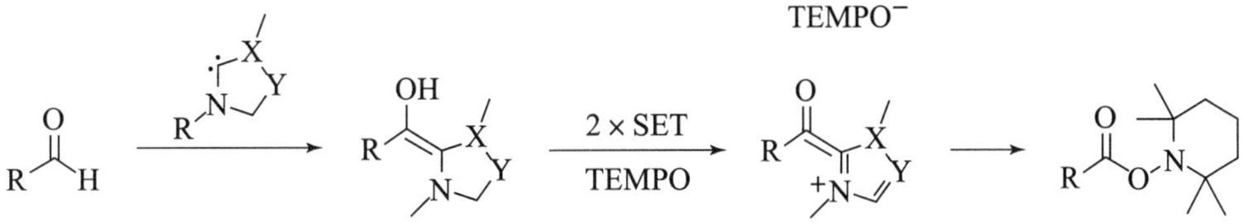

醛、酮作为一类重要的有机化合物广泛应用于许多领域，是常见的有机合成中间体和目标分子。烯烃是石油化工产业的主要产品，来源丰富，成为很多化学品的合成原料。因此，目前醛、酮的主要合成途径之一就是烯烃的氧化。可见光参与的催化过程可通过单电子转移（SET）机理构建烯烃与自由基的反应，生成醛、酮。2017 年，朱纯银等报道了一种无金属条件下烯烃和肼氧化通过自由基氧化加成转化为酮的反应。作者发现在 7 W 蓝色 LED 灯的照射下，以乙腈作为溶剂，反应使用 1 mol% 的光敏剂亚甲基蓝（MB）和 1 当量的有机碱 1,4-二氮杂二环［2.2.2］辛烷（DABCO），室温条件下敞口反应即可以较高的产率得到取代的酮。反应的底物适用性广，具有良好官能团兼容性。

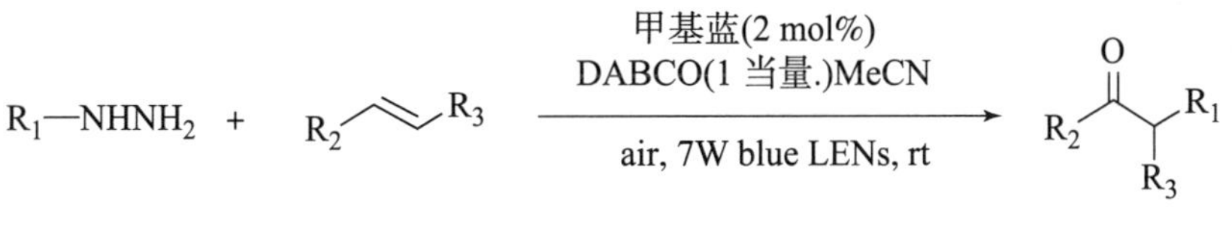

邹建平等发现了苯乙烯的空气氧化自由基羟基硫化反应，实现了 β-羟基硫化物的合成。作者以苯乙烯和芳基硫醇类化合物为底物，室温下以 DMF 为溶剂，在 0.5 mol% 的过氧化叔丁醇的催化作用下，发现空气氧化自由基的羟基硫化反应（air oxidative radical hydroxysulfurization），其中 22 种产品具有高达 92% 的收率，从全新的角度实现了烯烃的双官能团化。

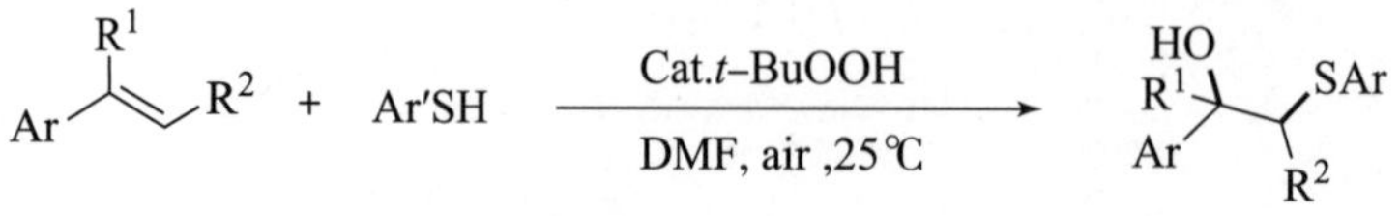

1.5 自由基还原

1.5.1 脱羧反应

自由基在硫的作用下发生分解，产生无氧自由基。无氧自由基发生脱羧反应，通常基团随后生成产物和可继续进行链反应的另一个基团。该方法可以通过与三正丁基锡烷和溴形式的反应为例来说明。第一个例子是与三正丁基锡烷反应的还原脱溴化；第二个例子是芳烃羧酸与溴代三氯甲烷反应合成芳基溴。

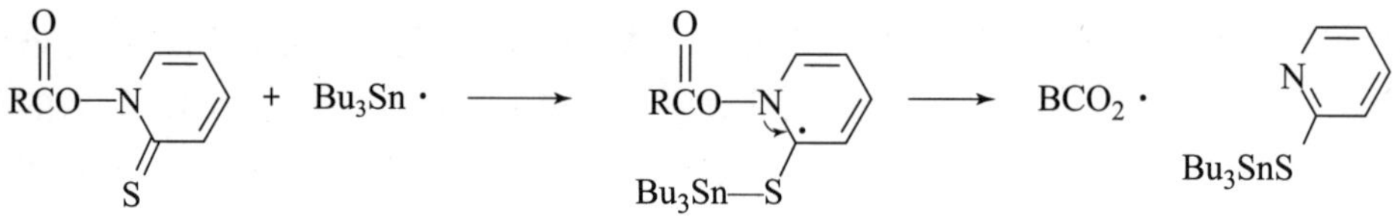

$$RCO_2\cdot \longrightarrow R\cdot + CO_2 \qquad R\cdot + Bu_3SnH \longrightarrow R{-}H + Bu_3Sn\cdot$$

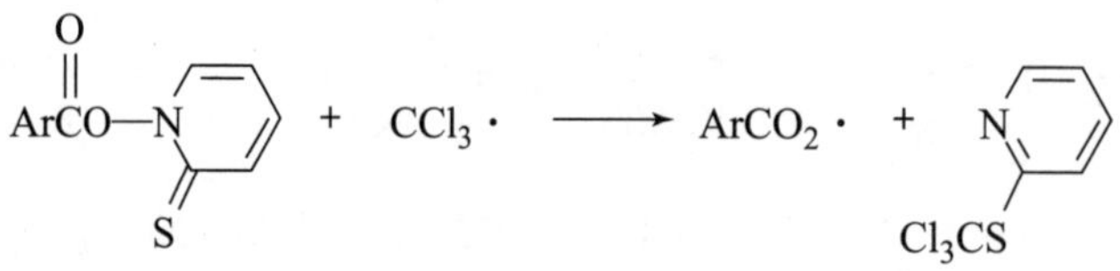

$$ArCO_2\cdot \longrightarrow Ar\cdot + CO_2$$

$$Ar\cdot + BrCCl_3 \longrightarrow ArBr + CCl_3\cdot$$

Kolbe 法通过电解羧酸盐的方法制备烷烃。

$$2CH_3{-}\overset{\overset{\displaystyle O}{\|}}{C}{-}ONa + 2H_2O \xrightarrow{\text{电解}} \underbrace{C_2H_6 + 2CO_2}_{\text{阳极}} + \underbrace{2NaOH + H_2}_{\text{阴极}}$$

一般使用高浓度的羧酸钠盐，在中性或弱酸性溶液中进行电解，电极以铂制成，于较高的分解电压和较低的温度下进行反应。阳极处产生烷烃和二氧化碳；阴极处生成氢氧化钠和氢气。

　　整个电解反应是通过自由基机理进行的，即羧酸根负离子移向阳极，失去一个电子，生成自由基（i）；（i）很快失去二氧化碳，生成新的烷基自由基（ii）；两个自由基（ii）彼此结合，生成烷烃。例如：

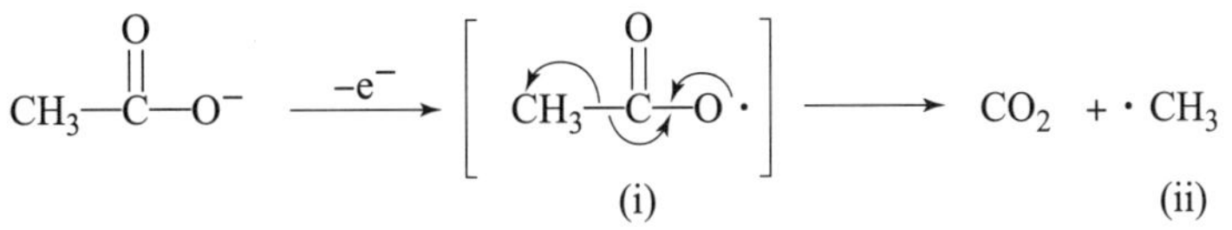

$$2CH_3 \cdot \longrightarrow CH_3{-}CH_3$$

　　随着反应条件的不同，除了上一反应外，可以生成下列几种副产物：

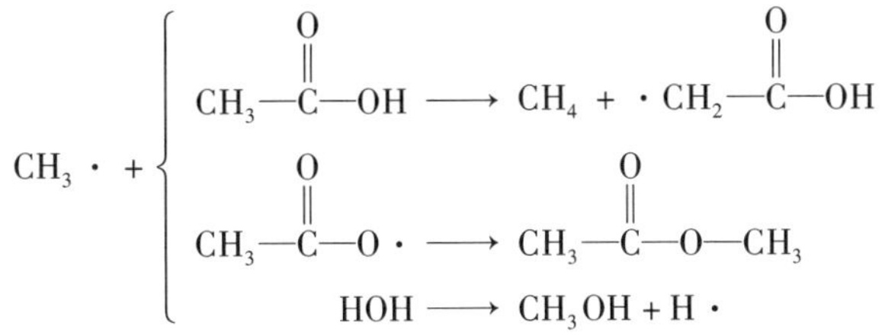

　　交叉的 Kolbe 反应在合成上非常有价值，因其产物是其他方法无法代替的。例如，家蝇的外信息素 muscaluve 的合成：

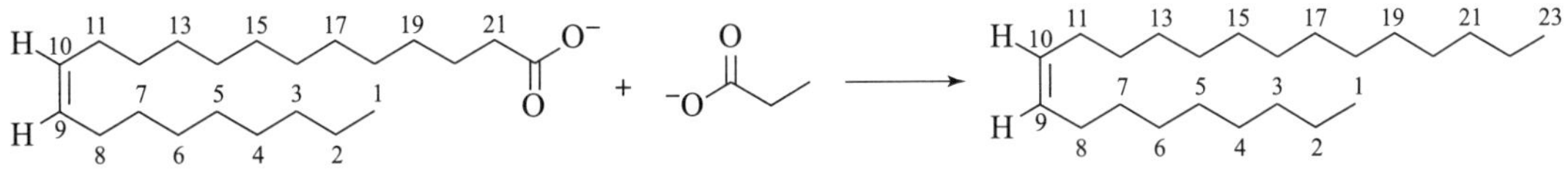

　　Hunsdiecker 反应是一个在合成上非常有用的脱羧反应，是用羧酸的银盐在无水的惰性溶剂如四氯化碳中与溴回流，失去二氧化碳并生成比羧酸少一个碳的溴代烷：

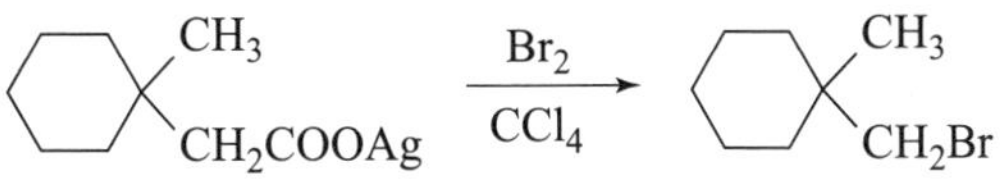

反应是按自由基机理进行的：羧酸银盐与 Br_2 反应先转化为 RCOOBr。

$$RCOOAg \xrightarrow{\ Br_2\ } RCOOBr$$

RCOOBr 在受热的作用下均裂为 RCOO · 和 Br ·，RCOO · 脱羧分解产生 R ·，R · 和 Br · 结合生成卤代烷。

$$RCOOBr \xrightarrow{\ \Delta\ } RCOO \cdot + Br \cdot$$
$$RCOO \cdot \longrightarrow R \cdot CO_2$$
$$R \cdot + Br \cdot \longrightarrow RBr$$

　　这个反应广泛用于制备脂肪族卤代烷，特别是从天然的含有双数碳原子的羧酸制备单数碳的长链的卤代烷，产率以一级卤代烷最好，二级次之，三级最低，卤素中以溴反应最好。

　　Kochi 反应是用四乙酸铅、金属卤化物（锶、钾、钙的卤化物）和羧酸反应，脱羧卤化（decarboxylative halogenation）而得卤代烷：

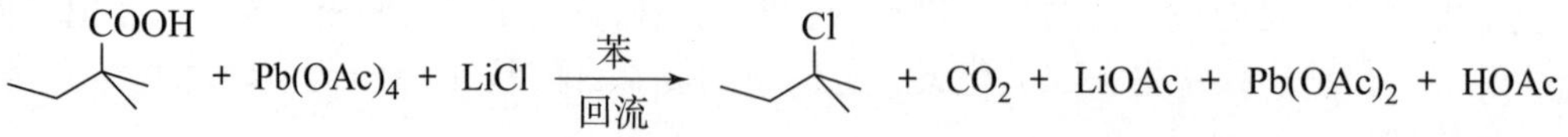

$$\text{COOH} + Pb(OAc)_4 + LiCl \xrightarrow[\text{回流}]{\text{苯}} \text{Cl} + CO_2 + LiOAc + Pb(OAc)_2 + HOAc$$

反应过程大致为，四乙酸铅分别与金属卤化物或羧酸反应，生成氯化三乙酸铅和铅盐：

$$Pb（OAc）_4 + LiCl \longrightarrow PbCl（OAc）_3 + LiOAc$$

$$Pb（OAc）_4 + RCOOH \longrightarrow RCOOPb（OAc）_3 + HOAc$$

铅盐均裂分解，生成 RCOO·，然后再裂解生成 R·：

$$RCOOPb（OAc）_3 \longrightarrow RCOO· + ［·Pb（OAc）_3］$$

$$RCOO· \longrightarrow R· + CO_2$$

R·与 PbCl(OAc)$_3$ 中的氯原子很快地发生反应，结合成为卤代烷：

$$R· + PbCl（OAc）_3 \longrightarrow RCl + ［·Pb（OAc）_3］$$

［·Pb(OAc)$_3$］可以生成 Pb(OAc)$_4$ 及 Pb(OAc)$_2$，其中 Pb(OAc) 可进一步使用。

1.5.2　单分子还原

脂肪族 C—N 键最常见的裂解是苄基胺的还原，钯催化氢解是这种转化的首选方法，但每种底物都需要筛选以确定最佳条件。苯胺类一般比苯甲基醚更容易催化氢解，但是，它们的裂解可以通过添加酸来促进。通过对条件的精确控制，能够在环氧苯甲胺和苯氧基存在下选择性地断开四环苄胺键。

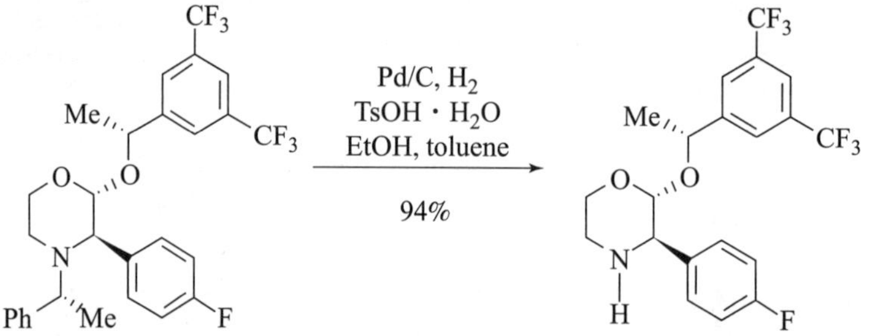

替代氢源，如环己烯、甲酸铵和硼烷－氨基也得到了成功的应用。除了碳上的钯外，Pearlman 催化剂也可用于苄胺氢解。

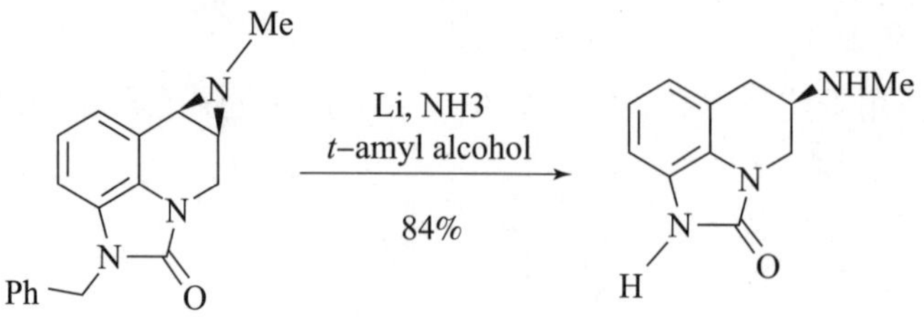

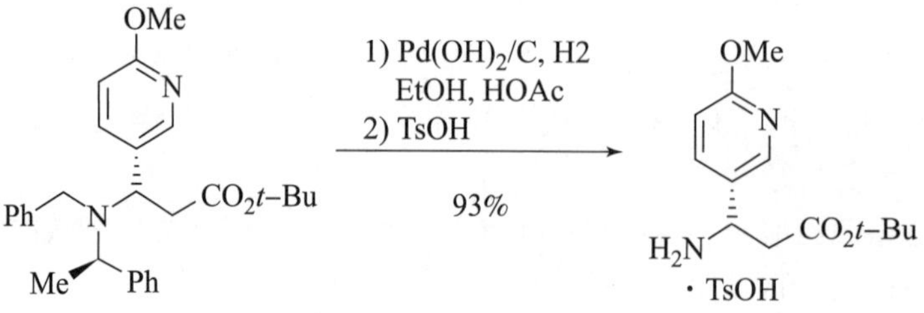

与这些 Pd 介导的反应互补，溶解的金属也能促进 PhCN 键的裂解。文献中已经报道了几个例子，Joshi 和同事发表了详细的评价，并成功地应用了千克级的锂/氨还原。

除此之外，超氧阴离子（O_2^-）自由基可以给出一个电子，使其他物质还原，本身被氧化。比如对苯醌、四硝基甲烷等都可以被超氧阴离子自由基还原。超氧阴离子自由基很容易将电子转移给其他分子。超氧阴离子可以在 Fe^{2+} 的参与催化下生成 OH^-、$\cdot OH$、和 O_2，其过程分为

①$Fe^{2+} + H_2O_2 \rightarrow OH^- + \cdot OH + Fe^{3+}$

②$Fe^{3+} + O_2^- \cdot \rightarrow Fe^{2+} + O_2$

有很多方法可以产生超氧阴离子自由基，比如：①辐射分解和光化学方法。②电化学方法，将一个电子转移给 O_2 增加 pH 可以使超氧阴离子的寿命延长，在 pH = 13 时，寿命可以达到 1 min。在有机溶剂中可以得到寿命更长的超氧阴离子自由基，一般用汞电极在氧气饱和的有机溶剂中（DMF，DMSO 或乙腈），用 -1 V 的电压电解可以得到寿命相当长的超氧阴离子自由基。③KO_2 在有机溶剂中可以产生超氧阴离子自由基，但 KO_2 在有机溶剂中溶解度不高，可以用冠醚增加 KO_2 的溶解度。冠醚有一个孔，正好将 K 装入，使 O 露在外面，只要加入有机溶剂就可以得到超氧阴离子自由基。

1.5.3 双分子还原

酯与伯醇的还原是可以通过多种还原剂实现的非常常见的转化。锂硼氢化锂和硼氢化钠，无论有没有路易斯酸添加剂，如氯化钙，经常被使用，具有化学选择性和易于操作的优点。在下面的例子中，甲苯中的硼氢化钠提供了烷基化侧链的最低水平，并迅速降低了醛中间体的含量。

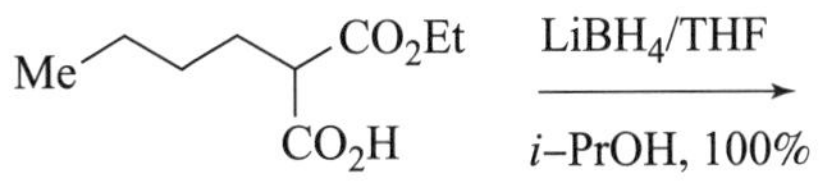

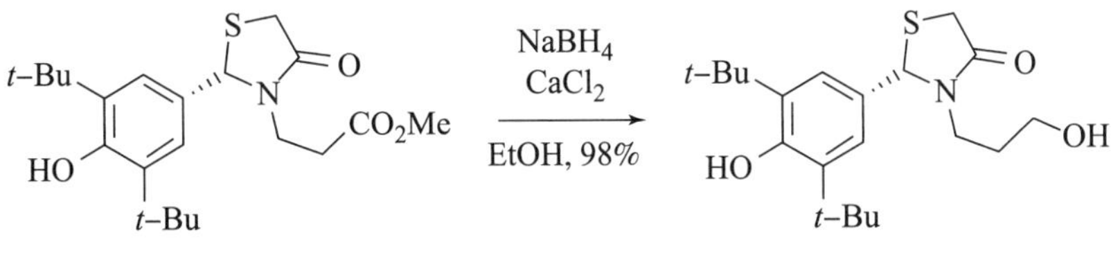

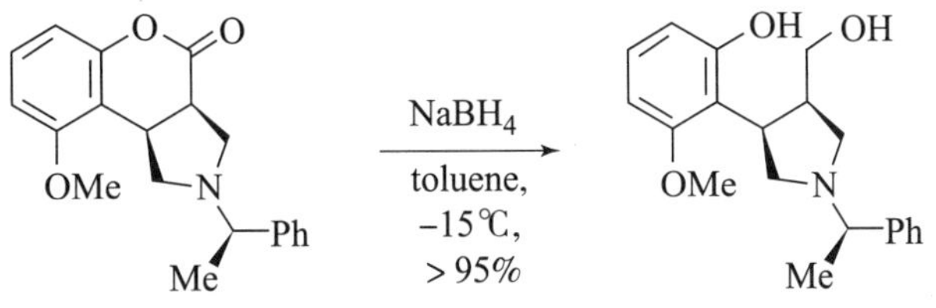

在不需要化学选择性的情况下，锂铝氢化物和红-铝是非常有效的试剂，将酯还原成醇。

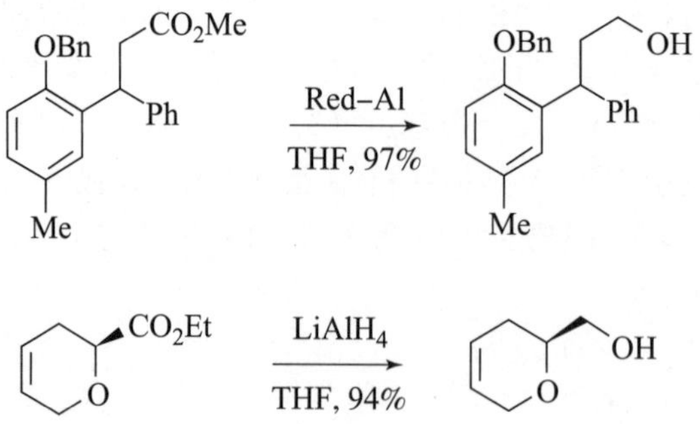

1.5.4　其他还原反应

2016 年，黎书华课题组利用理论计算预测了"双路易斯碱协同均裂硼-硼键"产生吡啶-硼基自由基的方法。随后，他们与南京大学化学化工学院的朱成建课题组合作，对该反应模式进行了实验验证，并将其用于不饱和化合物的还原。

2017 年，黎书华课题组通过计算表明，吡啶-硼自由基既可作为硼自由基参与还原反应，也具有碳自由基的活性。他们进一步与南京大学化学化工学院的程旭课题组合作，通过计算与实验结合，发展了一种新的无需金属试剂参与的合成 4-取代吡啶的方法。在前期工作的基础上，黎书华课题组通过计算发现，改变吡啶环上的取代基可以调控吡啶-硼自由基的活性，让其更多地体现出硼自由基的性质。计算表明，硼自由基迁移/碳自由基-烯烃加成的策略有可能实现醛和烯烃的还原偶联反应。

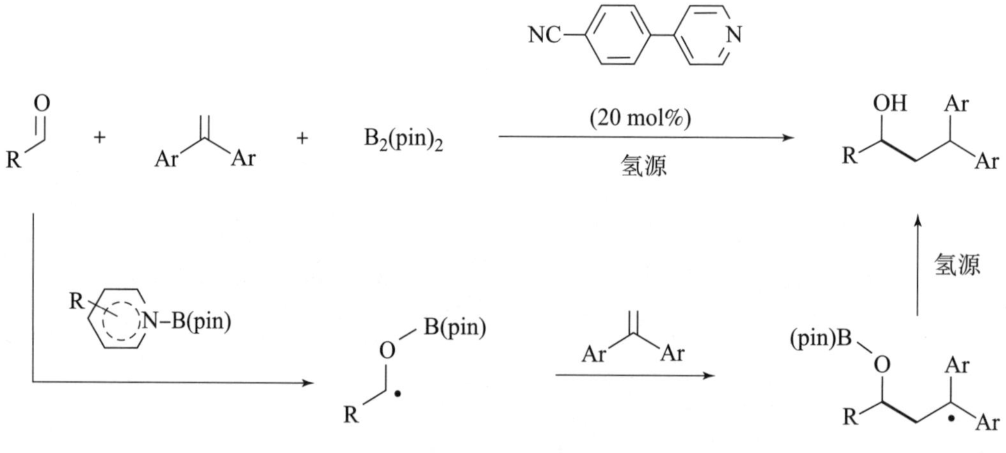

参考文献

[1] Slater T F. Free radical mechanisms in tissue injury [M]. Cell Function and Disease. Springer, Boston, MA, 1988: 209 - 218.

[2] Harraan D. Aging: a theory based on free radical and radiation chemistry [J]. Journal of Gerontology. 1955.

[3] Blois M S. Antioxidant determinations by the use of a stable free radical [J]. Nature, 1958,

181（4617）：1199－1200.

［4］　Brand-Williams W, Cuvelier M E, Berset C. Use of a free radical method to evaluate antioxidant activity ［J］. LWT-Food Science and Technology, 1995, 28（1）：25－30.

［5］　Cheeseman K H, Slater T F. An introduction to free radical biochemistry ［J］. British Medical Bulletin, 1993, 49（3）：481－493.

［6］　Wang H, Lu Q, Chiang C W, et al. Markovnikov-Selective Radical Addition of S-Nucleophiles to Terminal Alkynes through a Photoredox Process ［J］. Angewandte Chemie International Edition, 2017, 56（2）：595－599.

［7］　Liu F, Wang J Y, Zhou P, et al. Merging ［2＋2］ Cycloaddition with Radical 1,4-Addition：Metal-Free Access to Functionalized Cyclobuta ［a］ naphthalen- 4-ols ［J］. Angewandte Chemie International Edition, 2017, 56（49）：15570－15574.

［8］　Mutailipu M, Zhang M, Zhang B, et al. Inside Back Cover：$SrB_5O_7F_3$ Functionalized with ［$B_5O_9F_3$］$^{6-}$ Chromophores：Accelerating the Rational Design of Deep-Ultraviolet Nonlinear Optical Materials （Angew. Chem. Int. Ed. 21/2018） ［J］. Angewandte Chemie International Edition, 2018, 57（21）：6353.

［9］　Fensterbank L, Goddard J P, Ollivier C. Visible-Light-Mediated Free Radical Synthesis ［J］. Visible Light Photocatalysis in Organic Chemistry, 2018：25.

［10］　Zhang T, Du Y, Müller F, et al. Surface-initiated Cu（0） mediated controlled radical polymerization （SI-CuCRP） using a copper plate ［J］. Polymer Chemistry, 2015, 6（14）：2726－2733.

［11］　Stoyanovsky D A, Tyurina Y Y, Shrivastava I, et al. Iron catalysis of lipid peroxidation in ferroptosis：regulated enzymatic or random free radical reaction? ［J］. Free Radical Biology and Medicine, 2019, 133：153－161.

［12］　Xie L Y, Qu J, Peng S, et al. Selectfluor-mediated regioselective nucleophilic functionalization of N-heterocycles under metal-and base-free conditions ［J］. Green Chemistry, 2018, 20（3）：760－764.

［13］　Huang S, Thirupathi N, Tung C H, et al. Copper-Catalyzed Oxidative Trifunctionalization of Olefins：An Access to Functionalized β-Keto Thiosulfones ［J］. The Journal of Organic Chemistry, 2018, 83（16）：9449－9455.

［14］　Hu J, Wang G, Li S, et al. Selective C-N Borylation of Alkyl Amines Promoted by Lewis Base ［J］. Angewandte Chemie International Edition, 2018, 57（46）：15227－15231.

［15］　Cheng Z, Jin W, Liu C. B 2 pin 2-catalyzed oxidative cleavage of a C ［double bond, length asm-dash］ C double bond with molecular oxygen ［J］. Organic Chemistry Frontiers, 2019, 6（6）：841－845.

［16］　Hong B, Liu W, Wang J, et al. Photoinduced skeletal rearrangements reveal radical-mediated synthesis of terpenoids ［J］. Chem., 2019.

［17］　Homma T, Kobayashi S, Sato H, et al. Edaravone, a free radical scavenger, protects against ferroptotic cell death in vitro ［J］. Experimental Cell Research, 2019, 384（1）：111592.

［18］ Xie J，Wang N，Dong X，et al. Graphdiyne nanoparticles with high free radical scavenging activity for radiation protection ［J］. ACS Applied Materials & Interfaces，2018，11（3）：2579 – 2590.

［19］ Berbee O J，Hosman C J F，Flores J，et al. High pressure，free radical polymerizations to produce ethylene-based polymers：U. S. Patent Application 15/769，296 ［P］. 2018 – 10 – 25.

［20］ Kaya K，Seba M，Fujita T，et al. Visible light-induced free radical promoted cationic polymerization using organotellurium compounds ［J］. Polymer Chemistry，2018，9（48）：5639 – 5643.

［21］ Jiang H，Studer A. Transition-Metal-Free Three-Component Radical 1，2-Amidoalkynylation of Unactivated Alkenes ［J］. Chemistry-A European Journal，2019，25（2）：516 – 520.

第二章 亲电试剂参与的有机反应

2.1 亲电试剂

亲电试剂指在有机化学反应中对含有可成键电子对的原子或分子有亲和作用的原子或分子。亲电试剂一般都是带正电荷的试剂或具有空的 p 轨道或者 d 轨道，能够接受电子对的中性分子。亲电反应指缺电子（对电子有亲和力）的试剂，即亲电试剂，进攻另一化合物电子云密度较高（富电子）区域引起的反应。亲电反应属于离子型反应（ionic reaction）的一种，是有机化学的基本反应之一。

凡是由亲电试剂如 Cl_2、Br_2、HNO_3、H_2SO_4 等和有机分子相互作用从而发生的取代反应，称为亲电取代反应（SE）：

$$E^+ + RX \longrightarrow RE + X^+$$

在芳香族化合物亲电取代反应中，亲电试剂进攻芳香环，生成 σ 络合物，然后离去基团变成正离子离开，离去基团在多数情况下为质子：

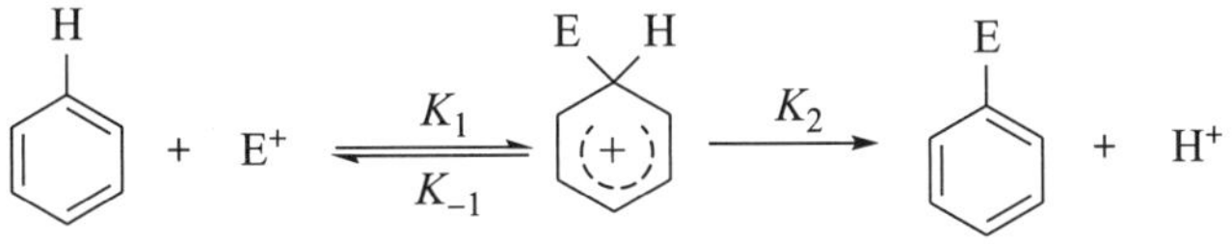

一般，第二步的速率比第一步高（$K_2 \gg K_1$，K_{-1}）。

由亲电试剂进攻引起的加成反应称为亲电加成反应。在没有光照和自由基引发的条件下，烯烃与卤素的加成反应是亲电加成反应，后面会讲述。

在亲电反应过程中，亲电试剂是路易斯酸（Lewis acid），因而亲电试剂的亲电性与其酸性有关。一般而言，酸性强的亲电试剂亲电性强，但二者没有定量关系，特例也有不少。亲电反应按照机理可以分为亲电取代、亲电加成以及亲电重排反应。

2.2 亲电加成反应

亲电加成反应是烯烃和炔烃最普遍、最有用的反应之一。本章主要讨论通过极性中间体或过渡结构进行的反应。我们认为其他亲电试剂有卤素和正卤素化合物、亲电硫黄，以及汞盐。硼氢化反应是烯烃的另一种重要的亲电加成反应。本节我们着重讨论这些反应的合成应用。在大多数情况下，亲电性添加剂通常与不饱和键发生反应。

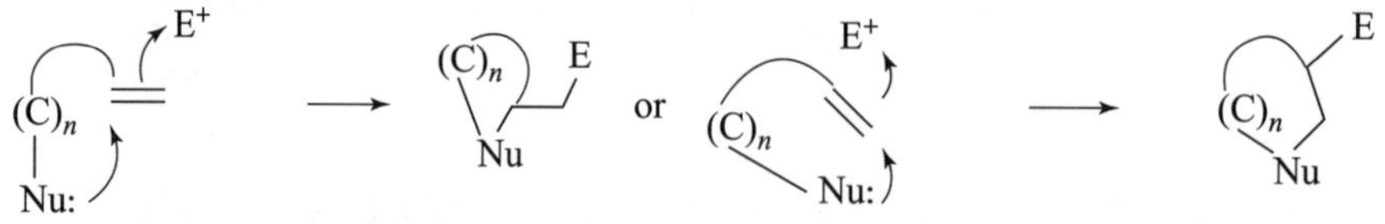

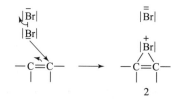

2.2.1 烯烃的亲电加成反应

碳—碳双键包含 σ 键和 π 键。π 电子受原子核的束缚力较小，比 σ 电子容易极化。烯烃有着较高的电子云密度，不利于亲核试剂的进攻，相反，却有利于亲电试剂的进攻。C═C 被缺电子试剂 E⁺ 的进攻而产生的加成反应叫亲电加成反应。在下面的机理中，一个双键的活性物种在第一步将被亲电试剂进攻变为碳正离子如图 2-1 所示。

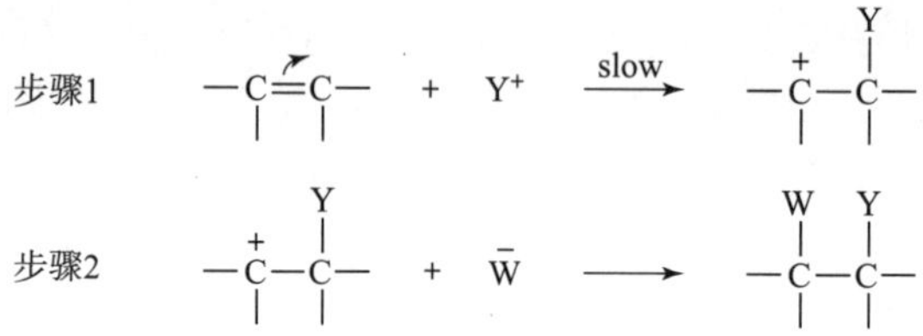

步骤1 —C═C— + Y⁺ ——slow→ —C⁺—C—

步骤2 —C⁺—C— + W̄ ——→ —C—C—

图 2-1 亲电加成机理

这种机理的名称是 $A_E + A_N$。在亲电取代中，Y 实际上不需要是一个正离子，可以是偶极子或诱导偶极子的正极，负的部分在第一步或之后不久就断开了。第二步是中间体和带有一对电子的物质的结合，通常带有一个负电荷。这一步和 S_N1 反应的第二步是一样的。并不是所有的亲电添加剂都遵循上述简单的机理。在许多溴化反应中，有一点是相当肯定的，中间体 1 即使生成，也会非常迅速地环化成溴离子 B，如图 2-2 所示。

—C═C— ——→ —C—C—

图 2-2 环状中间体

这种中间体类似于亲核取代的邻基机制。W 对像 2 这样的中间产物的进攻是 S_N2 反应。无论中间体是 1 还是 2，其反应机理称为 Ad_E2（亲电加成，双分子）。

在研究双键加成的机理时，最有用的信息可能是反应的立体化学。中间体 2 双键的两个碳原子和相连的四个原子都在一个平面上，因此有三种可能性。Y 和 W 可以从平面的同一侧进入，此时加入的是立体定向和正态的；它们可以从相反的方向进入立体定向的反加成；或者反应可能是非立体定向的。为了确定在给定的反应中哪种可能发生，通常会进行以下实验：Y、W 加入 ABC═CBA 的烯烃的顺式和反式同分异构体中。以顺式烯烃为例。如果加入的是顺式，产物就是反式，因为每个碳有 50% 的概率被 Y 攻击，如图 2-3 所示。

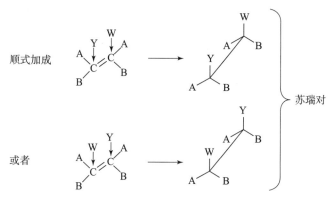

图 2-3　烯烃顺式加成示意图

另一方面，如果加法是反式的，则会生成苏瑞对，如图 2-4 所示。

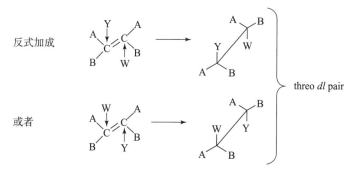

图 2-4　烯烃反式加成示意图

很容易看出，在涉及像中间体 2 加成这样的环状中间体的反应中，必须是反式的，因为第二步是 S_N2 反应，必须从后面进行。要预测涉及中间体 1 的反应的立体化学并不容易。如果中间体 1 的寿命相对较长，添加物应该是非立体定向的，因为会有自由旋转的单键。另一方面，可能有一些因素维持了构型，在这种情况下，W 可能来自同一边或相反的一边，这取决于环境。例如，正电荷可以通过不包含全键的 Y 的吸引力来稳定。

$$H_2\overset{+}{C} - CH_2$$
$$\diagdown \diagup$$
$$Y$$

第二组是反的。有利于顺式加成的一种情况是中间体 3 加成后生成离子对：

由于 X 和 Y 已经在平面的同一侧，离子对的离开导致了顺式的增加。

另一种可能是，至少在某些情况下，反加法可能是由这样一种机制引起的，即 W 和 Y 的进攻基本上是同时进行的，但来自相反的两边：

这种机制称为 Ad_E3 机制（三分子加成，IUPAC A_NA_E），其不足之处在于三个分子必须在过渡状态下聚集在一起。然而，它与 E2 消除机制相反，因为 E2 消除机制的过渡态具有这种几何结构。

2.2.1.1　烯烃与氢卤酸的加成

氯化氢和溴化氢与烯烃反应生成加成产物。在早期的研究中，人们注意到通常是通过加成使卤素原子与取代较多的 C＝C 相连。这种行为非常普遍，这种加成模式称为马氏（Markovnikov）规则。"区域选择性"这个术语是用来描述加成反应的，这种加成反应是有选择地在一个方向上与不对称的烯烃发生反应。对反应机理的初步了解表明了马氏规则的基础。加成反应包括质子化或质子部分转移到双键上。非对称烯烃中两个可能的碳正离子的相对稳定性有利于取代较多的中间体的生成。当碳正离子与卤化物阴离子反应时，就完成了加成。

马氏规则描述了一个基于烷基和芳基取代基对碳正离子的稳定作用的区域选择性的具体例子。

$$^+CH_2CH_2R < CH_3\overset{+}{C}HR < CH_3\overset{+}{C}HAr < CH_3\overset{+}{C}R_2 < CH_3\overset{+}{C}(Ar)_2$$

众所周知，在烯烃中直接加入 HX 是一种合成卤代烃的有效方法。极化的烯烃（例如，α,β-不饱和羰基化合物，末端烯烃，苯乙烯衍生物，或 1,1-二取代烯烃）是这个反应特别好的底物。然而，非极化烯烃可能产生有问题的区域异构体混合物。一般来说，卤代烷更容易从醇类中得到。卤化氢与烯烃的反应活性顺序为 HI > HBr > HCl，对应于酸性降低的顺序，反应是亲电加成，其中质子是亲电试剂。烯烃是路易斯碱，从酸中得到一个质子，生成一个碳正离子。然后，亲核的卤化物离子与碳正离子反应生成加成产物。

氯化氢与烯烃加成是一种合成卤代烃的有效方法。在第一个例子中，使用 TMSCl 和水来实现三取代烯烃的马氏添加。在第二个例子中，HCl 的加入与醛的缩醛生成共轭。

当碳正离子作为中间体参与反应时，在亲电加成反应中会发生碳骨架重排。丁烯与氯化氢在醋酸中反应，得到了重排产物和未重排产物。

$$(CH_3)_3CCH{=}CH_2 \xrightarrow[\text{HCl}]{CH_3CO_2H} (CH_3)_3CCHCH_3 + (CH_3)_2CCH(CH_3)_2 + (CH_3)_3CCHCH_3$$

Cl	Cl	O$_2$CCH$_3$
35%～40%	40%～50%	15%～20%

丙烯酸甲酯的氢溴酸盐化也有类似的效果。无溴溴化反应是影响反应的一个重要因素。使用一种自由基抑制剂（对苯二酚）来猝灭任何生成的自由基，从而产生反马氏规则附加产物。

$$\diagup\!\!\diagdown CO_2Me \xrightarrow[\text{80\%\~84\%}]{HBr, Et_2O, 0\text{–}25℃} Br\diagdown\!\!\diagup CO_2Me$$

在亲核溶剂中，溶剂与阳离子中间体反应生成产物。例如，环己烯与溴化氢在醋酸中反应生成醋酸环己酯和溴化环己酯。这是因为醋酸作为亲核试剂与溴离子竞争。

$$\bigcirc\!\!= + HBr \xrightarrow[\text{40℃}]{CH_3CO_2H} \overset{Br}{\bigcirc} + \overset{O_2CCH_3}{\bigcirc}$$

85%	15%

氢碘化可以用 HI 来实现，或者更实际地，可以通过碘化盐（如 KI 和 H$_3$PO$_4$）原位生成 HI 来实现。

$$\bigcirc \xrightarrow[\text{88-90\%}]{KI,\ H_3PO_4} \overset{I}{\bigcirc}$$

2.2.1.2 烯烃与硫酸、水、有机酸、醇和酚的加成

烯烃与硫酸、水、有机酸、醇和酚的加成也都是通过碳正离子中间体机理进行的。反应遵守马氏规则，但常有重排产物产生，所以立体选择性很差。

在强酸性条件下，氧亲核试剂可以加入双键中。一个基本的例子是烯烃在酸性水溶液中的水合作用。

$$R_2C{=}CH_2 + H^+ \longrightarrow \underset{+}{R_2CCH_3} \xrightarrow{H_2O} \underset{\overset{+}{O}H_2}{R_2CCH_3} \xrightarrow{-H^+} \underset{OH}{R_2CCH_3}$$

乙醇、异丙醇及三级丁醇在工业上是用相应的烯在不同浓度的硫酸中反应（如液态的烯烃与酸一起搅拌），即得磺酸酯的澄清溶液，然后用水稀释、加热制备的。

$$H_2C{=}CH_2 \xrightarrow{98\% \ H_2SO_4} CH_3CH_2OSO_2OH \xrightarrow[90\ ℃]{H_2O} CH_3CH_2OH + H_2SO_4$$

$$CH_3CH{=}CH_2 \xrightarrow{80\% \ H_2SO_4} \underset{OSO_2OH}{CH_3CHCH_3} \xrightarrow[\triangle]{H_2O} \underset{OH}{CH_3CHCH_3} + H_2SO_4$$

$$(CH_3)_2C{=}CH_2 \xrightarrow{63\% \ H_2SO_4} (CH_3)_3COSO_2OH \longrightarrow (CH_3)_3COH + H_2SO_4$$

一个质子的加入会产生更多取代的碳正离子，所以加入是区域选择性的，符合马氏规则。由于大多数烯烃的水化反应都需要很强的酸性和很强的条件，所以这些条件只适用于没

有酸敏官能团的分子。该反应有时也用于叔醇的合成。

$$(H_3C)_2C=CHCH_2CH_2\overset{\displaystyle O}{\overset{\|}{C}}CH_3 \xrightarrow[H_2O]{H_2SO_4} (H_3C)_2\underset{\underset{\displaystyle OH}{|}}{C}-CH_2CH_2CH_2\overset{\displaystyle O}{\overset{\|}{C}}CH_3$$

此外，由于阳离子中间体的参与，在芳基、烷基或氢的迁移导致更稳定的阳离子的体系中可能发生重排。氧化汞还原法是一种更为温和和通用的烯烃水合反应方法，后面会介绍。

2.2.1.3 烯烃与卤素的加成

在烯烃中加入氯或溴是一个非常普遍的反应。简单烯烃的溴化反应非常快。由于卤化反应涉及亲电攻击，双键上具有给电子取代基时会加快反应速率，而 EWG 取代基则相反。对卤素加成反应机理的深入研究来自对反应立体化学的研究。大多数烯烃以立体定向的方式加入溴，得到反加成的产物。在提供反加成产物的烯烃中有(Z)-2-丁烯、(E)-2-丁烯、顺丁烯和反丁烯酸，以及一些环烯烃。带正电的环状溴离子中间体解释了所观察到的反立体定向性。

溴离子的桥接阻止了剩余化学键的旋转，溴离子从碳正离子的背面进攻，导致了反式加成。从核磁共振测量中获得了溴离子存在的直接证据。

从合成的观点来看，水参与溴化反应生成溴化氢是中间体亲核捕获的最重要的例子。

为了有利于引入水，溴离子的浓度应尽可能低。实现这一点的一个方法是使用溴代丁二酰亚胺（NBS）作为溴化试剂。溴化氢的高收率是用 NBS 在 DMSO 水溶液中得到的，反应是立体定向的反式加成的方法。在溴化反应中，溴离子中间体可以解释反硝化作用定向性。结果表明，DMSO 作为亲核试剂去进攻溴正离子。生成的烷氧基磺酸盐离子中间体与酸性水溶液发生反应生成醇。溴离子盐（含 Br_3^- 作为反离子）已从溴与受阻的烯二金刚烷的反应中分离出来。

虽然脂肪族烯烃氯化反应通常产生反加成反应，但苯基取代烯烃通常以顺式加成反应为主。

这些结果也反映了中间产物桥接程度的差异。非共轭烯烃具有很强的桥联性和很强的反立体专一性。苯基取代导致了苄基位点的阳离子性质，增加了碳正离子的稳定性。由于氯的体积较小，极化率也较低，所以它在桥接任何特定烯烃时不如溴有效。因此，在其他因素相同的情况下，溴化反应的反加成度通常比氯化反应高。

氯化反应可以伴随其他反应，这些反应表明是碳正离子中间体。支链烯烃可以生成从阳离子中间体中除去一个质子的产物。

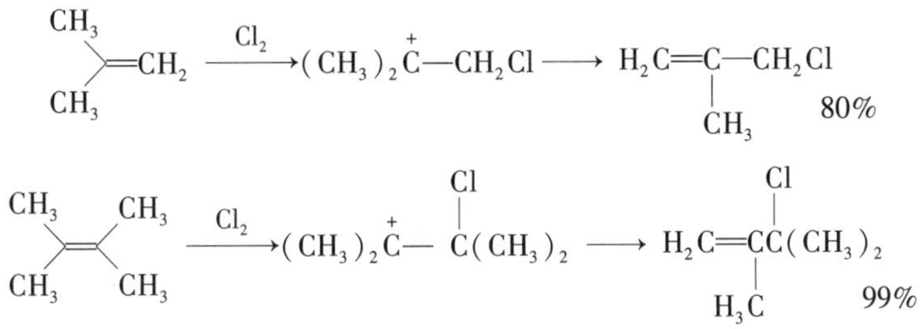

$$CH_3{-}C(CH_3){=}CH_2 \xrightarrow{Cl_2} (CH_3)_2\overset{+}{C}{-}CH_2Cl \longrightarrow H_2C{=}\underset{CH_3}{C}{-}CH_2Cl \quad 80\%$$

$$\underset{CH_3}{\overset{CH_3}{C}}{=}\underset{CH_3}{\overset{CH_3}{C}} \xrightarrow{Cl_2} (CH_3)_2\overset{+}{C}{-}\overset{Cl}{\underset{|}{C}}(CH_3)_2 \longrightarrow H_2C{=}\underset{H_3C}{\overset{Cl}{C}}(CH_3)_2 \quad 99\%$$

2.2.1.4 烯烃与次卤酸的加成

氯或溴在稀的水溶液中或在碱性稀的水溶液中可与烯烃发生加成反应，得到β-卤代醇：

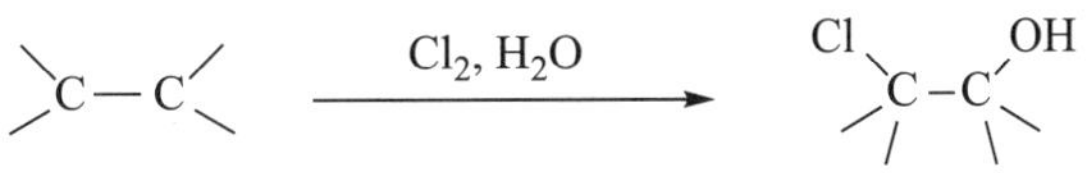

$$\underset{}{\overset{}{C}}{-}\underset{}{\overset{}{C}} \xrightarrow{Cl_2,\ H_2O} \underset{}{\overset{Cl}{C}}{-}\underset{}{\overset{OH}{C}}$$

与烯烃和氢卤酸或水的反应相似，第一步先是生成稳定的碳正离子，以下面反应简单说明：

与烯烃和氢卤酸或水的反应相似，第一步先是生成稳定的碳正离子，以下面反应简单说明：

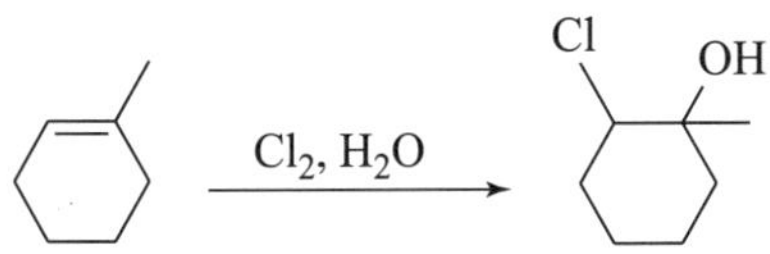

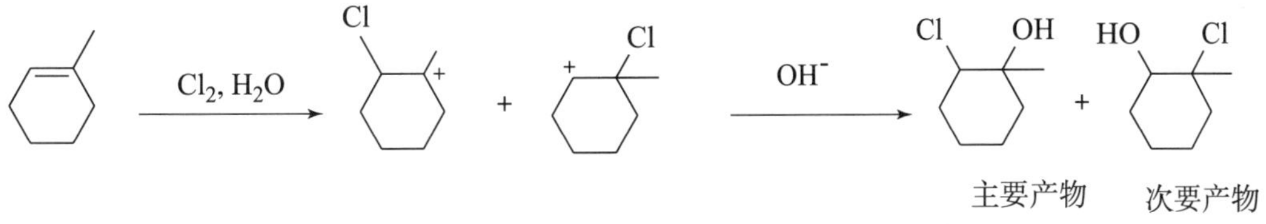

2.2.1.5 烯烃与其他亲电试剂的反应

烯烃与亲电试剂的加成反应还包括烯烃的羟汞化-脱汞（oxymercuration-demercuration）和硼氢化-氧化（hydroboration-oxidation）反应，这些方法是烯烃制备醇的常用方法。与酸催化下的水合反应不同，这两个反应可避免重排反应的发生，前者得到马氏规则加成产物，后者得到反马氏规则加成产物。因此，它们与酸催化水合反应生成很好的互补应用。

1. 羟汞化-脱汞反应

亲电试剂的作用也可以由金属阳离子来发挥，而汞离子在几个有综合价值的过程中都是亲电试剂。最常用的试剂是醋酸汞，但三氟乙酸盐、三氟甲烷磺酸盐或硝酸盐反应性更强，在某些应用中更可取。一种通用的机制是将汞离子作为中间体。当烯烃在非亲核溶剂中与汞离子发生反应时，这种物质可以通过物理测量被检测到。阳离子主要是桥接的或开放的，这取决于特定烯烃的结构。亲核试剂攻击取代较多的碳，从而完成加成。亲核捕获通常是速率和生成物的控制步骤。

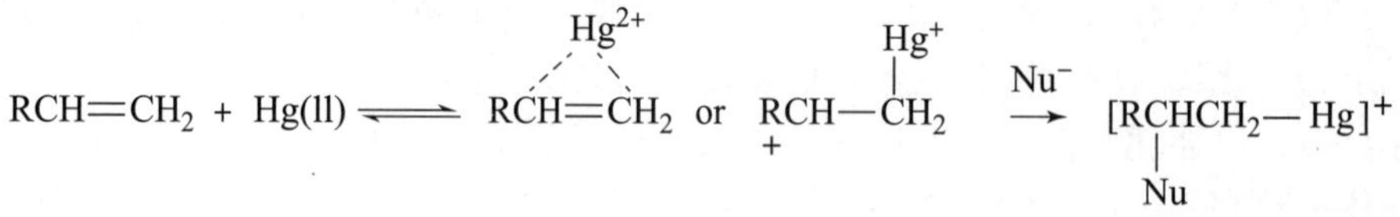

机理如下：

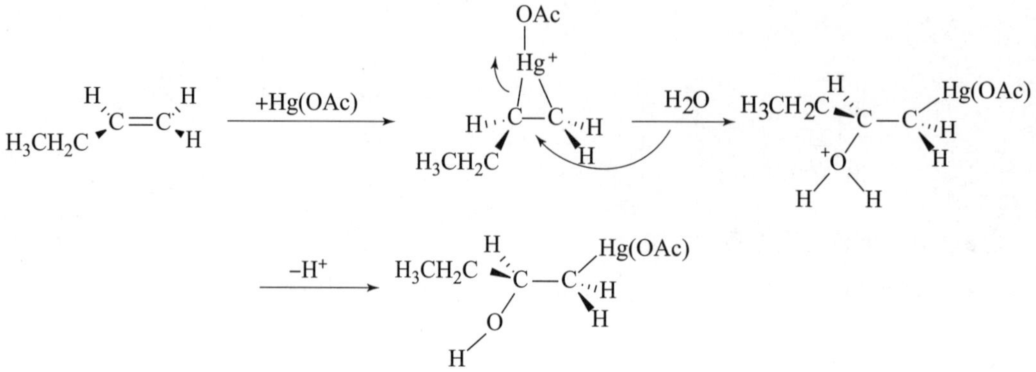

用于合成的亲核试剂包括水、醇、羧酸盐离子、氢过氧化物、胺和腈。加成步骤完成后，通常用硼氢化钠还原除去汞，最终的结果是在烯烃中加入氢和亲核试剂。区域选择性很好，这和质子引发的附加反应是一样的。

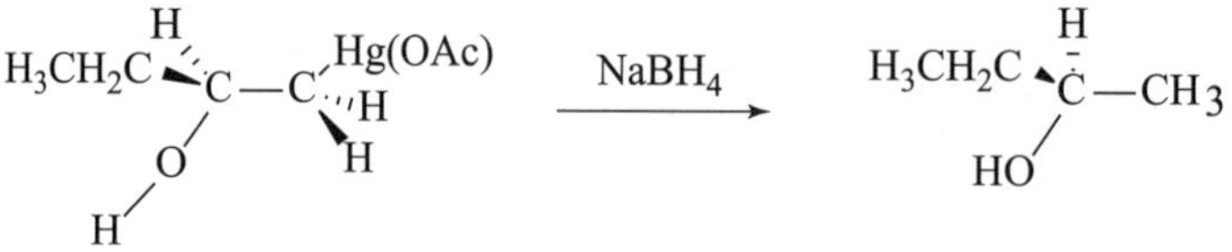

2. 烯烃与乙硼烷的反应

烯烃与乙硼烷的加成反应，称为硼氢化反应。

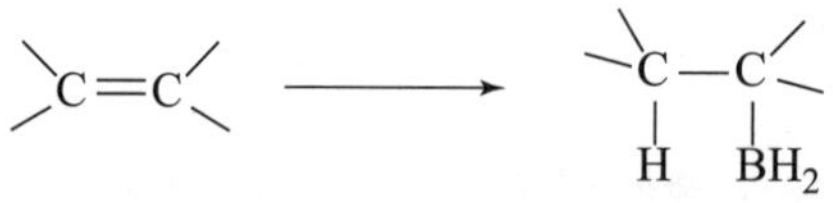

硼原子外层有 3 个电子，可以生成 3 个共价键的中性分子。由于外层未达到 8 个电子的稳定构型，BH_3 是一个高度缺电子的分子，常作为路易斯酸与富电子体系配位。B-H 键与另一个硼烷分子中硼原子的空轨道重叠，生成两个 B-H-B 桥键，2 个硼原子之间以氢桥连接生成三中心二电子的体系。故有乙硼烷在与烯烃反应时，乙硼烷作为亲电试剂进攻烯烃。

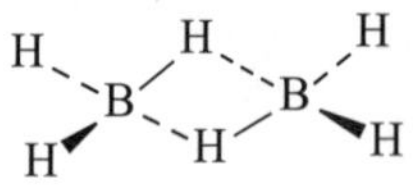

硼氢化反应是分步进行的。

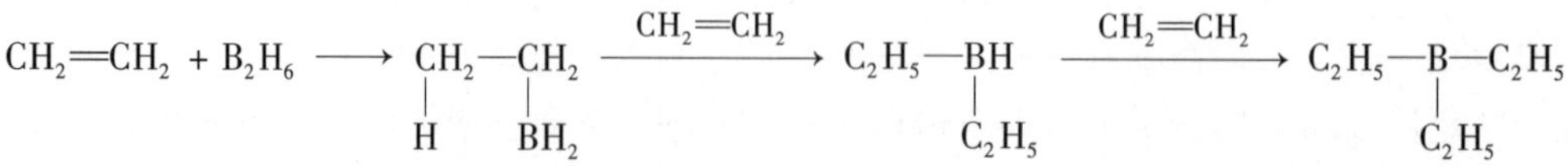

生成的三烷基硼是一种非常有用的化合物，可以用于制备不同类型的化合物。

2.2.2　炔烃的亲电加成

乙炔及其取代物与烯烃相似，也可以发生亲电加成反应。但由于 sp 碳原子的电负性比 sp^2 碳原子的电负性强，使电子与 sp 碳原子结合得更为紧密，尽管三键比双键多一对电子，也不容易给出电子与亲电试剂结合，因而使三键的亲电加成反应比双键的亲电加成反应慢。

乙炔及其衍生物可以与两分子亲电试剂反应。先是与一分子试剂反应，生成烯烃的衍生物，然后再与另一分子试剂反应，生成饱和的化合物。不对称试剂与炔烃加成时也遵循马氏规则，多数加成是反式加成。

2.2.2.1　炔烃与氢卤酸的加成

在乙炔中加入 HX 制备卤代乙烯基化合物通常不是制备这些化合物的最实际的方法。炔烃有两个 π 键，可以和两分子氯卤酸加成。氯化烃在乙酸溶剂中与芳基炔烃发生反应，得到 σ-氯苯乙烯与相应的乙酸乙烯酯的混合物。被芳基取代基稳定的乙烯基阳离子被认为是中间体。通过质子化生成的离子对可以离去，生成卤乙烯，或者可以与溶剂反应，生成乙酸盐。芳基取代的乙炔主要产生顺式加成产物。

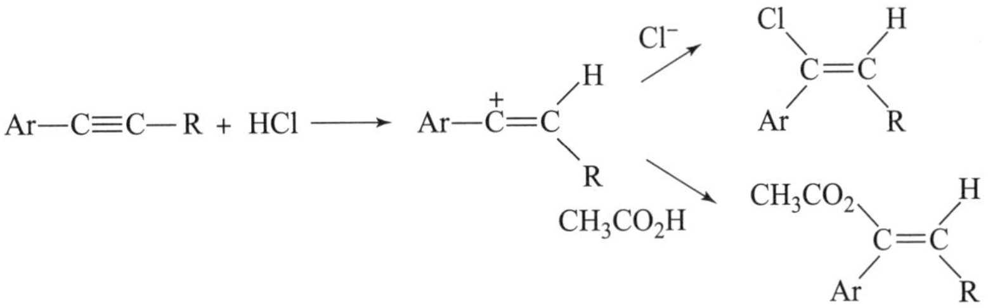

烷基取代的乙炔可以通过 Ad_E3 或 Ad_E2 机理与 HCl 反应。Ad_E3 机理容易发生反式加成反应。对一种或另一种机理的偏好取决于反应物的结构和反应条件。添加的卤离子可促进 Ad_E3 机理并增加总反应速率。4-辛炔与 TFA 在含 $0.1\sim1.0M$ Br^- 的 CH_2Cl_2 中的反应主要通过反加成反应生成 Z-4-溴-4-辛烯。与仅与 TFA 的反应相比，Br^- 的存在极大地促进了反应，表明 Br^- 参与了决定速率的质子化步骤。

在此条件下，1-辛炔和2-辛炔也能提供95%以上的反式加成产物。这些反应被表述为协同的 Ad_E3 过程，包括溴离子攻击烯烃 – 酸络合物。

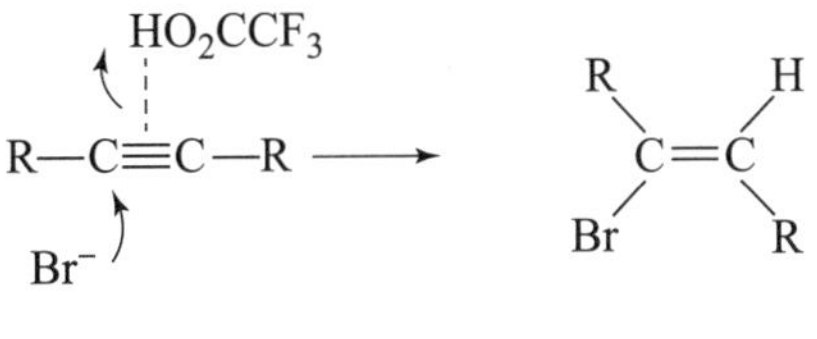

2.2.2.2　炔烃与水的加成

炔烃可以在浓酸水溶液中水化。初始产物是烯醇，它异构化为更稳定的酮。

$$RC \equiv CH \xrightarrow[\text{H}_2\text{O}]{\text{H}^+} \underset{\underset{\text{OH}}{|}}{RC}=CH_2 \longrightarrow R\underset{\underset{\text{O}}{\parallel}}{C}CH_3$$

炔烃的反应性略低于烯烃。例如，在 8.24 M 的 H_2SO_4 中，1-丁烯的反应活性是 1-丁炔的 20 倍。炔烃的反应性随加入 ERG 取代基而增加。溶剂同位素效应表明已确定质子化。据信这些反应是通过速率确定质子转移以产生乙烯基阳离子而进行的。通过乙烯基阳离子进行的反应不会是立体定向的，因为阳离子将采用 sp 杂化。

炔烃与 TFA 反应生成加成产物。得到了顺式和反加成产物的混合物。与三氟甲烷磺酸发生类似的加成反应。这些反应类似于酸催化的水合作用，通过乙烯基阳离子中间体进行。

$$R-C \equiv C-R + CF_3CO_2H \longrightarrow \underset{R}{\overset{CF_3CO_2}{\diagdown}}C=C\underset{R}{\overset{H}{\diagup}} + \underset{CF_3CO_2}{\overset{R}{\diagdown}}C=C\underset{R}{\overset{H}{\diagup}}$$

2.2.2.3 炔烃与卤素的加成

卤素和炔烃的加成为反式加成。在过量卤素存在的情况下，生成了四卤代烷烃，有限量的卤素下可以进行机理的研究。一般来说，炔的卤化反应比相应的烯烃慢。我们以后再考虑原因。该反应具有典型的亲电性。例如，取代的苯基乙炔的氯化速率与 σ^+ 相关联，即在乙酸中，两种反应物的反应总体为二级、一级反应。这种加成反应不是很立体选择性的，并生成了相当数量的溶剂捕获产物。所有这些特征与通过乙烯基阳离子中间体进行的反应一致。

$$ArC \equiv CH \xrightarrow[\text{CH}_3\text{CO}_2\text{H}]{\text{Cl}_2} \overset{+}{ArC}=CHCl \xrightarrow{Cl^-} \ldots$$

对于烷基取代的炔，单取代和双取代衍生物在立体化学上存在差异。前者为顺式加成反应，后者为反加成反应。双取代（内部）化合物的反应活性是单取代（末端）化合物的 100 倍。这一结果表明，速率测定步骤的立体选择性是由烷基取代基稳定的，并指向桥接结构。这一解释与内炔的反立体化学反应是一致的。

$$R-C \equiv C-R \xrightarrow{Cl_2} \underset{R \quad R}{\overset{\overset{Cl^-}{\overset{Cl^+}{\triangle}}}{}} \longrightarrow \underset{Cl}{\overset{R}{\diagdown}}C=C\underset{R}{\overset{Cl}{\diagup}}$$

由于顺式加成占主导地位，单取代的中间体似乎不能有效地桥接。在这种情况下，一个寿命很短的乙烯基阳离子似乎是对中间体最好的描述。

溴化的立体化学通常对烷基取代的炔烃是反式的。在二氯乙烷中已研究了一系列取代的芳基炔烃。与烯烃一样，可观察到 π-中间体。1-苯基丙炔生成络合物的焓约为 -30 kcal/mol。对于 Ad_E3 机制，整体动力学是三级的。决定速率的步骤是 Br_2 与络合物反应生成乙烯基阳离子，同时生成顺式和反式加成产物。

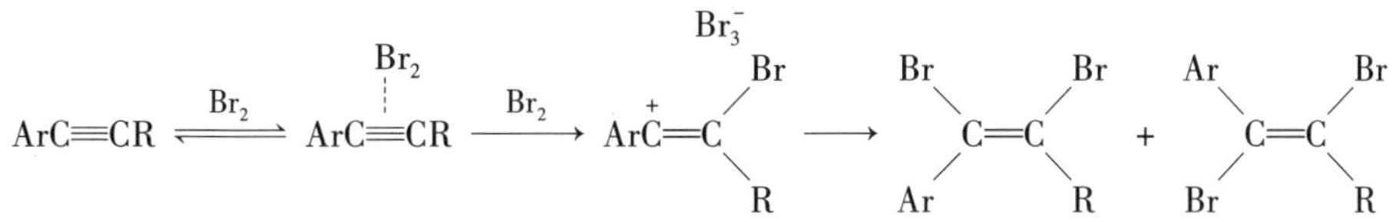

对于芳基取代的炔烃，反应立体化学对芳基取代敏感。使用 EWG 取代基（NO₂，CN），该反应在立体上具有反式的，对于 2-己炔同样如此，这反映了在这些情况下乙烯基阳离子的稳定性下降。通过在反应介质中包含溴化物盐，可以将芳基取代的炔烃向反加成转变。在这些条件下，乙烯基阳离子之前的物质必须被溴离子拦截。该中间体大概是分子溴与炔烃的络合物。

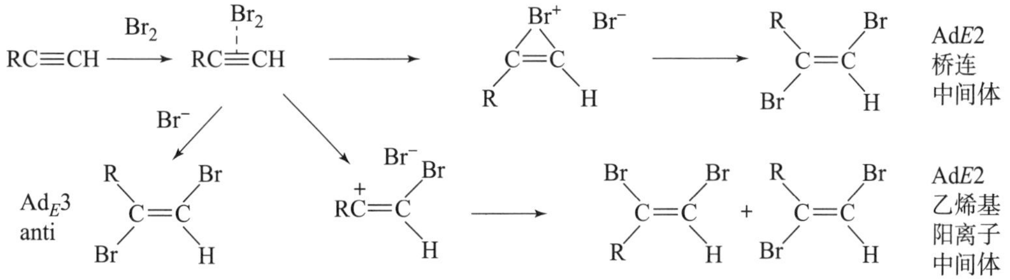

2.2.3　共轭烯烃的亲电加成

共轭二烯烃是含有两个碳碳双键，并且这两个双键是被单键所隔开的，即含有体系（共轭体系）的二烯烃。最简单的共轭二烯烃是 1,3-丁二烯。共轭二烯烃相对于累积二烯烃来说更加稳定。二烯烃中，共轭二烯烃的性质与烯烃没有明显差异，容易与卤素、卤化氢等亲电试剂发生加成反应；它的特点是比普通烯烃更容易发生加成反应，但由于中间体变化生成多种加成产物。共轭二烯的部分加成产物，即 1,2-和 1,4-加成产物，经历不同的中间体。

当共轭二烯烃与一分子的亲电试剂发生反应时，分子中只有一个双键被打开，就会有两种不同的方式加成，得到不同的加成产物。比如，1,3-丁二烯与等当量的氯气分子发生加成反应时，会生成不同的加成产物，具体如下：

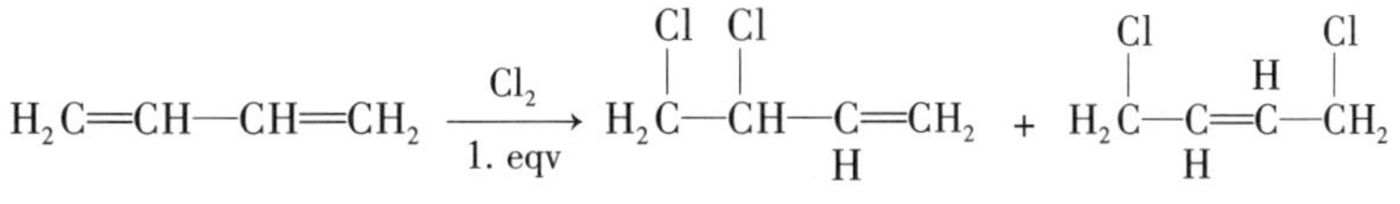

不管共轭体系有多大，对于共轭二烯烃均有两种加成方式。其中，在 1,4-加成中，整个共轭体系参与反应，这种加成也称为共轭加成。在 1,2-加成中，整个共轭体系只有部分参与反应。1,2-加成产物与 1,4-加成产物的比例是由整个共轭烯烃的结构决定的，同时随具体反应条件的不同也会发生改变。

2.2.4　亲电环化反应

当不饱和反应物含有可以作为亲核试剂参与反应的取代基时，亲电试剂常常会引起环化反应。可以作为内部亲核试剂的基团包括羧基和羧酸盐、羟基、氨基和酰胺以及羰基氧。这些亲电环化反应已经有了大量的合成应用实例。成环大小的排序通常是 5 > 6 > 3 > 4，但也有例外。环的大小和立体选择性反应通常可以追溯到环化 TS 的结构和构象特征。根据环化中心的杂化，环化反应分为 exo 和 endo，以及 tet、trig 和 dig。环合作用也由正在生成的环的大小来决定。对于任何给定的亲电中心和亲核中心的分离（$n=1$、2、3 等），通常首选 exo 或 endo 模式的环化。在 $n=2$ 时，三棱中心的环化倾向为 5－endo≫4－exo；5－exo＞6－endo，$n=3$；6－exo≫7－endo，$n=4$。这些关系是由亲核试剂到亲电中心的优先轨道决定的。取代基可以通过电子或空间效应来影响 TS 结构。

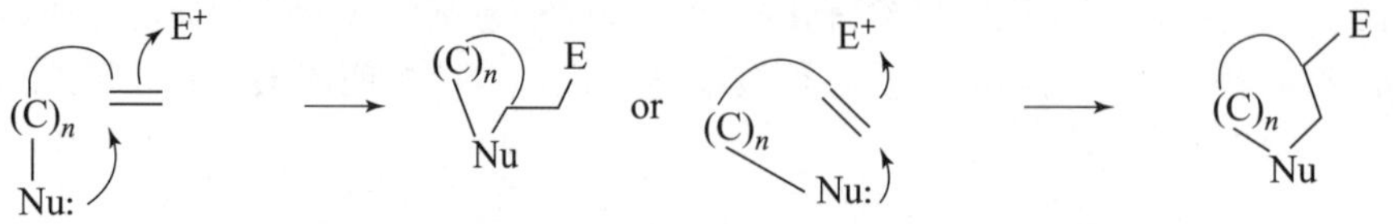

亲电环化对各种含氧、含氮和含硫环的闭合是有用的。产物的结构取决于环的大小和外电子对 endo 的选择性。最常见的情况是五元环和六元环的生成。

内型-5 外型-5

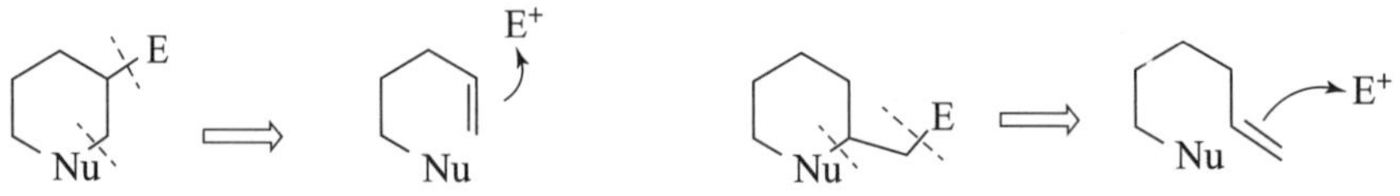

内型-6 外型-6

Nu=CO_2^-, OH, C=O, NHR, SH　　　　E^+=Br^+, I^+, RS^+, RSe^+, Hg^{2+}

溴化和碘化试剂作用于烯烃的环化，烯烃有一个亲核基团，可以生成五元环、六元环，在某些情况下，还可以生成七元环。羟基和羧基是最常见的亲核试剂，但对任何与亲电卤素源相容的亲核基团来说，这种反应都是可行的。酰胺和氨基甲酸盐可以在氧或氮上发生反应，这取决于它们的相对距离。磺胺类也是潜在的氮亲核试剂。羰基氧可以作为亲核试剂，通过脱质子作用产生稳定的产物。

一般来说，在有可能生成五元或六元环的化合物中，可以预期会发生环化反应。除了更典型的溴化试剂，三甲基硅溴化试剂、叔胺和 DMSO 的组合也会影响溴化反应。

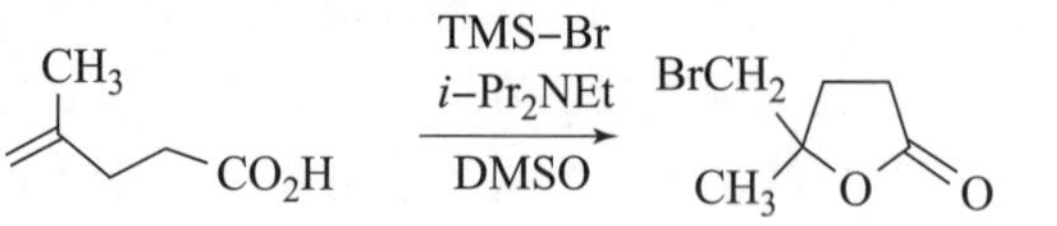

3-苯基丙基-2-烯基硫酸盐的立体环化反应符合马氏规则，在马氏可夫区域化学控制下进行立体环化。

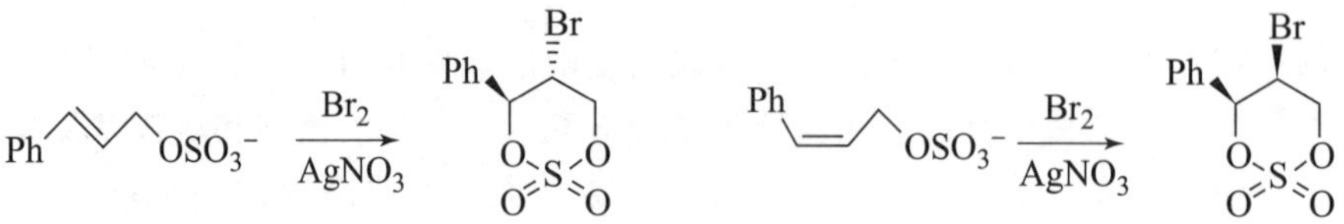

碘是一种非常好的亲电试剂，可以影响烯烃分子内亲核加成反应，例如碘化反应。碘与羧酸的反应具有 C═C，使其在分子内发生反应，生成碘内酯。该反应倾向于生成 5 或 6 元环，在基本条件下进行时是一种立体定向的反加成反应。

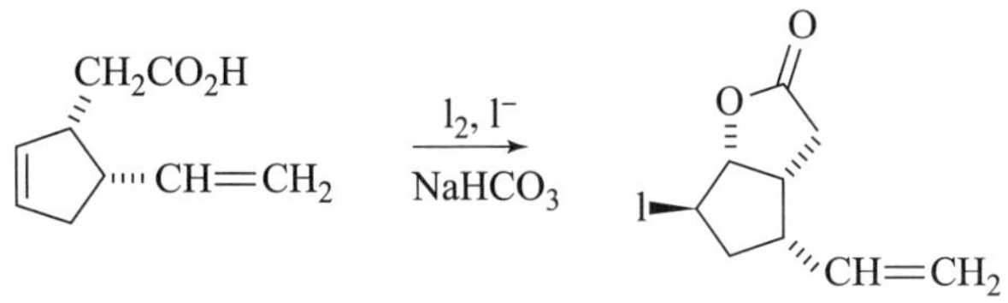

反加成是一个动力学控制的过程，由羧酸盐亲核试剂不可逆地打开碘离子中间产物的背面。Bartlett 等发现，在酸催化平衡（热力学控制）的酸性条件下，反式产物更稳定。

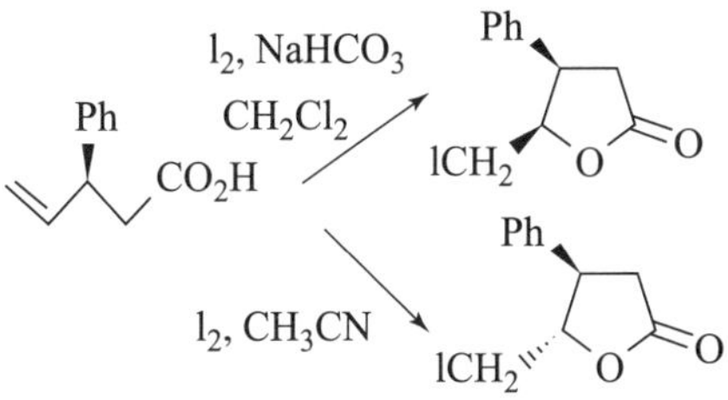

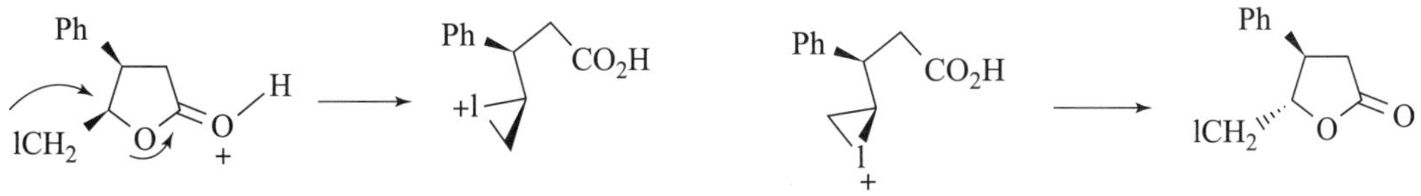

在动力学条件下，碘化反应反映反应物的构象。几个例子说明了碘化反应的立体选择性与反应物构象的关系。例如，反应物 1 的高立体选择性对应于羧酸基团接近两个首选反应物构象中的一个双键。

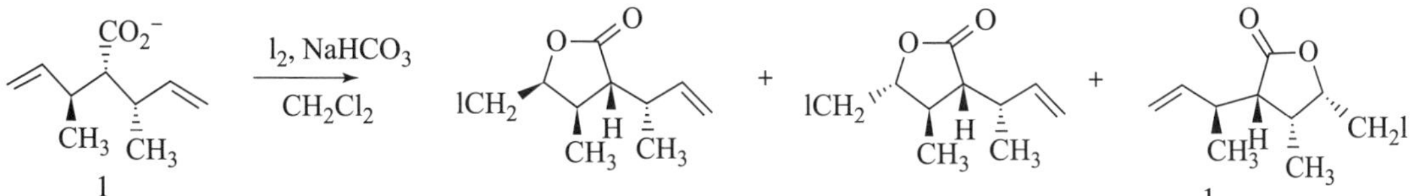

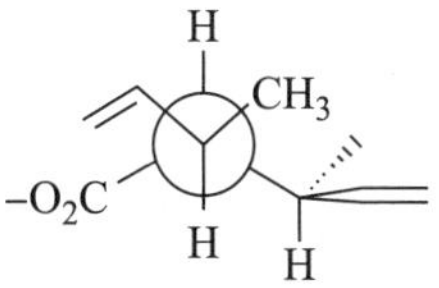

最可能的反应构象

类似地，对于反应物 2 和 3，构象优先级在作为内部亲核试剂的 CO_2 和 CH_2OH 之间的选择性中占优势。这种构象可以扩展到 CO_2CH_3，当它处于构象优先位置时，CO_2CH_3 可以优先环化 CH_2OH。另一方面，当一个单取代双键和一个双取代双键竞争时，两个双键之间固有的反应活性差异会克服反应物的构象优势。下面是可以诱导其他几个亲核官能团参与碘化反应。碳酸丁酯环化生成碳酸二醇酯。

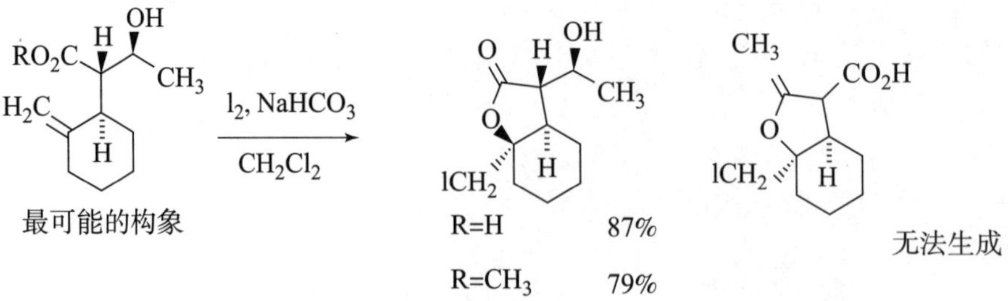

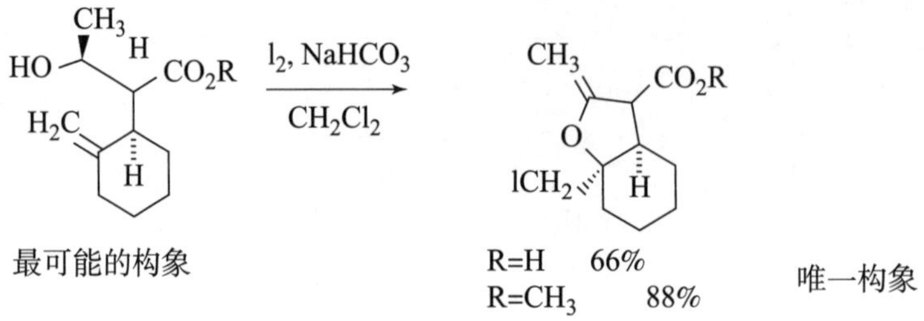

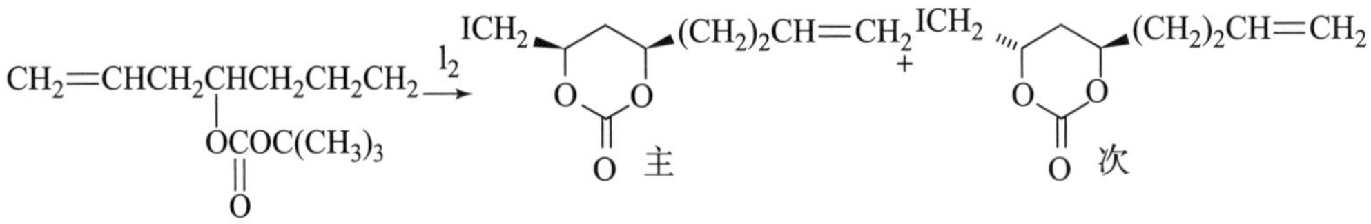

碳酸酯类的锂盐也可以环化。

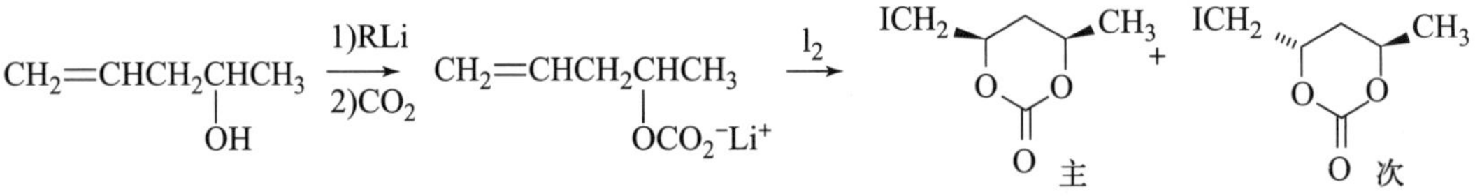

在较低温度下反应的 IBr 发现了增强的立体选择性。其他产生亲电碘的试剂体系，如 KI + KHSO₅，可用于碘环化。

2.3　芳香亲电取代反应

脂肪族碳上的大多数取代物都是亲核的。在芳香族系统中，情况正好相反，因为芳香族环上的高电子密度吸引的是正电荷而不是负电荷。在亲电取代中，攻击的物质是正离子或偶极子或诱导偶极子的正极端。离去基（电偶）必须在没有电子对的情况下离去。在亲核取代中，主离去基是那些最能携带未共用电子对的基团，如 Br⁻，H₂O，OTs⁻ 等，也就是最弱的碱基。在亲电取代反应中，最重要的离去基是那些在最外层（即最弱的路易斯酸）没有电子对的情况下最能存在的基团。亲电芳香取代中最常见的离去基是质子。

亲电芳香族取代物与亲核取代物的不同之处在于，大多数芳基取代物只通过一种机制对底物进行反应。在该机制中，我们称之为鎓离子机制，亲电试剂进攻是这类反应的第一步，而后生成一个带正电的中间（鎓离子），在第二步离去基团离去。另一种不太常见的机制由相反的行为组成：离去基在亲电试剂到来之前离去。这个机制称为 S_E1 机制。同时攻击和离开机制（与 S_N2 相关）根本没有发现。

2.3.1 芳香环亲电取代反应

芳香亲电取代反应是最常用的衍生简单芳香族底物的方法。控制这些反应结果的参数通常是很容易理解的。富电子的芳烃通常更容易发生反应，而缺电子的芳烃则需要更多的苛刻条件，或者根本不会发生反应。控制取代芳烃上反应区域化学结果的因素一般都遵循这样的规律：富电子取代基直接指向对位，邻位的影响较小，而吸电子基团则倾向于间取代。卤素也是邻位/对位的，但是相对于更富电子的取代基，卤素的取代率更低。最富电子的官能团通常起主导作用。本节介绍的大多数反应都是在室温或更高的条件下进行的，许多反应都需要在化学计量的条件下加入质子酸或路易斯酸。最常用的路易斯酸是 $AlCl_3$，但其他许多酸也可以接受。

芳香亲电取代反应（electrophilic aromatic substitution）是指芳环（aromatic ring）上的氢原子被亲电试剂（electrophile）所取代的反应。典型的芳香亲电取代有苯环的硝化（nitration）、卤化（halogenation）、磺化（sulfonation）、烷基化（alkylation）和酰基化（acylation）等。芳香环不同于我们之前讨论的烯烃的亲电加成反应。相反，它们与亲电试剂发生反应——甚至只有在有催化剂的情况下才会发生反应——生成一种替代产物。在这些反应中，亲电试剂（E^+）取代 H^+。一般过程如下所示：

许多亲电试剂可以取代芳香环上的氢。一个卤素原子，通常是氯或溴，通过卤化反应加到环上。硝基（$-NO_2$）和磺酸基（$-SO_3H$）通过硝化和磺化反应引入到苯环中。烷基化和酰化反应引入烷基（—R）和酰基（$-COR$）。这些反应都是通过相同的反应机理发生的。

在亲电芳香取代的第一步，类似于亲电试剂对烯烃的加成，亲电试剂接受芳香环上的一对电子。然而，因为这个电子对是离域芳族六分体的一部分，所以芳族化合物的反应性明显低于烯烃。它们的反应性要差得多，以至于需要路易斯酸作为催化剂，例如在溴化反应中为 $FeBr_3$，在烷基化和酰化反应中为 $AlCl_3$，才能生成足以与芳香环反应的亲电试剂。

当亲电试剂加入芳香环时，它会产生一个碳正离子中间体。亲电芳族取代的第一步通常是速率决定步骤。由于在第一步生成了一个新的键，会产生一个新的中间体。

这个碳正离子是共振稳定的，但不是芳香族的，因为它只有 4 个 π 电子。因此，中间体比原来的芳香环反应性更强。

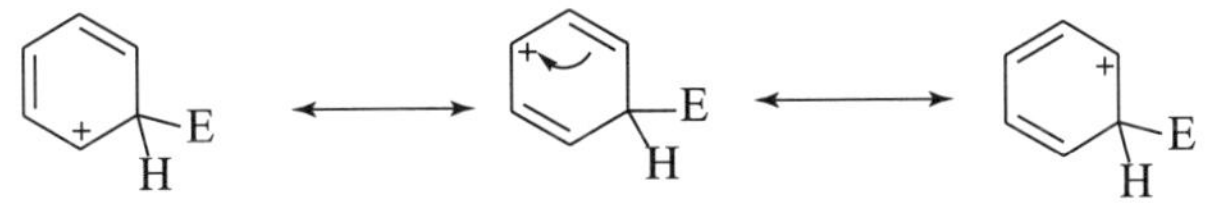

芳烃亲电取代中鎓络合物的生成比烯烃亲电加成中碳正离子的生成具有更高的活化能。因此，对于相同的亲电试剂，芳香取代反应的速率比烯烃的亲电加成反应的速率要慢。例如，溴与烯烃立即发生反应，但与苯完全不发生反应，除非有强路易斯酸催化剂的存在。

在亲电取代机制的第二步中，质子与 sp^3 杂化的环碳原子结合，还原芳香 π 体系。亲核试剂，作为碱，与离去的质子结合。

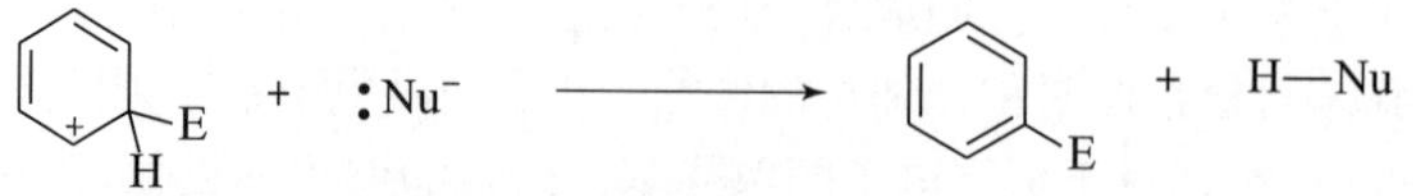

当亲电取代反应在单取代苯上进行时，新基团可能主要指向邻位、间位或对位，取代的速度可能比苯本身慢或快。已经在环上的基团决定了新基团的位置以及反应的快慢。提高反应速率的基团称为激活基团，而降低反应速率的基团称为致钝基团。当致钝基团为主体时其他定位是不起主导作用；其中大部分基团为介对位基，包括大部分激活基团和少量弱致钝基团。例如，硝基苯的硝化作用产生了 93% 的 w-二硝基苯，6% 的邻位硝基苯和 1% 的对映异构体。

取代基的定位效应

根据共振和场效应对中间包层离子稳定性的影响，解释了各基团的取向和反应性效应。为了理解为什么我们可以使用这种方法，有必要知道，在这些反应中，产物通常是动力学控制，而不是热力学控制的。有些反应是不可逆的，而其他的通常在达到平衡之前就停止了。因此，在这三种可能的中间产物中，生成哪一种不是取决于产物的热力学稳定性，而是取决于生成这三种中间产物所必需的活化能。要预测这三种活化能中哪一种是最低的并不容易，援引哈蒙德假设，我们可以假设过渡态的几何形状也与中间态相似，任何增加中间态稳定性的东西也会降低达到它所需要的活化能。由于中间产物一旦生成，就会迅速转化为产物，所以我们可以利用这三种中间产物的相对稳定性来预测哪些产物会生成。

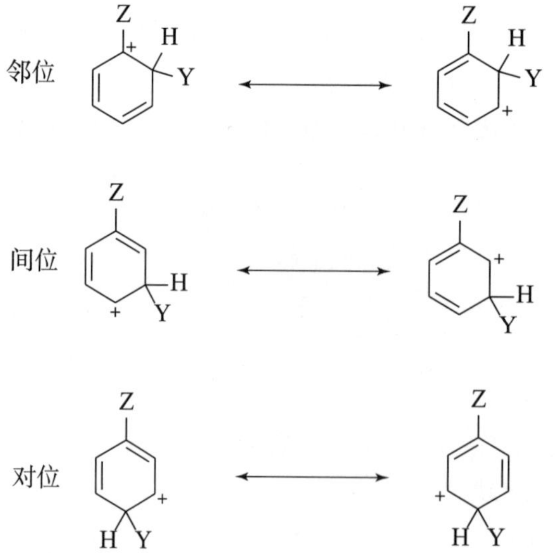

对于每个离子，环都带一个正电荷。因此，我们可以预测，任何具有供电子场效应的 Z 基团应该稳定这三个离子，而吸电子基团增加了环上的正电荷，应该使它们不稳定。我们还可以对场效应作进一步的预测。随着距离的增加，离子对其的作用逐渐减弱，因此在与 Z 基团相连的碳上最强。在这三个鎓离子中，只有邻位和对位在这个碳上有正电荷。正因为元离子的形式中没有正电荷所以杂化形式中也没有正电荷。因此，供电子基团应该稳定所有的三个离子，但主要是邻位和对位离子，所以它们不仅是激活的，而且是对位离子定向的。另一方面，吸电子基团通过去除电子密度，应该会破坏所有三个离子的稳定，但主要是邻位和对位离子，定向失活。

就其本身而言，这些结论是正确的，但它们并不能在所有情况下得出适当的结果。在许多情况下，Z 基团与环之间存在共振相互作用；这也影响了相对稳定性，在某些情况下与场效应方向相同，而在另一些情况下则不同。

一些取代基有一对电子（通常是未共用的），它们可能被贡献给环。比如：

邻位

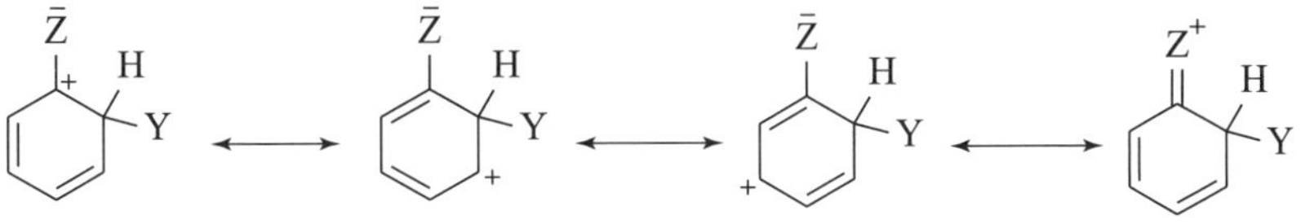

间位

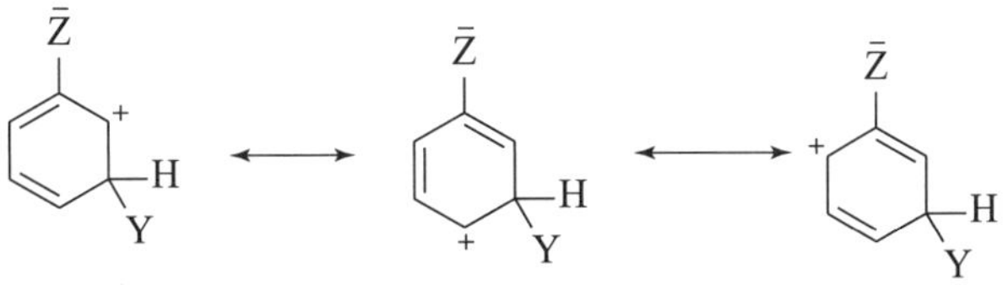

对位

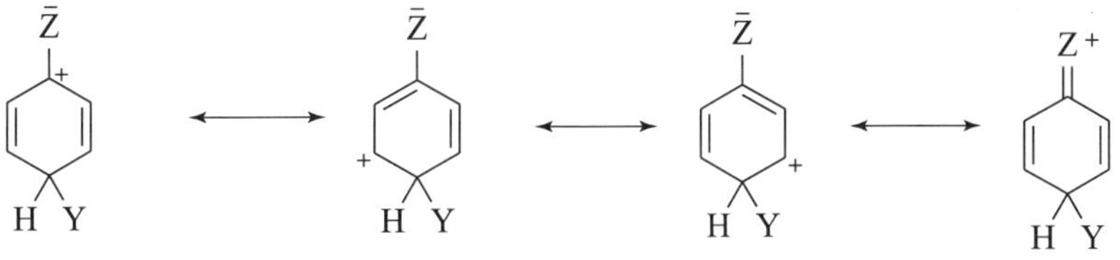

对于每个离子，可以像之前一样，画出同样的三种规范形式，现在我们可以画出邻位和对位离子的另一种形式。这两种离子的稳定性通过额外的形式得到了提高，不仅因为它是另一种规范形式，而且因为它比其他的更稳定，对杂化有更大的贡献。这些形式（C 和 D）中的每个原子（当然氢除外）都有一个完整的八隅体，价层中拥有六个电子的碳原子。同分异构体没有相应的形式。这种形式的混合降低了活化能。

在这些讨论的基础上，我们可以区分出三种类型：

（1）包含原子上未共享电子对的基团，电子对与环相连。这一类是 O^-，NR_2，NHR，NH_2，OH，OR，NHCOR，OCOR，SR 和四个卤素。卤素使芳香环失活而取代（反应速率比苯慢），这种效应可能是由于卤素孤对轨道的独特能级高于邻苯的 $n\pi - MO$，然而，对此普遍的解释是卤素有一种效应。SH 基团可能也属于这种情况，只是在硫酚类的情况下，亲电试剂通常攻击硫而不是环，而用这些底物取代环是不可行的。共振解释预测所有这些基团都应该是正对位定向的，除了 O^- 以外，所有基团都是场效应引起的电子抽离。因此，对于这些群体，共振比场效应更重要。特别是 NR_2、NHR、NH_2 和 OH，它们和 O^- 一样都有很强的活化作用。其他基团有轻微的活化，除了卤素，卤素是失活的。氟是最不活泼的，而氟苯的反应活性通常与苯相近。其他三个卤素的失活率差不多。为了解释为什么氯、溴和碘会使环失去活性，即使它们直接邻对位，我们必须假定规范化形式 C 和 D 对各自杂化作出如此巨大的贡献，使得邻位和对位卤素离子比间位卤素离子更稳定，即使卤素的作用是从环中抽离足够的电子密度使其失活。

（2）原子上缺少与环相连的未共享对的基团。在这一类中，NR_3^+、NO_2、CF_3、CN、SO_3H、CHO、COR、$COOH$、$COOR$、$CONH_2$、CCl_3 和 NH_3^+ 的失活能力大致按下降顺序排列。在这一类别中，也包括原子上带正电荷、与环直接相连的所有其他基团（NR_3^+、PR_3^+ 等），以及更远原子上带正电荷的许多基团，因为它们通常是强大的并且具有供电子效应的基团。场效应解释预测这些应该都是元定向和失活的（除了 NH_3^+ 情况就是这样）。NH_3^+ 组是一个异常，因为它对邻位和间位的定位效应基本差不多。NH_2Me^+、$NHMe_2^+$ 和 Nme_3^+ 基团的取代度均大于 NH_3^+ 的取代度，取代度随甲基的增加而降低。

（3）在连接到环上的原子上缺少未共享电子对的组，它们是邻对位定向的。我们有 E 这样的形式。像 COO^- 这样的负电荷基团的作用很容易用场效应来解释（当然负电荷基团是提供电子的），因为在基团和环之间没有共振相互作用。烷基的作用可以用同样的方法来解释，但我们还可以画出规范形式，即使不存在孤对电子。这些当然是超共轭形式，比如 F。这种效应，就像场效应一样，可以预测激活和对位方向，因此不能说每种效应对结果的影响有多大。

E   F

2.3.1.1 硝化反应

有机化合物分子中的氢被硝基（—NO_2，nitro）取代的反应称为硝化反应。硝化反应是最常见的向芳环引入硝基的一种方法。大多数芳香族化合物，无论反应性高的还是低的都可以被硝化，因为有很多种硝化试剂可供选择，比如苯在浓硝酸和浓硫酸的混合酸作用下容易进行硝化反应；而对活泼的底物来说，只需要使用硝酸或在水、乙酸、乙酸酐中也能发生硝化反应。亲电芳族取代需要硝酸（HNO_3），硫酸作为催化剂。硝基离子（NO_2^+）是亲电试剂。它是由硝酸和硫酸反应两步生成的。

从亲电取代的一般机理可以预料，有三个不同的步骤。前两个步骤中的每一步都是决速步，第三步通常很快。

1. 亲电试剂的生成

$$2H_2SO_4 + HNO_3 \rightleftharpoons NO_2^+ + 2HSO_4^- + H_3O^+$$

或

$$2HNO_3 \rightleftharpoons NO_2^+ + NO_3^- + H_2O$$

2. 进攻芳香环生成阳离子中间体

$$NO_2^+ + R \text{（苯环）} \longrightarrow R \text{（环己二烯基阳离子，H和NO}_2\text{）}$$

3. 去质子化

$$R \text{（阳离子中间体，H和NO}_2\text{）} \longrightarrow R \text{（硝基苯环，NO}_2\text{）}$$

芳香族硝化反应一般有三种动力学情况。反应性中等的芳烃在浓硫酸或高氯酸与硝酸混合物中表现出二级反应动力学。在此条件下，氮离子的生成是一个快速预平衡过程，硝化机理的第二步是速率控制。如果硝化是在无强酸的惰性有机溶剂中进行的，如硝基甲烷或四氯化碳，则硝基离子的生成速度较慢，并成为决速步骤。一些反应性很强的芳烃，包括烷基苯，在硝基离子浓度很高的情况下反应非常快，以至于硝化速率受到偶合速率的控制。在这种情况下，混合和扩散控制反应速率，反应物之间没有差别。

芳香族硝化还有几种合成方法。乙酸酐中的硝酸是一种有效的硝化剂，其硝化速率高于惰性有机溶剂中的硝酸，生成了乙酰硝酸盐，它是硝化剂。

$$HNO_3 + (CH_3CO)_2O \longrightarrow CH_3CONO_2 + CH_3CO_2H$$

一种非常方便的硝化合成方法是将硝酸盐与三氟乙酸酐混合，生成三氟乙酰硝酸盐，它的活性甚至比乙酰硝酸盐还要强。

$$NO_3^- + (CF_3CO)_2O \longrightarrow CF_3CONO_2 + CF_3CO_2^-$$

在惰性溶剂中，使用 $Yb(O_3SCF_3)_3$ 和69%硝酸可以硝化具有类似反应活性的苯、甲苯和芳烃。催化剂保持活性，可以重复使用。活性硝化剂在这些条件下是不确定的，但必须是某种与亲氧镧配合物的硝酸盐。

$$\text{（苯）} + HNO_3 \xrightarrow{10\%Yb(O_3SCF_3)_3} \text{（硝基苯）} \quad 75\%$$

芳香族硝化的另一特征，即充当电荷转移的络合物以及迁移至络合物中间体的电子转移中间体在上。对于某些 NO_2、$-X$ 硝化试剂，其机理可能是在生成配合物之前生成独特的电子转移中间体。

$$\text{（芳环X）} + NO_3^+ \rightleftharpoons \text{（}\delta+\cdots NO_2^{\delta+}\text{，X）} \longrightarrow \text{（}+\cdot\text{，}NO_2\cdot\text{，X）} \longrightarrow \text{（}+\text{，}NO_2\text{，H，X）} \longrightarrow \text{（}NO_2\text{，X）} + H^+$$

2.3.1.2 卤化反应

有机化合物分子中的氢被卤素（－X）取代的反应称为卤化反应。卤素的反应性按 $I_2 <$ $Br_2 < Cl_2 < F_2$ 的顺序增加。卤化反应通常在路易斯酸存在的情况下进行，在这种情况下卤素与路易斯酸的络合物可能是活性亲电试剂。分子卤素的活性足以卤化活性芳烃。溴和碘与相应的卤化物离子生成稳定的络合物。这些三卤化物阴离子的活性比自由卤素离子低，但可以取代活性高的环。这一因素使得其动力学研究复杂化，因为卤化物离子的浓度在卤化过程中增加，并且依次有更多的卤素以三卤离子的形式存在。

氯分子被认为是活性芳香族化合物的非催化氯化反应中的活性亲电试剂。在醋酸中观察到二级反应动力学。在非极性溶剂如二氯甲烷和四氯化碳中反应要慢得多，而在非极性溶剂中氯化反应是由添加的酸催化的。酸的催化作用可能是在 Cl-Cl 键裂解过程中质子转移的辅助作用的结果。

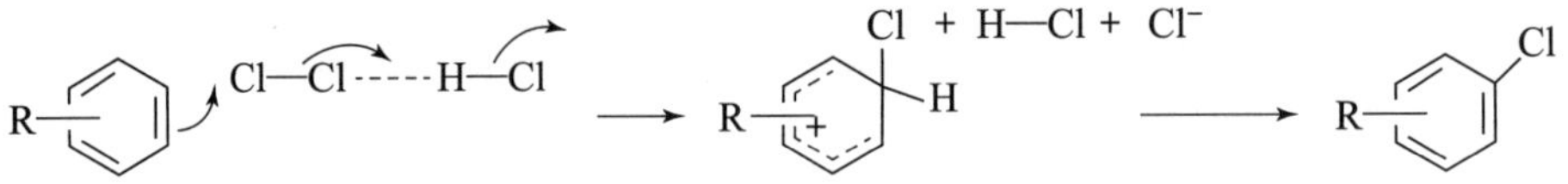

分子溴被认为是无催化溴化反应的活性溴化剂。苯和甲苯在溴和芳香族反应物中溴化反应均为一级反应，在三氟乙酸溶液中均为一级反应，但在水中溴化反应更为复杂。溴离子存在时，苯在水乙酸中的溴化反应对溴浓度呈一阶依赖关系。观察到的速率与溴离子浓度有关，随浓度的增大而减小。这些酸可能有助于决速步骤例如氯化反应。详细的动力学过程与在溴离子浓度较低时络合物的生成速率一致，但溴离子浓度较高时，络合物的生成速率向可逆的方向转变。

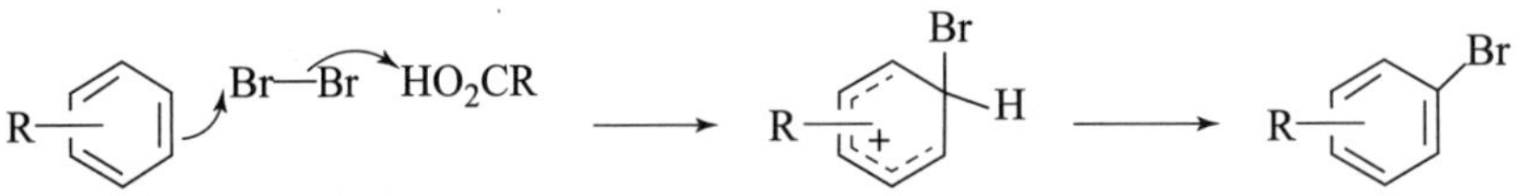

分子碘不是一种很强的卤化剂。只有非常活泼的芳烃，如苯胺或酚阴离子对碘有反应。一氯化碘可用作碘化剂。氯的电负性越大，碘在取代反应中就越亲电。一氯化碘的碘化反应是由路易斯酸催化的，如 $ZnCl_2$ 碘化反应也可以与乙酰低碘和三氟乙酰低碘反应。这些试剂的生成方法与次溴甲烷类似。

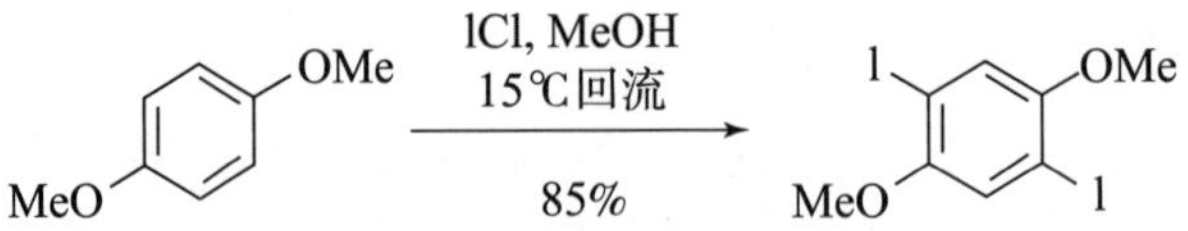

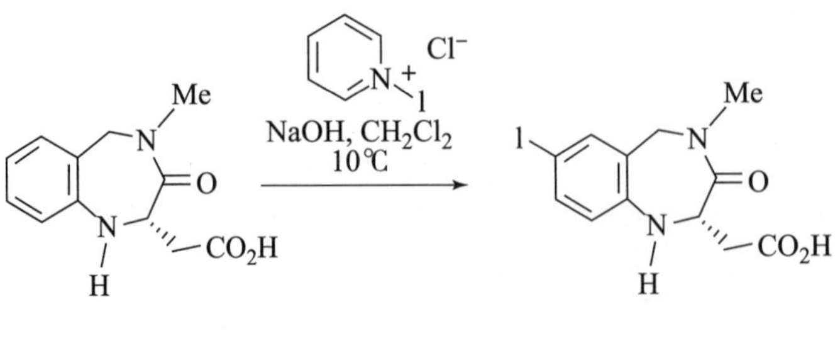

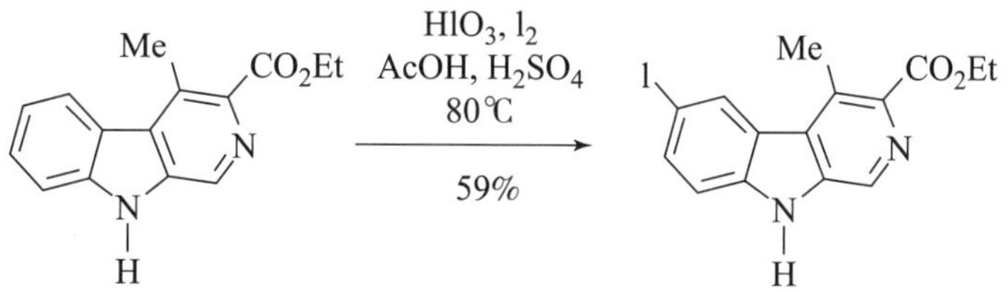

芳族化合物的直接氟化不是实验室上重要的制备反应，因为它可能在剧烈反应或爆炸中产生。在非常低的温度和低的氟浓度下才能进行了机理研究。因此，氟化物表现出非常活泼的亲电子试剂所期望的特性。

2.3.1.3 磺化反应

有机化合物分子中的氢原子被磺酰基或磺酸基（—SO_3H）取代的反应称为磺化反应。磺化反应的范围非常广泛，许多芳香烃（包括稠环体系）、芳基卤化物、醚类、羧酸类、胺类、酰化胺、酮类、硝基化合物、磺酸类等均被磺化。酚类物质也可以成功地磺化，但对氧的攻击可能会起作用。通常用浓硫酸进行磺化，但也可以用发烟硫酸、SO_3、$ClSO_2OH$ 或其他试剂进行磺化。由于这是一个可逆的反应，可能需要外加条件来促使反应完成。然而，在低温下，逆反应非常缓慢，而正反应实际上是不可逆的。与硫酸相比，SO_3 与苯的反应要快得多，几乎是瞬时的。砜通常是副产物。在含有 4 或 5 个烷基或卤素基团的苯环上进行磺化时，通常会发生重排。

亲电试剂随试剂的不同而不同，但 SO_3 在所有情况下均有参与，或游离，或与载体结合。如图 2-4 所示在 H_2SO_4 水溶液中，亲电试剂被认为是 $H_3SO_4^+$（或 H_2SO_4 和 H_3O^+ 的组合），其浓度在 80% ~85% H_2SO_4 以下，而 $H_2S_2O_7$（或 H_2SO_4 和 SO_3 的组合）的浓度高于此。亲电试剂变化的证据是，在稀溶液和浓溶液中，反应速率分别与 $H_3SO_4^+$ 和 $H_2S_2O_7$ 的活性成正比。进一步的证据是，以甲苯为底物，这两种溶液的邻位/对位比非常不同。这两种亲电试剂的作用机理基本相同，可以表示为

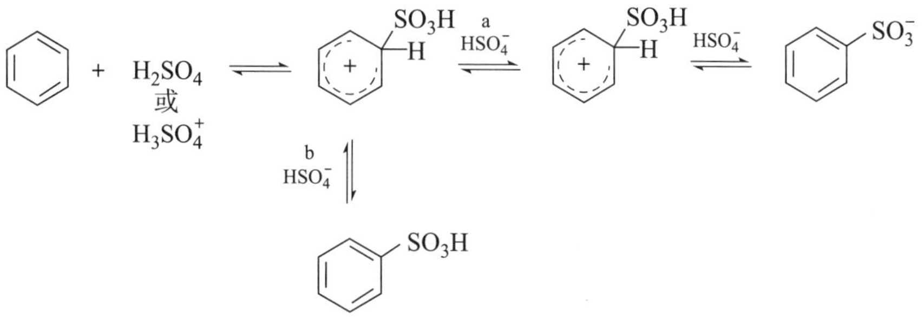

图 2-4 磺化反应机理决速步

第一步的另一个产物是 $H_2S_2O_7$ 或 H_3SO_4 分别生成 HSO_4^- 或 H_2O。除 H_2SO_4 浓度非常高时外，路径 a 是主要路径，此时路径 b 变得重要。对于 $H_3SO_4^+$，第一步是在所有条件下的速率测定，而对于 $H_2S_2O_7$，当后续和 $H_3SO_4^+$ 反应发生质子转移的第一步是决速步，化合物 $H_2S_2O_7$ 比 $H_3SO_4^+$ 反应性更强。在发烟硫酸（H_2SO_4 含过量 SO_3）中，$H_3S_2O_7$（质子化 $H_2S_2O_7$）亲电试剂被认为是含有 104% H_2SO_4 和 $H_2S_4O_{13}$（$H_2SO_4 + 3SO_3$）。当纯 SO_3 是非质子溶剂中的试剂时，SO_3 本身就是亲电试剂。游离的 SO_3 是所有这些物质中最活泼的，所

以这里的反应通常很快，后续步骤通常是速率测定，至少在某些溶剂中是这样。

磺酸官能团通常存在于偶氮染料中，它影响化合物的颜色及其在水中的溶解度。磺酸基可以转化为磺胺基生成磺胺类药物。比如：

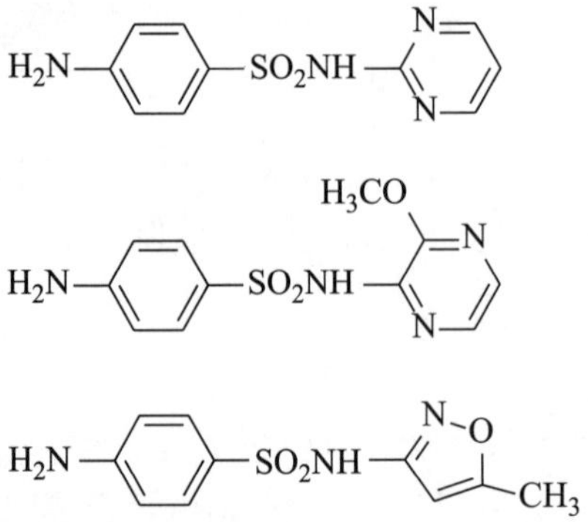

苯胺磺化反应在浓硫酸或发烟硫酸中就可以直接反应，氨基会与硫酸反应生成盐。因此，反应需要在加热的条件下进行，其主要产物为对氨基苯磺酸；若继续提高硫酸浓度，如在发烟硫酸中反应，则主要生成间位取代产物：

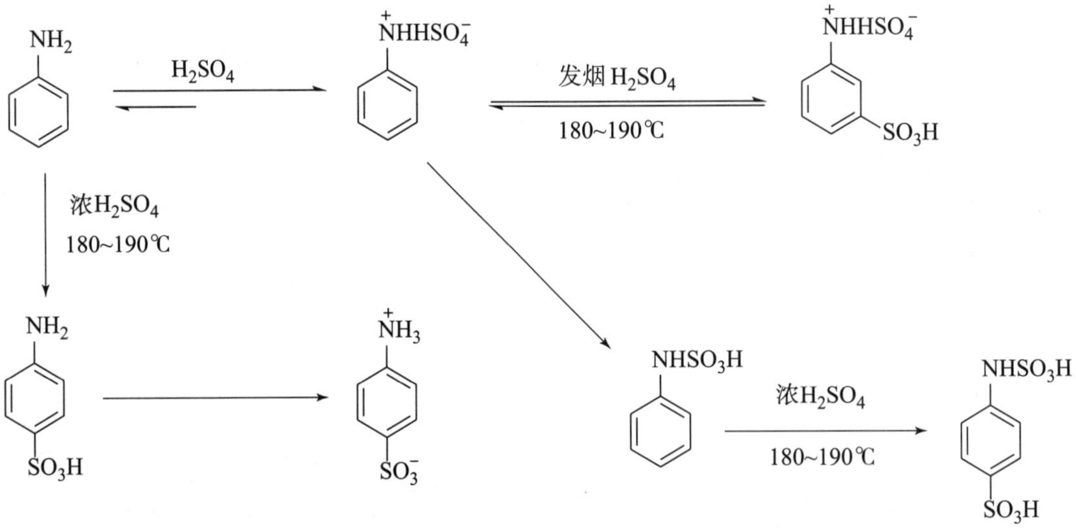

产物中因含有酸性和碱性两种基团，在分子内即可成盐，即内盐。因磺酸是强酸，胺是弱碱，因此该内盐是强酸弱碱盐。

2. 3. 1. 4 Friedel-Craft 反应

1. Friedel-Craft 烷基化反应

Friedel-Crafts 反应是一种非常重要的方法，可通过生成碳正离子或相关的亲电子物质在芳环上引入烷基取代基。产生这些亲电试剂的常用方法涉及卤代烷与路易斯酸之间的反应。用于制备工作的最常见的 Friedel-Crafts 催化剂是 $AlCl_3$，但其他路易斯酸（如 SbF_5，$TiCl_4$，$SnCl_4$ 和 BF_3）也可以促进反应。烷基化物质的替代途径包括醇或烯烃与强酸的反应。

Friedel-Crafts 反应机理通常可以认为是以下三步：①烷基化剂与路易斯酸的络合，在某些系统中，复合物可能会电离产生离散的碳正离子；②亲电进攻芳族反应物，生成环己二烯鎓离子中间体；③去质子化。Friedel-Craft 烷基化反应中的亲电试剂是碳正离子，这与碳正离子向一级、二级、三级方向重排的认识是一致。碳正离子的生成解释了在 Friedel-Crafts 烷基化过程中经常观察到烷基重排的事实。在每种情况下，阳离子都是由进攻试剂和催化剂生成的。对于三种最重要的试剂，这些反应是

烷基卤化物 $RCl + AlCl_3 \longrightarrow R^+ + AlCl_4^-$

醇和路易斯酸 $ROH + AlCl_3 \longrightarrow ROAlCl_2 \longrightarrow R^+ + {}^-OAlCl_2$

醇和质子酸 $ROH + H^+ \longrightarrow ROH_2^+ \longrightarrow R^+ + H_2O$

烯烃（可提供质子）

$$-\overset{|}{C}\!\!=\!\!\overset{|}{C}- \;+\; H^+ \longrightarrow \;-\overset{|}{\underset{|}{C}}\!\!-\!\!\overset{+}{\underset{|}{C}}\!\!-$$

                                               主产物   副产物

红外光谱和核磁共振谱的直接证据表明，叔丁基氯在无水 HCl 中与 AlCl$_3$ 反应生成叔丁基阳离子。对于烯烃，遵循马氏规则。由于阳离子的稳定性，某些试剂尤其容易生成碳正离子。三苯基甲基氯和 1-氯金刚烷烷基化反应的芳香环（如酚类、胺类），不需要催化剂或溶剂。像这样稳定的离子比其他碳正离子的活性要低，而且通常只攻击活性底物。例如，托吡利姆离子，烷基化茴香醚，而不是苯。这些已被用于将乙烯基引入芳基底物。路易斯酸如 BF$_3$ 或 AlEt$_3$ 也可用于芳香族环与烯烃单元的烷基化。

Friedel-Craft 烷基化反应同时也存在着许多不足之处。其中，在含有 NO$_2$、SO$_3$H、—C≡N 或任何含羰基基团的芳香环上，既不会发生烷基化反应，也不会发生酰基化反应。不难发现的是，羰基化合物包括醛、酮、羧酸和酯，所有这些取代基都会降低苯环的活性。Friedel-Craft 烷基化反应的第二个限制是在引入单一烷基后很难停止反应。烷基化使苯环反应性增强，因此烷基化产物在后面的取代反应中比苯环具有更高的反应活性。相反，Friedel-Craft 酰化反应产生的产物比原来的反应物少，而且不会发生多次酰化反应。Friedel-Craft 烷基化反应第三个限制是烷基卤化物生成的烷基碳正离子的结构重排。烷基重排得到的产物不同于期望的产物。例如，在有 AlCl$_3$ 存在的情况下，与 1-氯丙烷反应生成少量的丙苯，但生成大量的同分异构体，即异丙苯。

2. Friedel-Craft 酰基化反应

芳环中的酰基可以通过作 Friedel-Craft 酰化反应来取代氢。该反应需要酰基卤化物和相应的三卤铝，通常只与酰基氯化物反应。亲电性表现为酰基阳离子，称为酰基离子，由三氯化铝和酰基氯的路易斯酸路易斯碱络合物生成。

　　酰基阳离子是共振稳定的。更稳定的形式在碳原子和氧原子上都有一个八隅电子，氧原子上有一个正式的正电荷。然而，要得到稳定的产物，酰基阳离子与芳香环的反应必须发生在酰基碳原子上。

　　在 Friedel-Craft 反应中，碳正离子可以通过氢化物（H：）的移动重新排列，将不那么稳定的碳正离子转化为更稳定的碳正离子。例如，在与 1-氯丙烷和 AlCl$_3$ 的 Friedel-Craft 反应中，路易斯酸碱络合物通过氢化物从 C-2 转移到 C-1 而重新排列。

$$H_3C-\underset{\underset{H}{|}}{\overset{\overset{H}{|}}{C}}-\overset{+}{C}H_2 \xrightarrow{\text{1, 2-氢转移}} H_3C-\overset{+}{\underset{\underset{H}{|}}{C}}-CH_3$$

　　在 Friedel-Craft 反应中，碳正离子也可以通过烷基移位而重新排列。例如，苯与 1-氯-2，2-二甲基丙烷的烷基化反应只生成（1,1-二甲基丙基）苯。

　　产物是由一个甲基及其电子对（甲基离子，CH$_3$）从第四碳原子转移到主碳原子而生成的。这种方法将伯碳正离子转化为更稳定的叔碳正离子。

$$H_3C-\underset{\underset{H}{|}}{\overset{\overset{CH_3}{|}}{C}}-\overset{+}{C}H_2 \xrightarrow{\text{1, 2-甲基转移}} H_3C-\overset{+}{\underset{\underset{H}{|}}{C}}-CH_2\cdot CH_3$$

　　在 Friedel-Craft 酰基化反应中产生的不平衡离子没有重新排列。产物中的酰基可用锌汞合金和盐酸还原生成烷基苯。这个反应叫作克莱门森还原反应。这就避免了 Friedel-Craft 烷基化反应中主烷基的重排。例如，苯与丙酰氯酰化，然后通过克莱门森还原得到丙苯。

　　连在苯环上的羰基也可以通过催化加氢直接还原。这个反应只发生在苄基上，如果羰基在碳骨架的其他地方，它就不会被还原。

2.3.2　芳香杂环亲电取代反应

虽然杂环化学在 20 世纪早期是有机化学的重要贡献，但目前有机化学研究的重点是催化立体控制合成无环化合物。然而，许多化学工业仍然依赖于高效制备杂环。

芳香亲电取代反应通常可以用苯作为判断的标准，可以将其分为两类：比苯更容易进行反应的一类和比苯难进行反应的一类。在芳香杂环的体系之中，杂原子也基本上分为两类：杂原子上孤对电子与芳香环共轭和不共轭的。其中，可以将其孤对电子参与共轭体系的杂原子归类于吡咯类杂原子；孤对电子不参与共轭的杂原子归类于吡啶类杂原子。

（1）含吡咯类杂原子芳杂环的芳香亲电取代反应都容易进行。其原因在于两点：首先含吡咯类杂原子芳杂环的 π 电子云密度都高于苯。其次，相比于苯在进行芳香亲电取代反应时生成的中间体正离子的正电荷在碳原子上，而这些芳杂环反应时生成的中间体正离子的正电荷可以在硫或氯等杂原子上，硫与氮等杂原子比碳容易容纳正电荷，因此中间体正离子稳定，过渡态的势能低，易于反应。

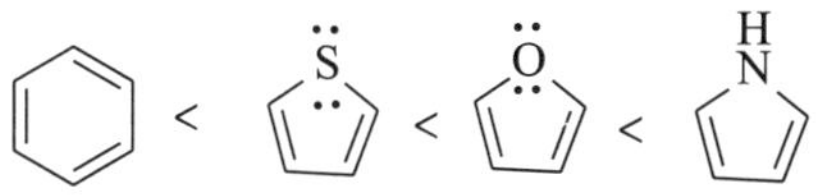

（2）含吡啶类杂原子的芳香杂环都较难进行芳香亲电取代反应。其原因也在于两点：首先，是由于环上氮原子的诱导效应和共轭效应均表现为吸电子，使得环上电子云密度降低，因而亲核性变弱。其次，强的亲电性介质如 Br^+ 或 NO_2 易与吡啶类杂原子生成盐。尽管这些盐仍然具有芳香性，但其已具有一个正电荷，若亲电试剂继续对它发生亲电进攻，则生成双正离子，能量更高，中间体不稳定，因此反应不易进行。

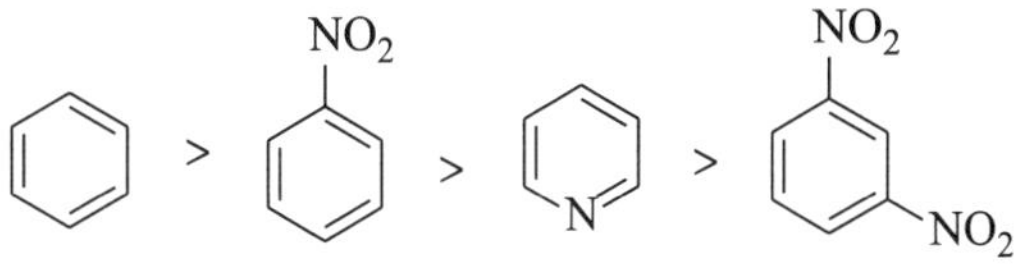

2.3.2.1　五元芳香杂环的亲电取代反应

五元芳香杂环的芳香性顺序是噻吩 > 吡咯 > 呋喃，但是其活性却是吡咯 > 呋喃 > 噻吩。五元芳香杂环吡咯、呋喃、噻吩的活性均高于苯环，其反应活性更高，更容易进行反应，五元杂环的相对反应活性可以通过以下反应可以体现。在 Friedel-Crafts 酰基化反应中，苯需要三氯化铝催化，而噻吩可使用弱的路易斯酸四氯化锡（$SnCl_4$）催化，呋喃的反应使用的路易斯酸更弱，为三氟化硼（BF_3），而吡咯则不需要催化剂就可以进行酰基化反应。

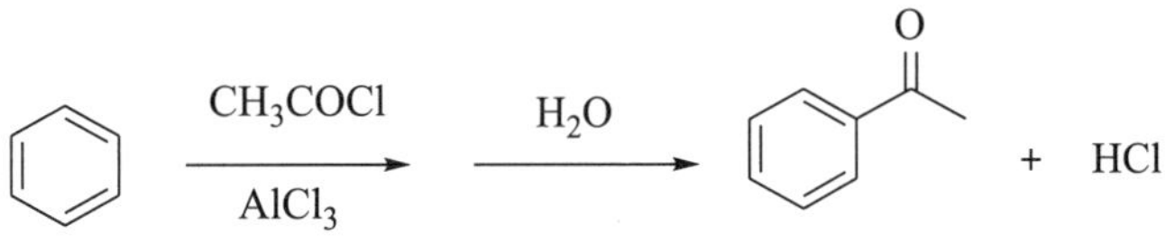

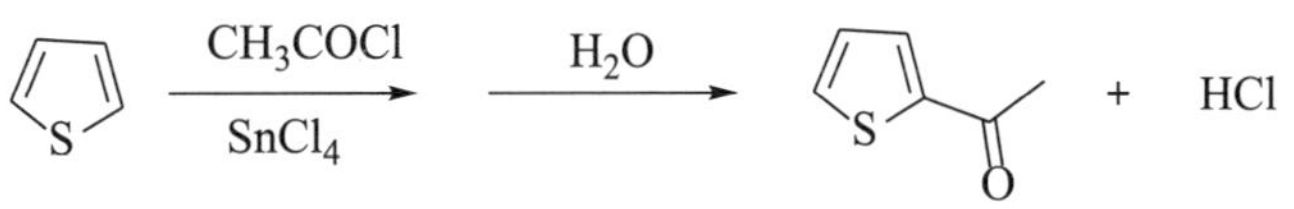

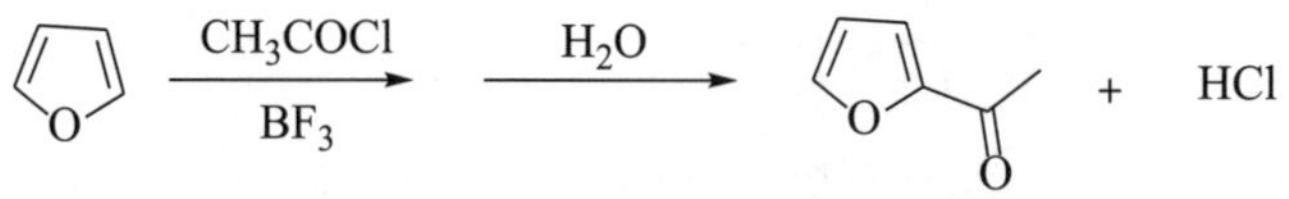

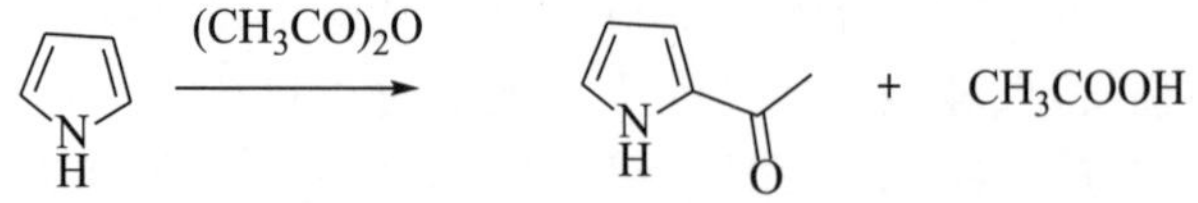

吡咯、呋喃和噻吩的硝化反应只需在温和的条件使用弱的硝化试剂即可。如果使用硝酸，因为硝酸的强氧化性，反而不能得到目标的硝化产物，只能生成焦油。常用的弱的硝化试剂有硝酸乙酸酐。

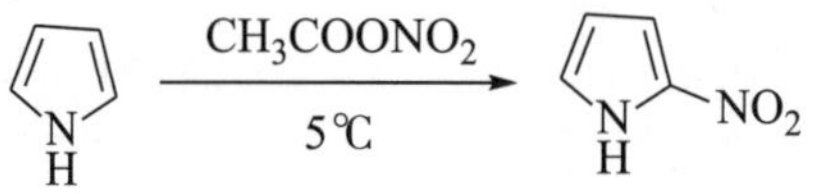

吡咯的活性与苯酚相当，很容易发生卤化反应，并且是多卤代产物。

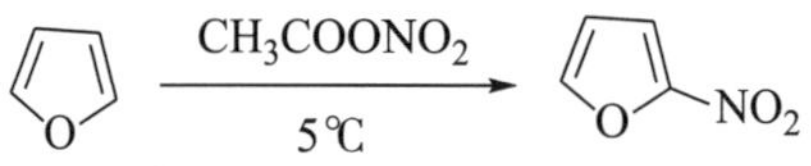

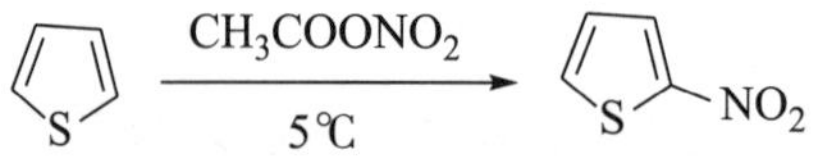

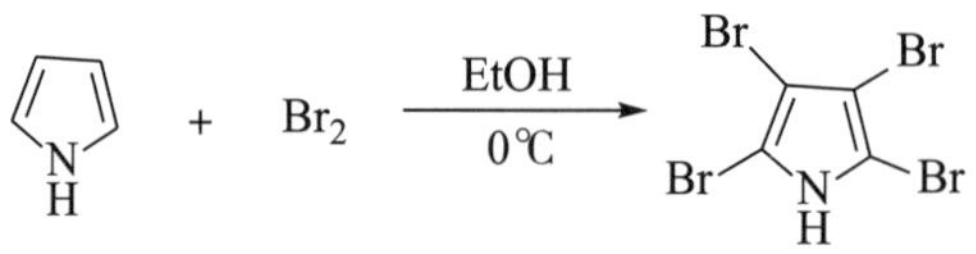

呋喃与溴则反应十分剧烈，故需要使用弱的溴化试剂——二氧六环的溴化物进行反应。

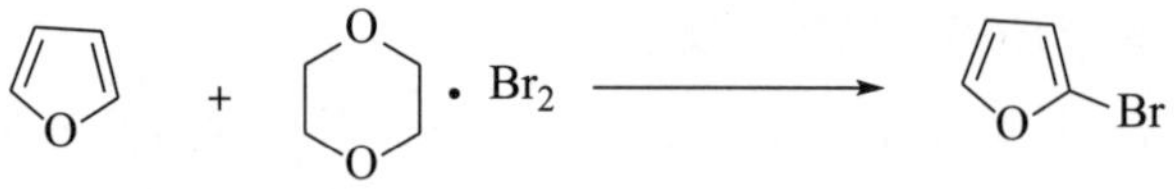

2.3.2.2　六元芳香杂环的亲电取代反应

与上述的五元杂环不同的是，吡啶氮原子中的孤对电子很多均未参与到共轭体系中且电子云密度比苯环低，其反应活性低于苯环。吡啶的亲电取代只能在较强烈的条件下才能进行。吡啶的溴代、磺化和硝化均需在 200 ℃以上才能进行，而且产率很低。比如，吡啶的磺化反应在硫酸和硫酸汞的共同作用下 220 ℃才能顺利进行，而吡啶的硝化反应即使在 300 ℃与浓硫酸和浓硝酸作用一天，也只能得到产率 6%的 3-硝基吡啶。

吡啶不能进行 Friedel-Crafts 烷基化和酰基化反应，但是吡啶与酰卤作用可以生成 N-酰基吡啶盐。这是因为吡啶氮原子在 sp² 杂化轨道上有一对未成键电子，具有较强的碱性和亲核性，生成 N-酰基吡啶盐的反应实际上是吡啶环氮原子表现为亲核试剂进攻酰卤中的缺电子碳的结果，也可以看成吡啶环上氮原子接受亲电试剂进攻的结果。

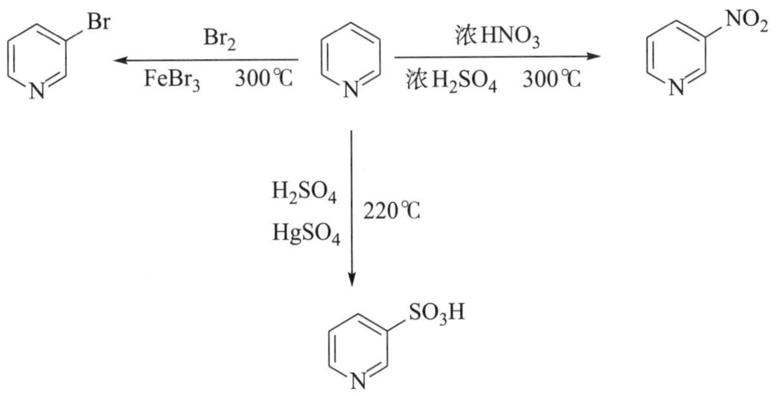

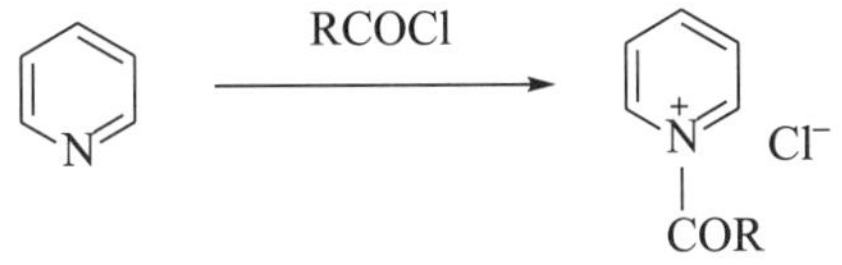

上述反应过程中，吡啶氮原子使用的是 sp^2 杂化轨道上的未成键电子对，因此，反应产物 N-酰基吡啶盐仍然具有芳香性。这种盐是很好的固体，同时也是一种温和的酰基化反应试剂，可以使醇酰化生成酯。

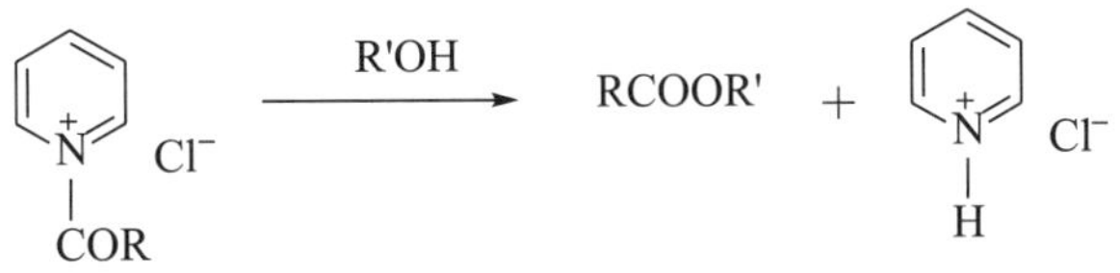

2.3.3　其他亲电取代反应

2.3.3.1　重氮盐偶联反应

含有重氮基（$—N^+{\equiv}N$）的盐类为重氮盐。干燥的重氮盐不稳定，受热或震动易爆炸，但是也有例外，也就是所谓的稳定重氮盐，例如氟硼酸重氮盐、吡唑重氮内盐以及三蝶烯重氮盐。重氮盐一般用芳香胺经重氮化制得。重氮盐正离子可以与酚和三级芳胺发生芳环上的亲电取代反应，生成偶氮化合物。该反应称为重氮盐偶联反应。

$$ArH + Ar'N_2^+ \longrightarrow Ar—N{=}N—Ar'$$

芳香族重氮离子通常只与活性底物如胺和酚结合。许多这种反应的产物被用作染料（偶氮染料）。据推测，由于攻击物种的大小，取代主要是活化基团的对位，除非这个位置已经被占据，在这种情况下发生邻位取代。溶液的 pH 值对酚类和胺类都很重要。对于胺，溶液可能是弱酸性或中性的。胺生成邻位和对位的事实表明，即使在弱酸性溶液中，它们也会以非电离形式发生反应。如果酸度过高，就不会发生反应，因为游离胺的浓度过低。酚类物质必须在弱碱性溶液中偶联，在弱碱性溶液中它们被转化为活性更强的酚氧离子，因为酚类物质本身的活性不足以进行反应。然而，酚类和胺类在中碱性溶液中都没有反应，因为重氮离子被转化成重氮氢氧化物 $Ar—N{=}N—OH$。初级和次级胺在氮的攻击下面临竞争。然而，得到的 N-偶氮化合物（芳基三氮烯）可以异构化。至少在某些情况下，即使 C-偶氮化合物被分离出来，也是 n-偶氮化合物最初生成后异构化的结果。因此，可以在实验室一步直接合成 C-偶氮化合物。酰化胺、酚醚和酯通常对这种反应不够活跃，尽管有时可能将它们（以及多烷基苯，如对三甲苯和五甲基苯）与对位上含有吸电子基团的重氮离子偶联，因为这些基团增加了正电荷的浓度，从而增加了 ArN_2^+ 的亲电性。一般偶联反应非常缓慢，而吡啶相转移催化反应速率较快。报道了几种脂肪族重氮化合物与芳香环的偶联反应。目前报道的所有例子都涉及环丙二氮离子和桥头重氮离子，其中失去 N_2，会导致碳离子非常不稳定。

重氮盐与酚在弱碱性条件下发生偶联时，一般发生在酚羟基的对位，但是若酚羟基对位有取代基，则会发生在邻位。例如：

重氮盐与芳香胺在弱酸性条件下也能发生偶联反应，一般生成对位取代产物。

当然，重氮盐与一级胺反应也会有偶联反应的发生，生成苯重氮氨基苯，且存在互变异构。

2.3.3.2 Reimer-Tiemann 反应——氯仿甲酰化

在 Reimer-Tiemann 反应中，氯仿和氢氧根离子被用来生成芳香环。该方法仅适用于苯酚和某些杂环化合物，如吡咯和吲哚。收率通常很低，很少达到 50%。除非两个邻位都被填满，这时进攻的是对位，否则将进攻邻位。某些底物已被证明会产生不正常的产物，而不是正常产物或在正常产物的基础上产生不正常产物。以反应物 30 和 32 为例，分别得到 31 和

33 以及正常的醛产品。从试剂的性质和所得到的异常产物的种类来看，该反应的攻击体显然是二氯烃 CCl$_2$，已知该物质是用碱处理三氯甲烷而产生的；它是一种亲电试剂，并且能使芳香环扩展。一般反应的机理如下：

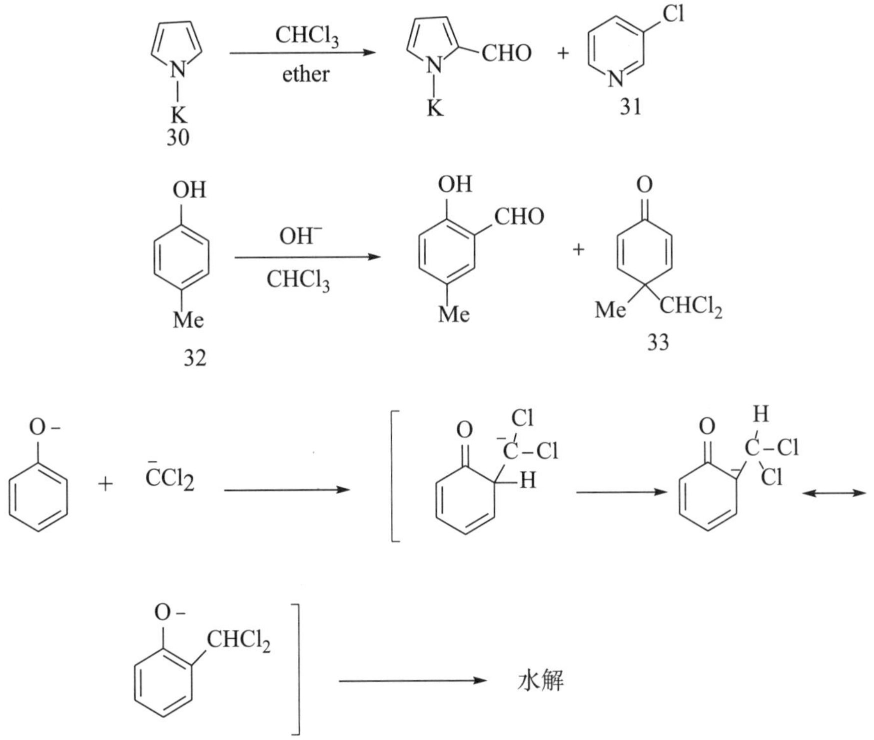

2.3.3.3　Kolbe-Schmitt 反应

酚氧化钠可以被二氧化碳（Kolbe-Schmitt 反应）羧基化，大多数是在邻位上。其机理尚不清楚，但很明显，在反应物之间生成了某种复合物，使二氧化碳中的碳带正电，使其处于进攻环的有利位置。

酚氧化钾不太可能生成这样的络合物，主要在对位上受到攻击。在 Reimer-Tiemann 条件下，可用四氯化碳代替二氧化碳。

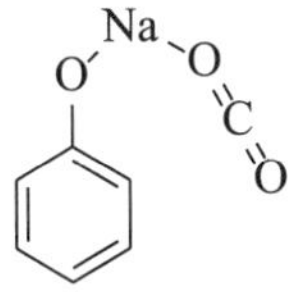

用碳酸钠或碳酸钾与一氧化碳反应，可使酚氧化钠或钾在对位上发生区域性选择性羧基化，收率高。碳-14 标记表明在对羟基苯甲酸产物中出现的是碳酸盐。CO 被转化成钠或甲酸钾。一氧化碳也被用于以钯化合物为催化剂的羧基化芳香环。此外，钯催化反应直接用于制备酰基氟化物 ArH > ArCOF。

2.3.3.4 Blanc 氯甲基化反应与 Gattermann-Korh 反应

氯甲基苯也称为苄氯（benzyl chloride），可通过苯与甲醛、氯化氢在无水氧化锌作用下反应制得，此反应称为 Blanc 氯甲基化（chloromethylation）反应。氯甲基化反应是在芳环上引入取代基或官能团的重要方法之一。首先，甲醛与氯化氢作用，生成极限式如下的中间体：

中间体与苯发生亲电取代，生成苯甲醇；它与体系中的氯化氢作用很快生成氯化苄：

取代苯也可以进行氯甲基化反应。

由于甲酰氯是不稳定的，可以分解生成 CO 和 HCl，因此，在苯环上利用甲酰氯进行 Friedel-Craft 甲酰基化反应是不可能的。然而，在路易斯酸及加压情况下，芳香化合物与等物质的量的一氧化碳和水的混合气体发生作用，可以生成相应的芳香醛。此反应叫 Gatermann – Koch 反应，在实验室中常用氯化亚铜与一氧化碳催化此类反应，其反应过程如下：

2.3.3.5 Vilsmeier-Haack 甲酰化反应

1925 年，Vilsmeier 在处理 N-甲基-N-苯基乙酰胺与 POCl_3 反应后得到的混合物时，发现其主要产物为 1,2-二甲基-4-氯喹啉氯化盐：

接着，Vilsmeier 用 N-甲基-N-苯基甲酰胺代替 N-甲基-N-苯基乙酰胺与 POCl_3 反应，分离得到了亚胺盐中间体：

Vilsmeier 发现，此亚胺盐可以与 N,N-二甲基苯胺反应，最终生成 4,-N,N-二甲氨基苯甲醛。此反应的转换机理可能为：

这是一个很有效地在芳环上引入甲酰基的反应，并且已实现了工业化生产。在此反应中，由于氮原子孤对电子的作用，此亚胺盐是一个弱的亲电试剂，只能与富电子体系的芳环发生芳香亲电取代反应。因此，只有羟基或氨基取代的苯环、呋喃、吡咯、噻吩和吲哚环等才会发生此反应。此后，将在富电子体系芳环中通过亚胺盐方式引入甲酰基的方法称为 Vilsmeier-Haack 甲酰化反应。

2.4　重排反应

在重排反应中，一个基团从一个原子移动到同一个分子中的另一个原子。大多数是从一个原子到邻近原子的迁移（称为 1,2 迁移），但有些迁移的距离更长。迁移基团（Y）可以随着它的电子对移动（这些电子对可以称为亲核的或亲离子的重排；迁移基团可以看作亲核试剂，没有它的电子对（亲电的或阳离子）的重排；在迁移氢的例子中，是向原性重排，或者只有一个电子（自由基重排）。A 原子称为迁移起点，而 B 原子则称为迁移的终点。但是，有一些重排不适合以这种方式进行简单的分类。

$$\overset{\displaystyle Y}{\underset{\displaystyle A—B}{|}} \longrightarrow \overset{\displaystyle Y}{\underset{\displaystyle A—B}{|}}$$

我们会看到，亲核的 1,2-迁移比亲电的或自由基的移动更常见，其原因可以从所涉及的过渡状态（或在某些情况下是中间状态）看出。如图所示，我们用 $\overset{Y}{A-B}$ 来表示这三种情况下的过渡态或中间态，其中两个电子 A 的 Y 键与 B 原子上的轨道重叠，B 原子上的轨道包含 0 个、1 个和 2 个电子，分别是亲核迁移、自由基迁移和亲电迁移。在亲核迁移中，只有两个电子参与，两个电子都可以进入成键轨道，1 是低能跃迁态；但在自由基或亲电迁移中，分别有 3～4 个电子必须被容纳，反键轨道必须被占据。因此，当发现 1，2－亲电性或自由基转移时，迁移的 Y 基团通常是芳基或其他基团，它们可以容纳额外的 1 或 2 个电子，从而有效地将它们从三元过渡态或中间体中除去。

在任何重排原则上我们可以区分两种可能的反应模式：在其中之一，该 Y 组分完全脱离，最终可能在 B 原子不同的分子（分子间重排）；在另一个分子中，Y 从 A 到 B（分子内重排），在这种情况下必须连续保持 Y 与 A-B 的连接，以防止它完全游离。严格来说，只有分子内类型符合我们对重排的定义，但此处遵循的常规做法是在"重排"下包括所有净重排，无论它们是分子间还是分子内。

2.4.1 亲电重排反应

亲电重排反应是一个正离子从分子中离去，留下碳负离子或具有未共用电子对的活泼富含电子的中心，相邻基团以正离子形式迁移过来，该迁移基团所遗留的一对电子，可以吸取一个质子，故亲电重排一般也称为碳负离子的重排。在没有电子的情况下，进行基团迁移的重排比前面考虑的两种情况要少见得多，但其一般原理是相同的。首先生成一个碳离子（或其他负离子），而实际的重排步骤涉及一个没有电子的基团的迁移。

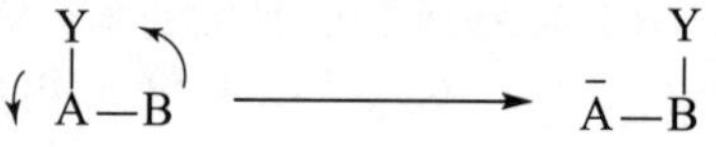

$$
\begin{array}{ccc}
& Y & & & Y \\
& | & & & | \\
A & - B & \longrightarrow & \bar{A} & - B
\end{array}
$$

根据其性质，重排的产物可能是稳定的，也可能有进一步的反应。分子计算表明烷基阴离子中的 [1,2]-烷基重排将会发生。

2.4.1.1 Favorskii 重排

a-环酮（氯、溴、碘）与烷氧基离子发生反应生成重排的酯，这种反应称为 Favorskii 重排。如果是 RO⁻，则重排为相应酸的酯，以胺类为碱则得到相应酸的酰胺。

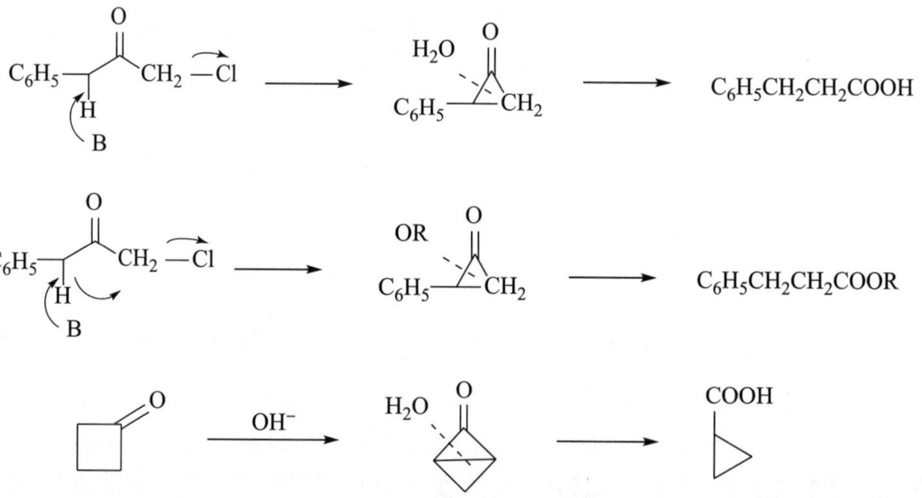

Favorskii 重排反应的历程含有环丙酮中间体的生成，首先是分子内由最初生成的碳负离子取代卤素，然后 RO⁻ 进攻羰基，开环从而实现重排。如果生成的环丙中间体是不对称的环丙酮环时，从哪边打开，主要取决于生成碳负离子的稳定性。

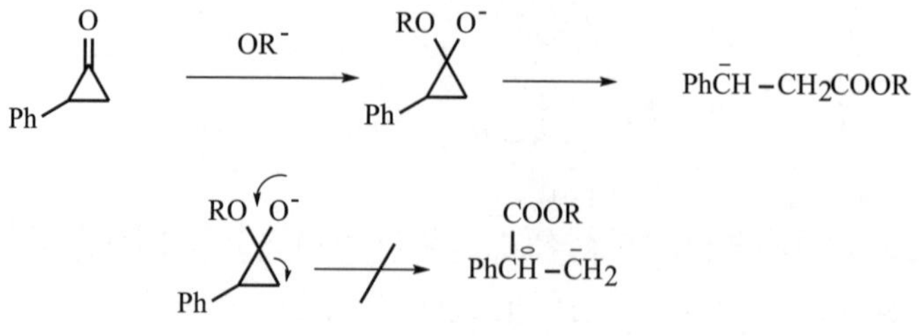

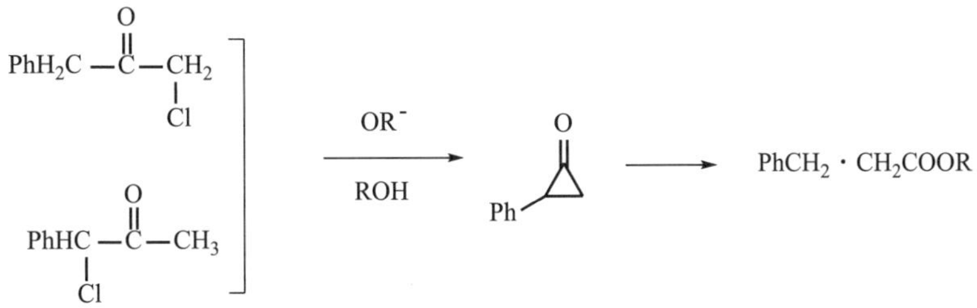

根据反应机理的要求，如果要进行 Favorskii 重排反应，羰基的不含卤素的一侧必须至少有一个 a-氢原子，强碱试剂在重排反应中的作用首先在于夺取 a-氢原子面产生碳负离子，一般认为取氢原子产生碳负离子和环丙中间体的生成是控制反应速率的步骤，实验表明，环丙中间体的生成和内负离子的离去一般为协同反应，是同时进行的，相当于分子内 S_{12} 取代反应，反应具有立体专一性。

2.4.1.2 Stevens 重排

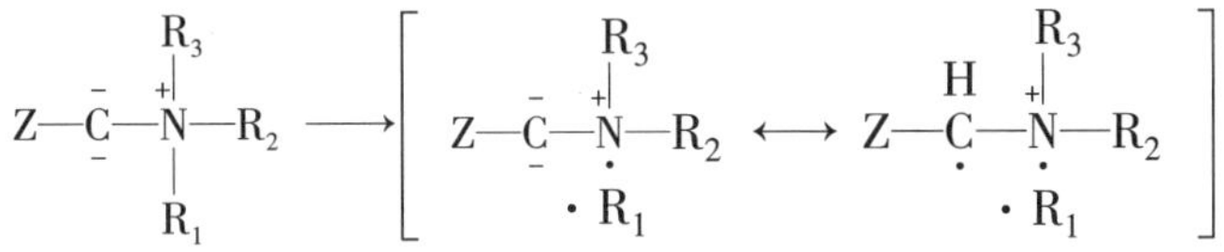

溶剂笼

在 Stevens 重排法中，在与氮相连的碳上有一个吸电子基团 Z 的季铵盐被强碱（如 NaOR 或 NaNH$_2$）处理，得到重排的叔胺。Z 基团可以是 RCO、ROOC、苯基等。最常见的迁移基团是烯丙基、苄基、联苯醚、3-苯基丙炔和苯基，尽管甲基也会迁移到一个足够负的中心。当一个烯丙基基团迁移时，根据底物和反应条件，它可能涉及或不涉及迁移基团内的烯丙基重排，该反应已用于扩环，比如：

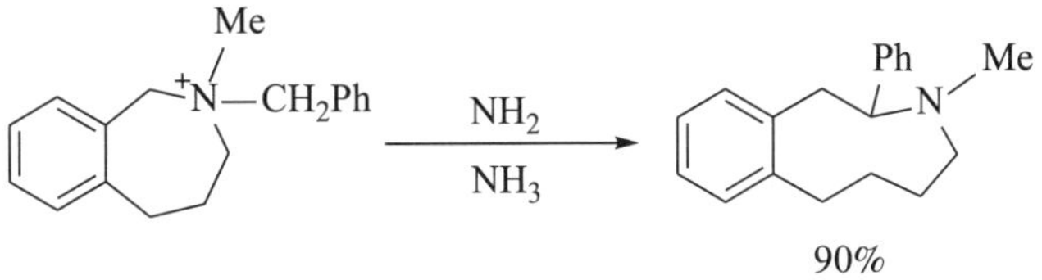

90%

其机理一直是许多研究的课题。通过交叉实验，通过 ^{14}C 标记，以及在 R 处发现构型保留，表明了分子内的重排。第一步是失去酸性质子来产生叶立德，它已经被分离出来了。CIDNP 光谱可以在许多情况下得到，这一发现表明在这些情况下产物是直接由自由基前体生成的。提出了如下自由基对机制：

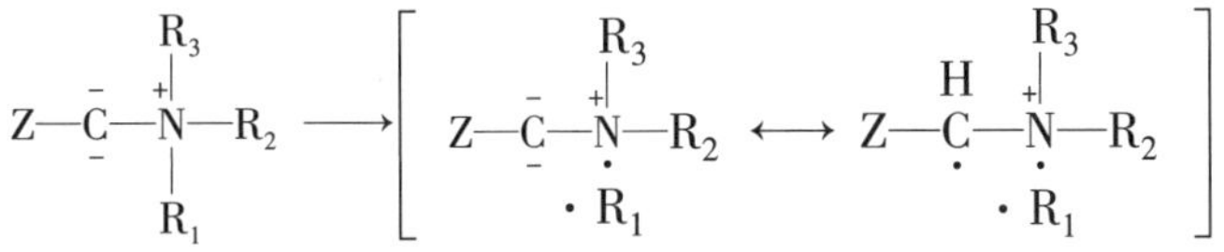

自由基不会游离，因为它们被溶剂保持在一起。根据这一机制，自由基必须迅速重组，才能解释 R1 没有外消旋的事实。支持机理 a 的其他证据是，在某些情况下，少量的偶联产物（R1）已经被分离出来，如果-R1 从溶剂笼中游离，这是可以预料的。然而，并不是所有的证据都容易与机制兼容，有可能是另一种机制｛*b*）类似于机制 *a*，但可能的机制是一个协调的 1,2-迁移，但轨道对称原理要求这发生在 R1 的反转。由于实际的迁移是在保留的情况下进行的，因此根据这个论点，它不能通过协调一致的机制进行。然而，在迁移组分不同的情况下，协同机制也可以发挥作用。

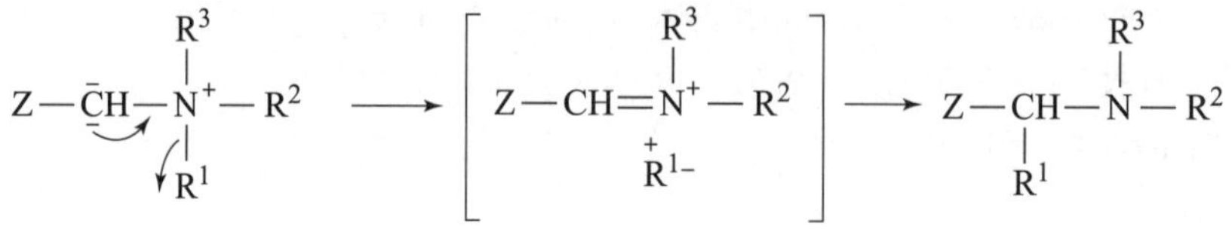

2.4.1.3 Wittig 重排

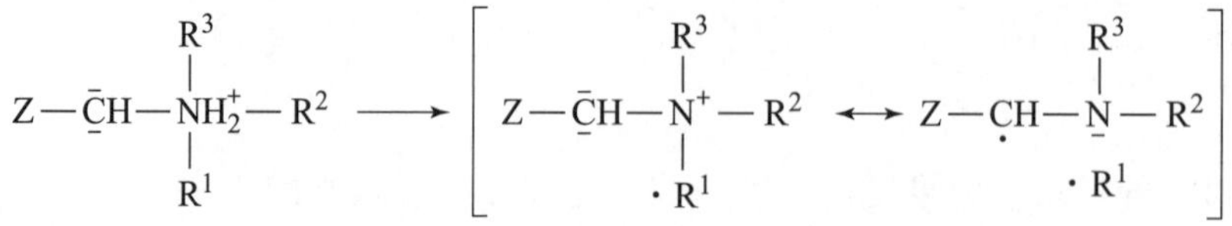

醚与烷基锂试剂的重排称为 Wittig 重排（不要与 Wittig 反应混淆），但需要更强的碱（如苯基锂或钠酰胺）。R 和 R′基团可以是烷基、芳基或乙烯基。另外，一个氢可以被一个烷基或芳基取代，在这种情况下，产物是叔醇的盐。

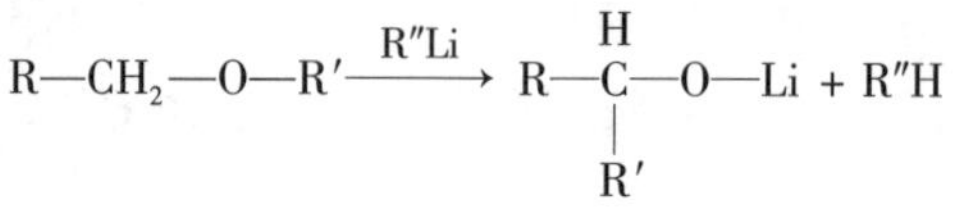

式中的 R 可以是烷基、芳基或乙烯基。迁移基团重排能力的顺序大致为：

$$CH_2{=}CH{-}CH_2{-} \quad , \quad C_6H_5CH_2 > CH_3{-} \quad , \quad CH_3CH_2 > C_6H_6{-}$$

这里讨论 1,2-Wittig 重排的立体专一性。基对中的一个自由基是酮基。这种机制的证据之一是：①重排主要是分子内的；②迁移能力倾向的排序是自由基稳定性；③醛类为副产品；④观察到 R′的部分外消旋（产品的其余部分仍保持其构型）；⑤检测到交叉产品；⑥当不同前体的酮基和 R 基结合在一起时，会产生相似的产物。然而，有证据表明，至少在某些情况下，单一机制的作用只占产物的一部分，而且还可能发生某种协同机制。上述研究大多是在 R′为烷基的体系中进行的，但也提出了 R′为芳基的自由基对机制。当 R′是烯丙基时，协同机制可以发生。

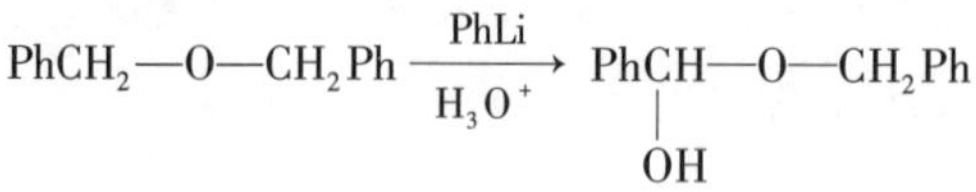

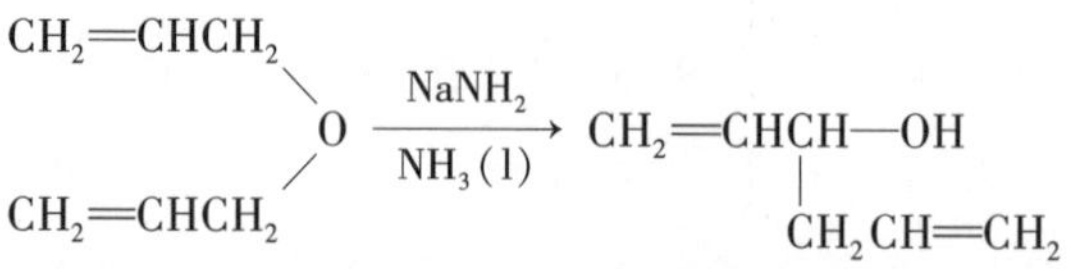

上述历程的主要依据是：重排发生在分子内部；基团移动的次序是按自由基稳定性，而不是按碳负离子的稳定性；醛是该反应的副产物；有自由基偶联产物生成。该反应的极高的

专一立体性支持了这一历程，特别是当取代基是烯丙基时。

2.4.2 其他重排反应

2.4.2.1 Fries 重排

酚酯可以通过 Friedel-Craft 催化剂加热来重新排列，这是一种综合利用的反应，称为 Fries 重新排列。o-和 p-酰基酚都可以被生产，通常可以选择条件，使其中一个占优势。邻位/对位比取决于温度、溶剂和催化剂用量。低温通常有利于对位产物，而高温有利于邻位产物。R 基团可以是脂肪族的，也可以是芳香族的。环上的任何元导向取代基都会干扰反应，这在 Friedel-Craft 过程中是可以预料到的。用 F_3CSO_2OH 处理苯甲酸芳酯时，整个重排是可逆的，并建立了平衡。

确切的机理还没有完全弄清楚。有人认为它是完全分子间的、完全分子内的、部分分子间或分子内的。决定分子间和分子内过程的一种方法是在另一种芳香族化合物（如甲苯）存在的情况下运行酚酯的反应。如果甲苯发生了酰化，那么反应至少在一定程度上是分子间的。如果甲苯没有酰基化，则假定该反应是分子内的，尽管这并不确定，因为甲苯可能没有受到攻击，因为它不如另一种活跃。

$$ArO—C—R$$
$$\overset{\|}{\underset{+O—AlCl}{}}$$

在没有催化剂的情况下，酚酯的重排也可以在紫外线下进行。这个反应称为光 Fries 重排，主要是一个分子内自由基过程。邻位和对位迁移都可以观察到。与路易斯酸催化的 Fries 重排不同，当定位基团在环上时，Fries 重排反应可以完成，但通常产率较低。

苯酚氢氧化钠总是一个副产物，是由溶剂罐中泄漏出的一些 ArO 物质和从邻近分子中提取出的氢原子生成的。当反应在气相中的乙酸苯上进行时，没有溶剂分子生成笼状（但有异丁烷作为可提取氢的来源），苯酚是主要产物，几乎没有发现 o-或 p-羟基苯乙酮。其他证据的机制是，CIDNP 已在反应过程中被观察到，ArO 自由基已被闪电光解和纳秒时间分辨拉曼光谱检测到。

2.4.2.2 Fischer-Hepp 重排

亚硝基的迁移在形式上是重要的，因为对亚硝基的二次芳胺通常不能通过直接的 c-亚硝化得到。该反应称为 Fischer-Hepp 重排，是用 HCl 处理 n-亚硝基次芳胺引起的。其他的酸效果很差或没有效果。在苯系中，对位产物通常只生成。重排的机理还没有完全弄清楚。反应发生在大量过量的尿素 a437 中，这表明它是分子内的，因为如果 NO^+、NOCl 或一些类似的物质在溶液中是游离的，它会被尿素捕获，阻止重排。

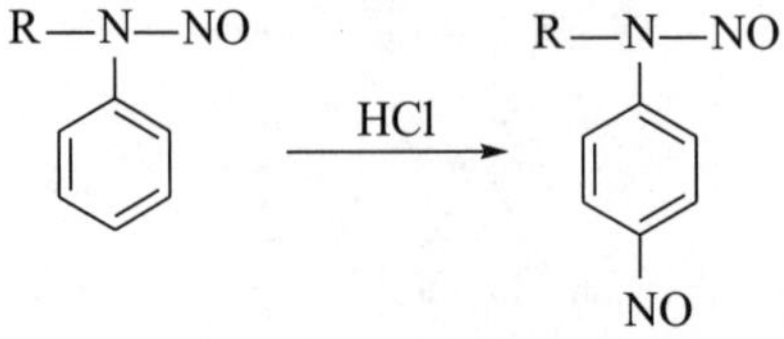

2.4.2.3　Orton 重排

用 HCl 处理使卤素从氮侧链迁移到环上称为奥顿重排。主要产物是对异构体，虽然也可能生成一些邻位产物。该反应是与 N-氯胺和 N-溴胺进行的，较少与 N-碘化合物进行。胺必须酰化，生成 2,4-二氯苯胺。反应通常在水中或醋酸中进行。有很多证据（交叉卤化、标记等）表明这是一个分子间过程。首先，HC1 与起始物质发生反应产生 ArNHCOCH$_3$ 和 Cl$_2$；然后，氯卤化环的证据之一是氯已经从反应混合物中分离出来。在过氧化苯甲酰存在的情况下，光化学和加热也能引起 Orton 重排。

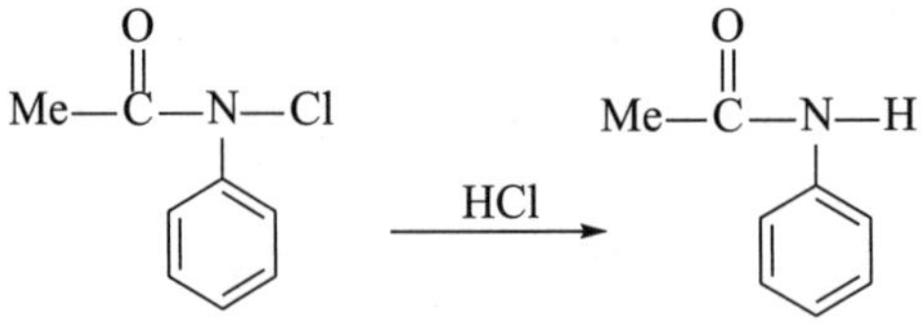

2.4.2.4　Benzillic 酸重排

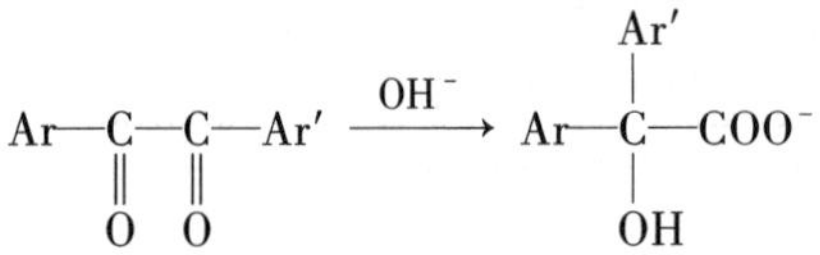

用碱处理时，α-二酮重排生成 a-羟基酸盐，这种反应称为苯并苯酸重排（苯并为 PhCOCOPh；苯并酸是 Ph$_2$COHCOOH）。该反应的铑催化版本也已被报道。虽然反应通常以芳基为例，但它也可用于脂肪族二酮和 a-酮醛。使用醇氧基离子来代替 OH$^-$ 直接生成相应的酯，虽然容易被氧化的醇氧基离子（如 OEt$^-$ 或 OCHMe$_2^-$），但是在这里并不有用，因为它们将苯并化为苯偶姻。其机制有一个不同之处在于：迁移的基团不会移动到一个具有开放六位的碳上。碳使空间迁移组通过释放一双 π 电子从 C=O 键到氧气上。第一步是进攻羰基上的碱基，这与亲核取代的四面体机理的第一步以及向碳氧键添加的许多东西是一样的。

人们对这一机理进行了深入的研究，已有大量的证据，其反应是不可逆的。

参考文献

[1] Heasley；Bower；Dougharty，Easdon；Heasley；Arnold；Carter；Yaeger；Gipe；

Shellhamer. Electrophilic additions to indene and indenone：factors effecting syn addition ［J］. The Journal of Organic Chemistry, 1980, 45（25）：5150 – 5155.

［2］ Francis. Studies on the directive influence of substituents in the benzene ring. iii. the active agent in aqueous bromination ［J］. Journal of the American Chemical Society, 1925, 47（9）：2340 – 2348.

［3］ Slebocka – Tilk；Ball；Brown. The question of reversible formation of bromonium ions during the course of electrophilic bromination of olefins. 2. The crystal and molecular structure of the bromonium ion of adamantylideneadamantane ［J］. Journal of the American Chemical Society, 1985, 107（15）：4504 – 4508.

［4］ Dario Landini and Franco Rolla. Addition of hydrohalogenic acids to alkenes in aqueous – organic, two – phase systems in the presence of catalytic amounts of onium salts ［J］. The Journal of Organic Chemistry, 1980, 45（17）：3527 – 3529.

［5］ Satchell；Satchell Chem. Acylation by ketens and isocyanates. A mechanistic comparison ［J］. Chemical Society Reviews, 1975, 4（2）：231 – 250.

［6］ Charles L. Perrin and Tammy J. Dwyer. Tertiary amide and O – carbamate directors in synthetic strategies for polysubstituted aromatics ［J］. Chemical Reviews, 1990, 90（6）：879 – 933.

［7］ Einhorn；Luche. Ultrasound in organic synthesis. 18. Selective oxymercuration via sonochemically in situ generated mercury salts ［J］. The Journal of Organic Chemistry, 1989, 54（19）：4479 – 4481.

［8］ K. Yates and T. A. Go. Vinyl cation intermediates in electrophilic additions to triple bonds. 1. Chlorination of arylacetylenes ［J］. The Journal of Organic Chemistry, 1980, 45（12）：2377 – 2384.

［9］ Herbert C. Brown, Joseph T. Kurek, Min Hon Rei, and Kerry L. Solvomercuration – demercuration. 12. The solvomercuration – demercuration of olefins in alcohol solvents with mercuric trifluoroacetate – an ether synthesis of wide generality ［J］. The Journal of Organic Chemistry, 1985, 50（8）：1171 – 1174.

［10］ G. A. Olah and P. R. Clifford. Organometallic chemistry. IV. Stable mercurinium ions ［J］. Journal of the American Chemical Society, 1973, 95（18）：6067 – 6072.

［11］ R. J. Abraham and J. R. Monasterios. Polar addition of olefins. Part I. Stereochemistry of the halogenation of cis – and trans – 2 – t – butylstyrene. Rotational isomerism of the products ［J］. Journal of the Chemical Society, Perkin Transactions 1, 1973：1446 – 1451.

［12］ S. J. Cristol, J. S. Perry, Jr., and R. S. Beckley. Bridged polycyclic compounds. LXXXII. Multiple mechanisms for oxymercuration of some dibenzobicyclo［2.2.2］octatrienes ［J］. The Journal of Organic Chemistry, 1976, 41（11）：1912 – 1919.；D. J. Pasto and J. A. Gontarz. Mechanism of the oxymercuration of substituted cyclohexenes ［J］. Journal of the American Chemical Society, 1971, 93（25）：6902 – 6908.

［13］ G. A. Olah and S. H. Yu. Organometallic chemistry. VII. Carbon – 13 nuclear magnetic resonance spectroscopic study and the bonding nature of the ethylenemercurinium ion. Preparation and study of the norbornadiene – and 1,5 – cyclooctadienemethylmercurinium ions [J]. The Journal of Organic Chemistry, 1975, 40 (25): 3638 – 3640.

[14] H. C. Brown and P. J. Geoghegan, Jr. Solvomercuration – demercuration. I. Oxymercuration – demercuration of representative olefins in an aqueous system. Mild procedure for the Markovnikov hydration of the carbon – carbon double bond [J]. The Journal of Organic Chemistry, 1970, 35 (6): 1844 – 1850.

[15] K. Yates, G. H. Schmid, T. W. Regulski, D. G. Garratt, H. – W. Leung, and R. McDonald. Relative ease of formation of carbonium ions and vinyl cations in electrophilic additions [J]. Journal of the American Chemical Society, 1973, 95 (1): 160 – 165.

[16] R. C. Fahey and D. – J. Lee. Polar additions to olefins and acetylenes. V. Bimolecular and termolecular mechanisms in the hydrochlorination of acetylenes [J]. Journal of the American Chemical Society, 1968, 90 (8): 2124 – 2131.

[17] A. D. Allen, Y. Chiang, A. J. Kresge, and T. T. Tidwell. Substituent effects on the acid hydration of acetylenes [J]. The Journal of Organic Chemistry, 1982, 47 (5): 775 – 779.

[18] P. Cramer and T. T. Tidwell. Kinetics of the acid – catalyzed hydration of allene and propyne [J]. The Journal of Organic Chemistry, 1981, 46 (13): 2683 – 2686.

[19] K. Yates and T. A. Go. Vinyl cation intermediates in electrophilic additions to triple bonds. 1. Chlorination of arylacetylenes [J]. The Journal of Organic Chemistry, 1980, 45 (12): 2377 – 2384.

[20] S. V. Rosokha and J. K. Kochi. Mechanism of inner – sphere electron transfer via charge – transfer (precursor) complexes. Redox energetics of aromatic donors with the nitrosonium acceptor [J]. Journal of the American Chemical Society, 2001, 123 (37): 8985 – 8999.

[21] P. M. Esteves, J. W. de Carneiro, S. P. Cardoso, A. G. H. Barbosa, K. K. Laali, G. Rasul, G. K. S. Prakash, and G. A. Olah. Unified mechanistic concept of electrophilic aromatic nitration: convergence of computational results and experimental data [J]. Journal of the American Chemical Society, 2003, 125 (16): 4836 – 4849.

[22] S. V. Rosokha and J. K. Kochi. The preorganization step in organic reaction mechanisms. Charge – transfer complexes as precursors to electrophilic aromatic substitutions [J]. The Journal of organic chemistry, 2002, 67 (6): 1727 – 1737.

[23] H. Hirao and T. Ohwada. Theoretical study of reactivities in electrophilic aromatic substitution reactions: reactive hybrid orbital analysis [J]. The Journal of Physical Chemistry A, 2003, 107 (16): 2875 – 2881.

[24] B. Andersh, D. L. Murphy, and R. J. Olson. Hydrochloric acid catalysis of N – bromosuccinimide (NBS) mediated nuclear aromatic brominations in acetone [J]. Synthetic Communications, 2000, 30 (12): 2091 – 2098.

[25] Tomoda, S.; Takamatsu, K.; Iwaoka, M. Origin of deactivation of chlorobenzene in aromatic electrophilic substitution [J]. Chemistry letters, 1998, 27 (7): 581 – 582.

[26] Davies, A. G.; Ng, K. M. A hierarchical procedure for the conceptual design of solids processes [J]. Computers & chemical engineering, 1992, 16 (7): 675 – 689.

［27］　E. J. Corey. On the origin of enantioselectivity in the Katsuki – Sharpless epoxidation procedure ［J］. The Journal of Organic Chemistry, 1990, 55 (6): 1693 – 1694.

［28］　V. S. Martin, S. S. Woodard, T. Katsuki, Y. Yamada, M. Ikeda, and K. B. Sharpless. Kinetic resolution of racemic allylic alcohols by enantioselective epoxidation. A route to substances of absolute enantiomeric purity? ［J］. Journal of the American Chemical Society, 1981, 103 (20): 6237 – 6240; K. B. Sharpless, S. S. Woodard, and M. G. Finn. On the mechanism of titanium – tartrate catalyzed asymmetric epoxidation ［J］. Pure and Applied Chemistry, 1983, 55 (11): 1823 – 1836.

［29］　Press, New York, 1985, Chap 8; M. G. Finn and K. B. Sharpless. Mechanism of asymmetric epoxidation. 2. Catalyst structure ［J］. Journal of the American Chemical Society, 1991, 113 (1): 113 – 126.

［30］　B. H. McKee, T. H. Kalantar, and K. B. Sharpless. Subtle effects in the asymmetric epoxidation: dependence of kinetic resolution efficiency on the monodentate alkoxide ligands of the bystander titanium center ［J］. The Journal of Organic Chemistry, 1991, 56 (25): 6966 – 6968.

［31］　Y. – D. Wu and D. F. W. Lai. A density functional study on the stereocontrol of the Sharpless epoxidation ［J］. Journal of the American Chemical Society, 1995, 117 (45): 11327 – 11336.

［32］　B. E. Rossiter and K. B. Sharpless. Asymmetric epoxidation of homoallylic alcohols. Synthesis of (–) – . gamma. – amino – . beta. – (R) – hydroxybutyric acid (GABOB) ［J］. The Journal of Organic Chemistry, 1984, 49 (20): 3707 – 3711.

［33］　M. Cui, W. Adam, J. H. Shen, X. M. Luo, X. J. Tan, K. X. Chen, R. Y. Ji, and H. L. Jiang. A density – functional study of the mechanism for the diastereoselective epoxidation of chiral allylic alcohols by the titanium peroxy complexes ［J］. The Journal of Organic Chemistry, 2002, 67 (5): 1427 – 1435.

［34］　Fry A J. Effects of a reduced sucrose intake on dental plaque in a group of men in the Antarctic ［M］//Polar Human Biology. Butterworth – Heinemann, 1973: 114 – 120.

［35］　Pupin, MI. Fifty years' progress in electrical communications ［J］. Science, 1926, 64 (1670): 631 – 638.

［36］　Kendrick Jr. , L. W. ; Benjamin, B. M. ; Collins, C. J. Molecular Rearrangements. XIII. Additional Evidence for the Mechanism of the Aldehyde – Ketone Rearrangement1 ［J］. Journal of the American Chemical Society, 1958, 80 (15): 4057 – 4065

［37］　Rothrock, T. S. ; Fry, A. A Carbon – 14 Tracer Study of the Acid – catalyzed Rearrangement of 3,3 – Dimethyl – 2 – butanone – 1 – C141 ［J］. Journal of the American Chemical Society, 1958, 80 (16): 4349 – 4354. ; Collins, C. J. ; Bowman, N. S. Molecular Rearrangements. XVI. The Pinacol Rearrangement of the Diphenyl – m – tolylethylene Glycols1 ［J］. Journal of the American Chemical Society, 1959, 81 (14): 3614 – 3618.

［38］　Zook, H. D. ; Smith, W. E. ; Greene, J. L. Rearrangement of Ketones in Acid Media1

[J]. Journal of the American Chemical Society, 1957, 79 (16): 4436 – 4439.

[39] For an example, see Salomon, C. J.; Breuer, E. Spontaneous Lossen Rearrangement of (Phosphonoformyl) hydroxamates. The Migratory Aptitude of the Phosphonyl Group [J]. J. Org. Chem, 1997, 62, 3858.

[40] Wallace, R. G.; Barker, J. M.; Wood. Migration to electron – deficient nitrogen – a one pot synthesis of aromatic and heteroaromatic amines from carboxylic – acids [J]. Synthesis, 1990, 12, 1143 – 1144.

[41] Ghiaci, M; Imanzadeh, G. H. A facile Beckmann rearrangement of oximes with AlCl3 in the solid state [J]. Synthetic communications, 1998, 28 (12): 2275 – 2280.

[42] David Andrew, David J. Hastings, and Alan C. Weedon. The Mechanism of the Photochemical Cycloaddition Reaction between 2 – Cyclopentenone and Polar Alkenes: Trapping of Triplet 1, 4 – Biradical Intermediates with Hydrogen Selenide [J]. J. Am. Chem. Soc, 1994, 116, 24, 10870 – 10882.

第三章　亲核试剂的亲核反应

3.1　脂肪碳原子的亲核取代反应

脂肪碳原子的亲核取代反应是经典合成有机化学中最基本的反应之一，是化学家改进简单的官能团相互转化以及面向目标的复杂合成方法的可靠工具。涉及简单亲核试剂和亲电试剂的常规 S_N2 置换反应是经过充分研究的转化方法，是化学专业学生所学的第一个概念，也是学习立体化学和物理有机化学等更复杂内容的起点。

3.1.1　氧亲核试剂的反应

3.1.1.1　卤代烷的水解反应

水与卤代烷生成相应醇的反应很少用于目标导向的有机合成中。取而代之的是，由于合成卤化物的方法较少，因此醇向其相应的卤化物的转化更为普遍。然而，在某些情况下，卤代烷的水解可以简单、有效的提供伯醇，即可以通过卤化后的苄基或烯丙基水解得到相应的醇。反应是在丙酮-水或乙腈-水混合溶剂体系中用弱碱处理卤代烷。经常通过加热来加速反应。

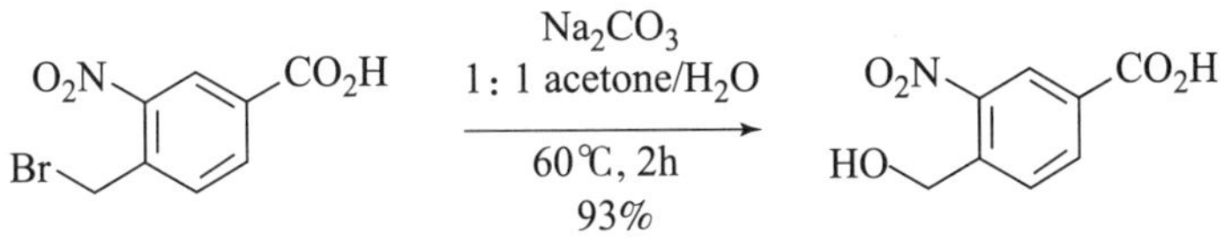

3.1.1.2　Gem-dihalides 的水解反应

Geminal-dihalides 可通过直接水解转化为醛或酮。通过在酸或碱的存在下加热，或通过包含亲核胺促进剂（如二甲胺），可以显著加快所需的转化率。

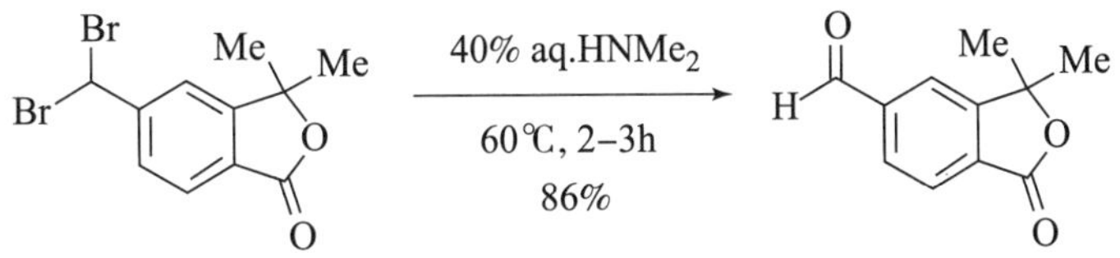

Snapper 和其同事通过对羟基甲氧基苯乙烯进行 Kharasch 加成反应，得到了三氯中间体。与硅胶接触实现了苄基氯的消除以及双氯化物的水解，从而以良好的总收率得到了 α，β-不饱和甲基酮。

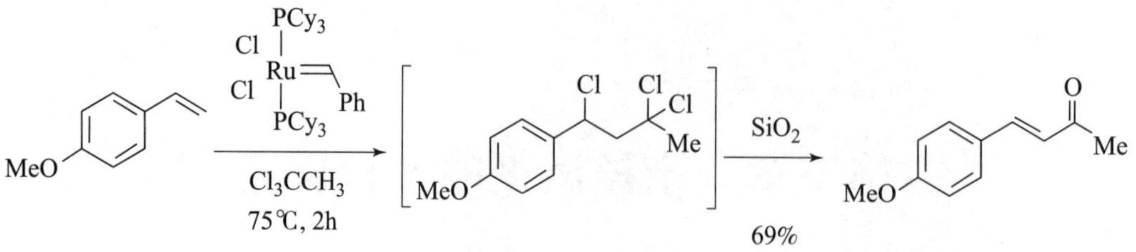

3.1.1.3 1,1,1-三卤化物的水解反应

1,1,1-三卤化物处于适当的氧化态，可以用作羧酸前体。这些化合物容易在酸性条件下与水反应，从而以高收率（通常是在环境温度下）提供相应的酸。通常使用三氯甲基而不是三溴或三碘类似物，这是因为三氯甲基阴离子更容易得到。

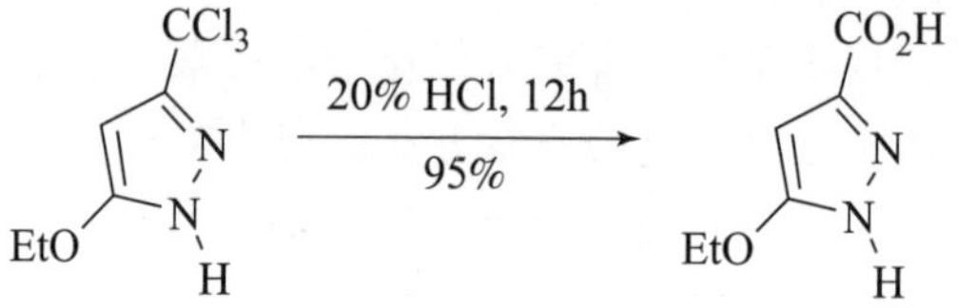

近年来，由于三氟甲基的相对代谢稳定性，其在制药工业中的应用日益广泛。尽管三氟甲基水解速度非常快，但由于将氟掺入结构单元的费用昂贵，它们并不经常用作羧酸前体。但是，下面的示例突出显示了 CF_3 基团的日益普遍的综合应用。三氟甲基酮的碱水解以良好的产率提供相应的羧酸。在此，CF_3 基团不是水的亲核攻击点。相反，三个高负电性氟原子的强吸电作用使三氟甲基阴离子成为极好的离去基团，并且在羰基碳上发生了进攻。

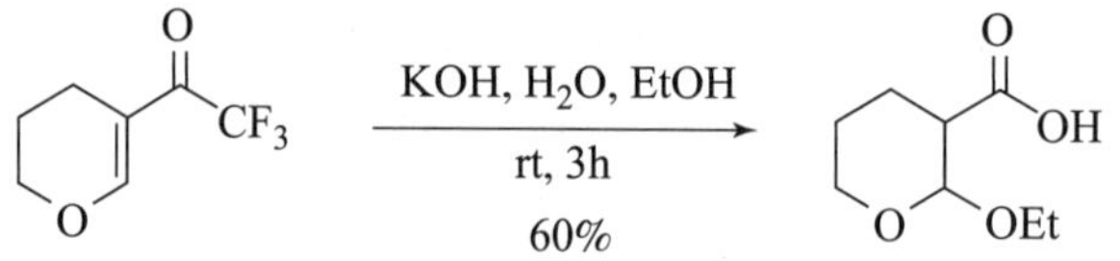

3.1.1.4 缩醛、烯醇醚及相关化合物的水解反应

缩醛对酸催化的水解高度敏感，通常在非常温和的条件下提供相应的醛。几乎可以使用任何酸催化剂，因此选择通常取决于底物的相容性。固体负载的磺酸催化剂（例如 Amberlyst-15）是特别有吸引力的选择，因为通过简单过滤可以相对轻松地除去催化剂。

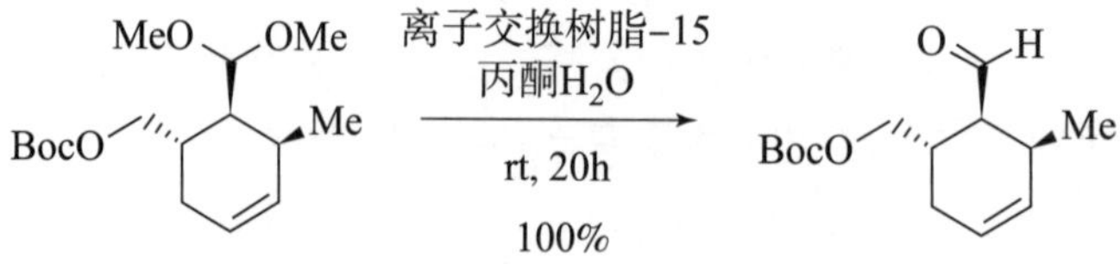

简单酮的烯醇醚可通过用酸的水溶液处理，类似于水解。通常包括与水混溶的有机助溶剂，例如丙酮或乙腈，以提高底物的溶解度。适度加热可提高水解速率，但很少需要高温。

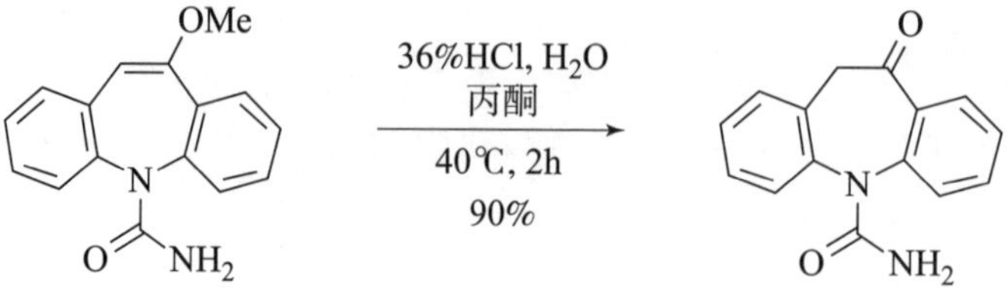

二硫乙烯酮缩醛可以在非常温和的条件下水解为硫酯。注意，在以下示例中采用的强酸性反应条件会导致 N-三苯甲基保护基的损失，因为基在酸中不稳定，并且在该条件下还伴随着 β-脱水反应。

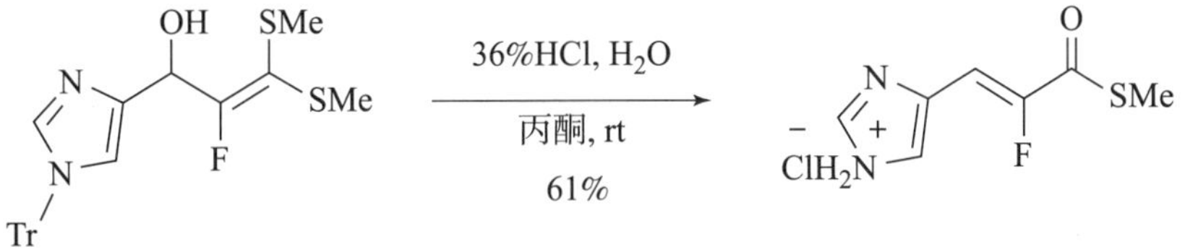

如以下方案所示，原酸酯也可以通过用酸水溶液处理而水解。甲醇通常是参与水解的亲核助溶剂。

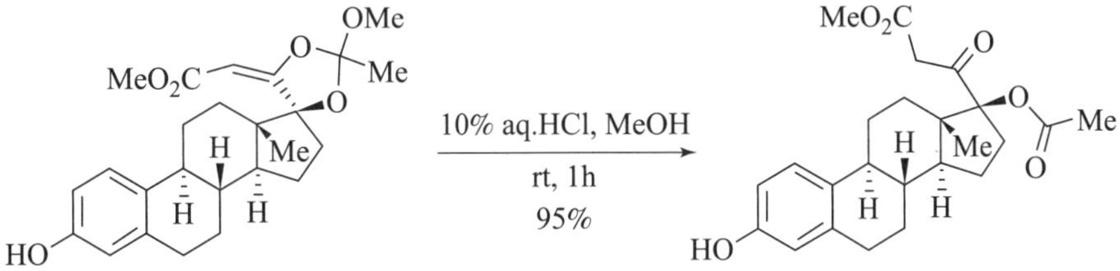

在弱酸性条件下，端基原酸酯将提供羧酸酯。但是，长时间暴露于酸水溶液会生成羧酸。

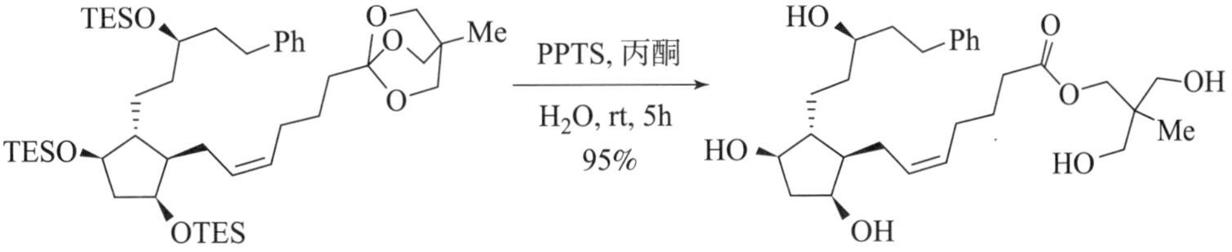

3.1.1.5　环氧的水解反应

可以在水性环境中在酸催化下将环氧化物有效地开环，以提供 1,2-二醇产物。在受水进攻的化学区域影响可不计或受基质内空间和/或电子偏压控制的情况下，可使用简单的布朗斯特酸催化剂。在下面的示例中，磺化四氟乙烯共聚物全氟磺酸促进水解，从而通过对环氧化物的背面进攻而提供外消旋的 1,2-抗二醇产物。

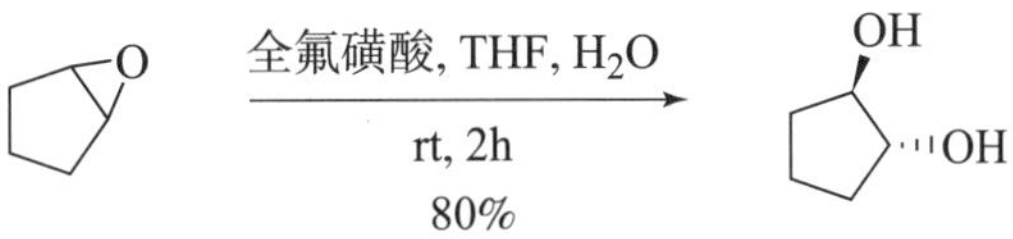

3.1.1.6　烷基卤化物制备醚的反应

由醇制备醚可以通过在合适的碱存在下用卤代烷处理来完成（Williamson 醚合成）。对于相对酸性的醇，例如苯酚衍生物，在丙酮中使用碳酸钾是一种简单的低成本选择。

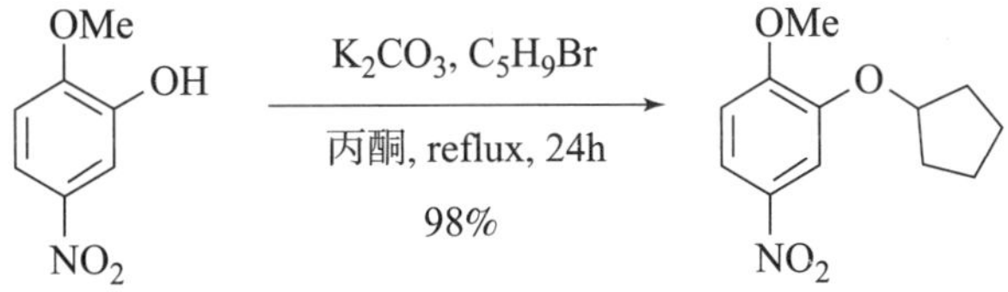

可以通过提高反应温度，或者更通常地，通过使用反应性更高的烷基卤来提高醚生成的速率。在下面的示例中，通过将苄基氯原位转化为苄基碘来实现。反应混合物中的碘化钾（Finkelstein 反应），由于碘离子在反应过程中会再生，因此通常可以使用亚化学计量的量。但是，化学计量过量的碘化物增加了更具反应性的烷基化剂的浓度，因此改善了烷基化反应的动力学。注意，在所利用的条件下，羧酸也被转化为相应的苄基酯。

$$\text{MeO}\underset{\text{OH}}{\overset{\text{CO}_2\text{H}}{\bigcirc}} \xrightarrow[\text{丙酮，回流，18h}]{\text{BnCl, K}_2\text{CO}_3\text{, KI}} \text{MeO}\underset{\text{OBn}}{\overset{\text{CO}_2\text{Bn}}{\bigcirc}}$$

$$79\%$$

3.1.1.7 碳酸二甲酯或二甲基酯制备甲醚硫酸盐的反应

碳酸二甲酯是一种室温亲电试剂，通常与甲基碳上的软亲核试剂和中心羰基上的硬亲核试剂反应。通过前一种机理，碳酸二甲酯已用于酚的甲基化，导致生成芳基甲基醚。由于碳酸二甲酯的低成本、低毒性和对环境的微不足道的影响，这是一种对于大规模应用特别有吸引力的试剂，但是由于试剂的反应性不高，其应用范围受到了限制。在下面的示例中，Thiebaud 及其同事说明了在不存在溶剂的情况下，双酚化合物与碳酸二甲酯和碳酸钾的选择性甲基化反应。

$$\text{HO}\underset{}{\overset{\text{OH O}}{\bigcirc}}\text{Ph} \xrightarrow[\text{160℃，10h}]{(\text{MeO})_2\text{CO, K}_2\text{CO}_3} \text{MeO}\underset{}{\overset{\text{OH O}}{\bigcirc}}\text{Ph}$$

$$80\%$$

3.1.2 硫亲核试剂的反应

3.1.2.1 生产硫醚的反应

硫醚通常是通过在合适的碱存在下，硫醇与亲电试剂如烷基卤的反应制备的。硫醇不是有效的亲核试剂；但是，S_N2 置换反应通常可以在室温完成，如下例所示。在这种情况下，空间上阻碍的三苯甲基硫醇以高收率和合理的速率用反应性苄基溴烷基化。

$$\underset{\text{Br}}{\overset{\text{O}_2\text{N}}{\bigcirc}}\text{CO}_2\text{H} \xrightarrow[0℃ \text{ to rt, 16h}]{\text{TrSH, K}_2\text{CO}_3\text{, DMF}} \underset{\text{TrS}}{\overset{\text{O}_2\text{N}}{\bigcirc}}\text{CO}_2\text{H}$$

$$96\%$$

由于该硫试剂在大多数有机溶剂中的溶解度低，因此通过用硫化钠直接置换卤代烷来制备硫醇并不容易。最常见的是通过某些更精细的前体的中间体来制备简单的脂肪族硫醇。在下面的示例中，异硫脲鎓盐是通过烷基溴与硫脲反应，然后与亲核胺反应制备的。该方法依赖于硫醇产物的蒸馏以进行分离和纯化，因此最适用于制备低分子量衍生物。

$$\text{Me}\diagdown\diagup\text{Br} \xrightarrow[\substack{\text{三乙胺，乙二醛}\\75\text{-}130℃}]{(\text{H}_2\text{N})_2\text{CS}} \left[\text{Me}\diagdown\diagup\text{S}\overset{\text{NH} \cdot \text{HBr}}{\underset{\text{NH}_2}{\diagup}}\right] \xrightarrow[\substack{\text{蒸馏}\\77\%}]{\text{TEPA}} \text{Me}\diagdown\diagup\text{SH}$$

$$\text{TEPA=} \quad \underset{\text{H}}{\overset{\text{H}_2\text{N}}{\diagup}}\text{N}\diagdown\diagup\text{N}\diagdown\diagup\text{N}\diagdown\diagup\text{NH}_2$$

也许更一般地，脂族硫醇是通过烷基卤化物与硫代乙酸盐反应，然后在碱性条件下裂解硫酯制备的。下面的例子是代表性的，但是由于与游离硫代酸有关的令人讨厌的气味而优先使用可商购的硫代乙酸钠盐。

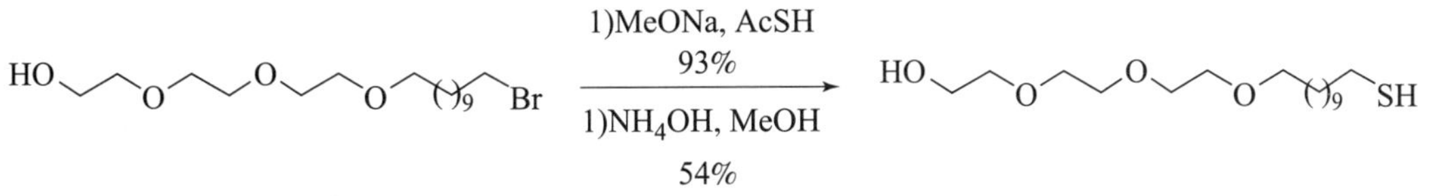

3.1.2.2 芳基甲基醚的裂解反应

亲核硫试剂的另一个有用的反应是通过芳基甲基醚的裂解以提供相应的苯酚。在以下示例中，通过在甲磺酸中用 4 当量的甲硫氨酸处理甲氧基苯并噻吩衍生物，以高收率制备了 VEGFR 抑制剂候选物的合成中间体。

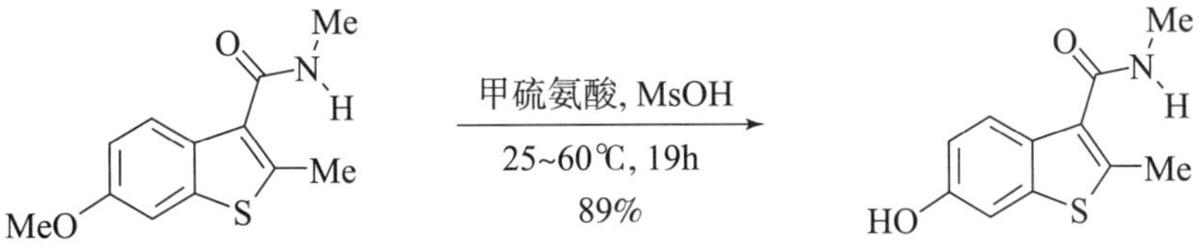

3.1.2.3 亚磺酸盐的烷基化反应

亚磺酸在用弱碱处理后会与常见的亲电子试剂反应。与母体酸相反，各种芳烃亚磺酸衍生物的稳定的结晶盐可以通过商购获得，而母体酸则倾向于分解和二聚。与氧气相反，亚硫酸盐通常在硫原子上具有亲核性，尽管已有例外报道。在下面的示例中，将可商购的苯亚磺酸钠与二甲基甲酰胺中的烯丙基溴反应，以高产率提供砜。

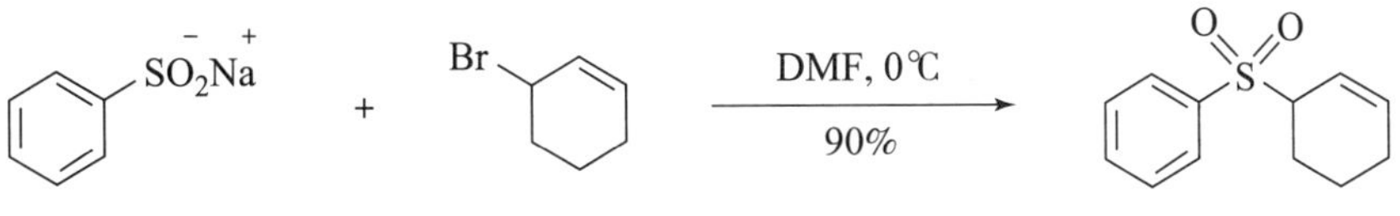

在钯催化的烯丙基取代反应中可以看到亚磺酸亲核试剂的另一个有用应用。这种温和的方法可用于烯丙基酯的脱保护，其中标准的酸性或碱性水解不影响反应物的功能基团，并且通常可大规模使用。Trost 和 Hegedus 研究小组的以下示例说明了这种 p-烯丙基亲电试剂的反应性。

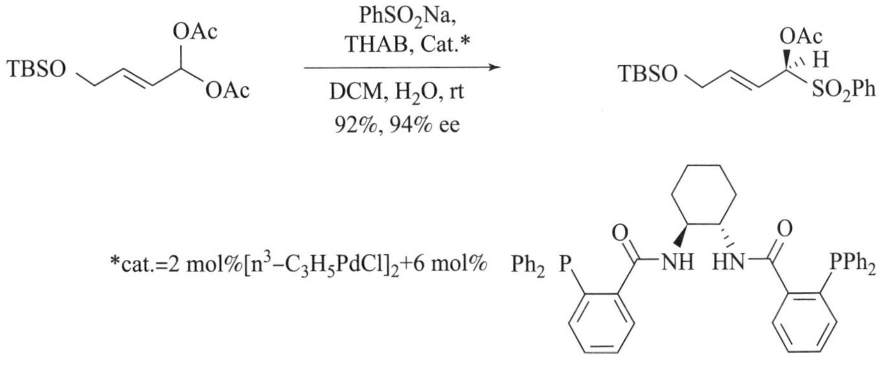

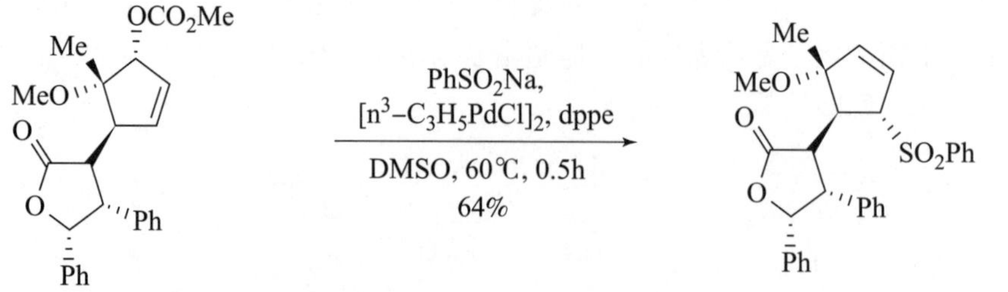

3.1.2.4 生成硫氰酸烷基酯的反应

硫氰酸盐（通常为钠盐或钾盐）是一般的亲核试剂，能够以硫或氮为中心的 S_N2 攻击亲电试剂。经常观察到的是在硫中心上的反应，提供了硫氰酸盐产物（相对于异硫氰酸盐）。在以下示例中，Sa 和同事报告了从烯丙基溴化物前体中高产率制备烯丙基硫氰酸酯的方法。

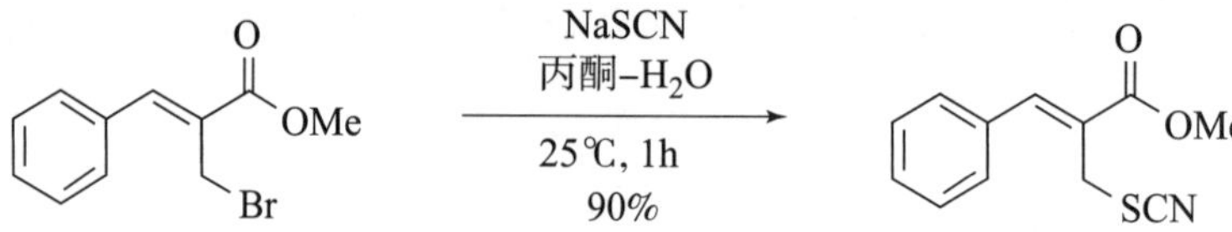

3.1.3 氮亲核试剂的反应

3.1.3.1 胺与烷基卤化物和鎓盐的烷基化反应

氮与烷基卤的烷基化是靶向合成化学中最常用的转化之一。胺固有的强亲核性可在温和条件下和各种溶剂中提供可靠的、通常可预测的反应速率。胺的亲核性主要受取代基的空间和电子效应影响。已发表了有关各种伯胺和仲胺亲核性的研究。在以下示例中，在引入烷基氯之前，首先通过与甲基异丁基酮进行脱水缩合，将伯胺作为酮亚胺衍生物进行保护。该过程防止生成 N-烷基化产物的混合物。

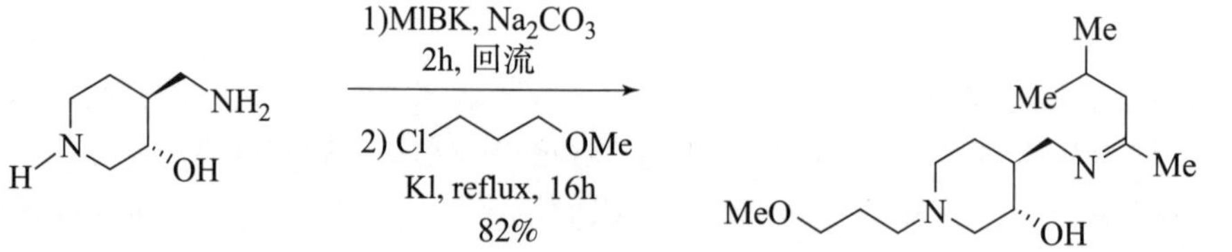

为了易于处理，通常将由胺制备的非挥发性无机酸的结晶盐存储。在大多数情况下，这些盐可通过引入化学计量的碱直接用于烷基化工艺中。首先将盐反应以提供相应的游离碱，然后对其进行烷基化。只要起始盐在反应介质中足够可溶，并且通过适当的化学计量和反应温度控制过烷基化，这些反应通常是容易且有效的。

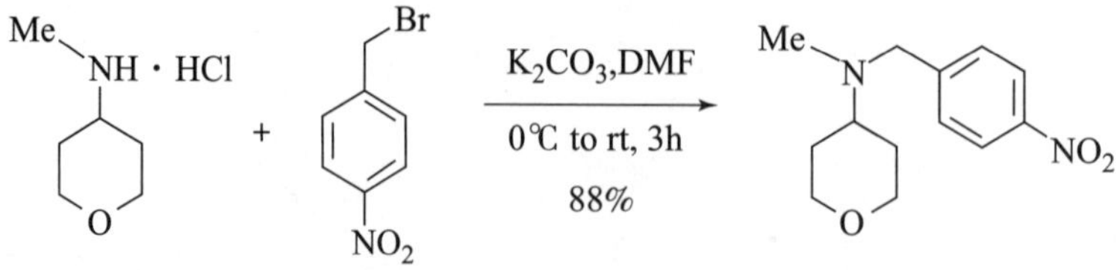

叔胺与烷基化剂进一步反应以提供季铵盐的趋势有时是一个复杂因素。然而，有一些例

子，其中叔胺季铵化已被有效地利用。在 Delepine 反应中，通过用六亚甲基四胺处理，然后将伯烷基卤化物转化为相应的伯胺。该工艺提供了一种廉价而可靠的得到脂肪胺的方法，该脂肪胺可以方便地分离并作为盐酸盐处理。

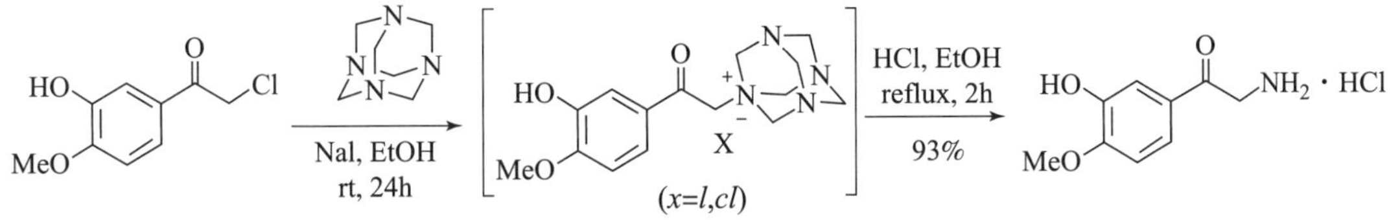

当用过量的六亚甲基四胺以类似方式处理苄基烷基卤化物时，水解产物为醛。这种有用的变化称为 Sommelet 反应，可以相当普遍地从苄基卤化物前体获得芳族醛。

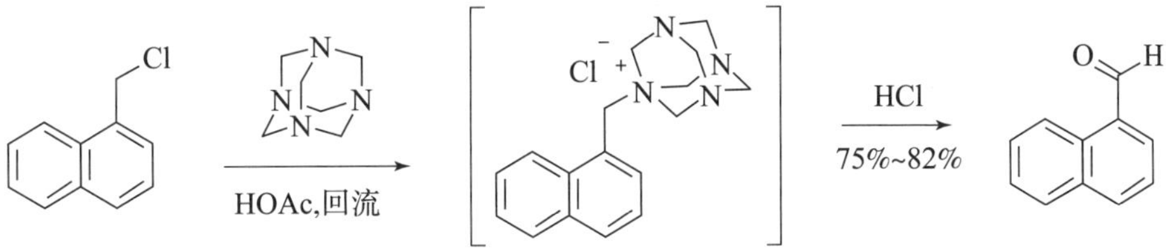

3.1.3.2 无机酯胺烷基化反应

胺通常以类似于其与烷基卤化物的相互作用的方式与无机酯反应。如以下方案所示，胺与烷基磺酸盐（例如甲磺酸盐，甲苯磺酸盐等）的反应在极性非质子溶剂中顺利进行，以提供取代的胺。通常采用轻度至中度加热以减少反应时间。在反应过程中产生 1 当量的磺酸，因此除非反应中不包括另一种碱，否则产物将需要中和。

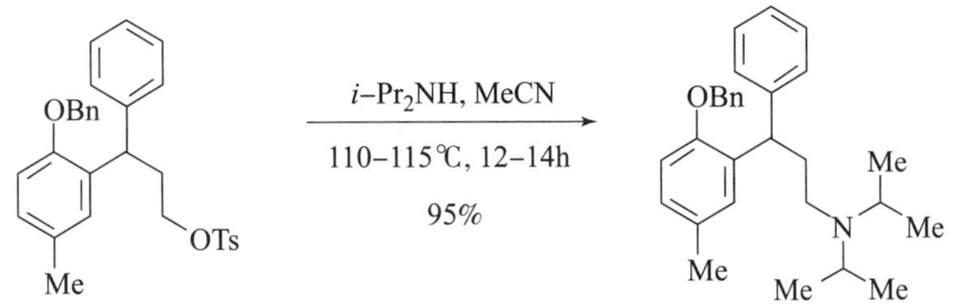

当使用环状硫酸盐时，初始进攻通常发生在空间位阻较小的碳中心，以提供中间体氨基硫酸盐。在下面的示例中，引入第二当量的胺以促进在取代度更高的碳中心的第二取代。注意第二烷基化需要更多的能量，并且这种攻击导致立体中心的倒置。第二步取代反应的反应速度较慢，通常允许在该逐步反应中使用两种不同的胺。

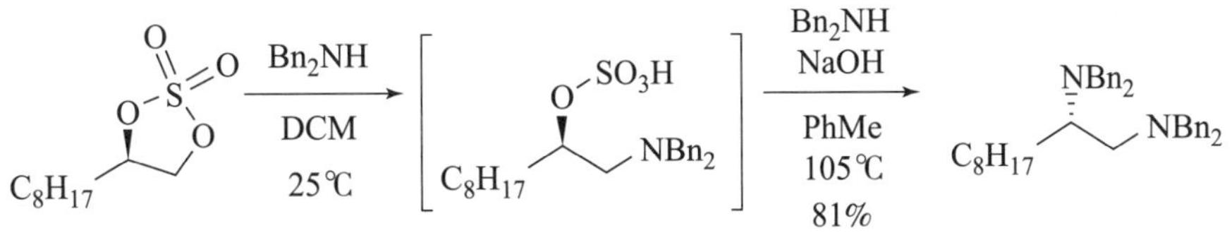

3.1.3.3 醇胺烷基化反应

尽管需要活化步骤，但是醇可以用作胺的有用前体。但是，活化步骤通常涉及复杂试剂，这增加了该过程的费用。例如，如果胺亲核体适当地是酸性的，如下面的 Boc 保护的磺酰胺的情况，则可以采用 Mitsunobu 条件，尽管该方法对于小规模的应用可能是有效的，但化学家们普遍认为，膦，偶氮二羧酸盐试剂及其在反应中产生的副产物会降低该方法在大规模生产中的实用性。

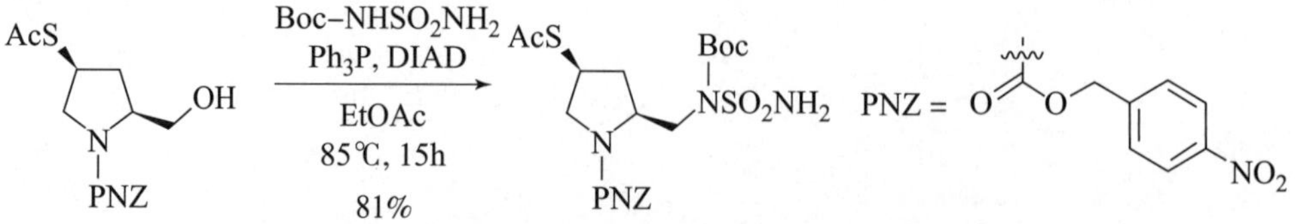

对于更典型的胺亲核试剂，例如简单的未活化的伯胺，需要将醇作为其磺酸酯（例如甲磺酸酯，甲苯磺酸酯，溴磺酸酯等）进行预活化。该方法适合批量生产，因为其成本较低，磺酰卤化物易于通过碱性水萃取除去磺酸副产物。

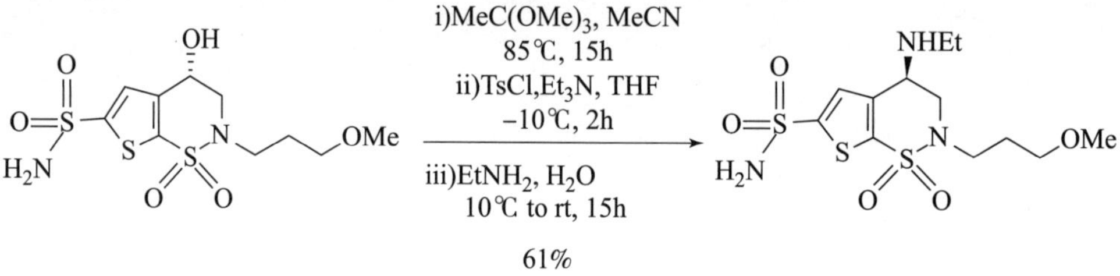

3.1.3.4 胺与重氮化合物烷基化反应

在大规模应用中，不建议使用低分子量的重氮化合物。但是，活化胺与重氮甲烷反应生成 N-甲基化产物是一种清洁、高产的转化反应，可以在适合专用玻璃器皿的实验室规模下可靠地进行。

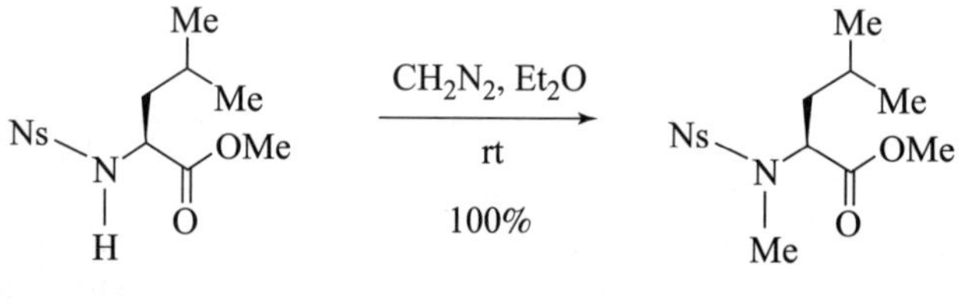

3.1.3.5 胺与环氧烷基化反应

带有氮亲核试剂的环氧化物的开环是一种容易建立的转化过程。该反应通常使用路易斯酸或布朗斯特酸催化，并在加热条件下进行。Rohloff 和同事在抗流感药物奥司他韦（达菲的活性药物成分）的千克级合成中，描述了在乙醇水溶液中与叠氮化钠和氯化铵的关键环氧化物中间体的区域选择性开环。尽管该反应在加热条件下进行，但作者警告，由于叠氮化物的潜在爆炸性，请勿超过 80 ℃。

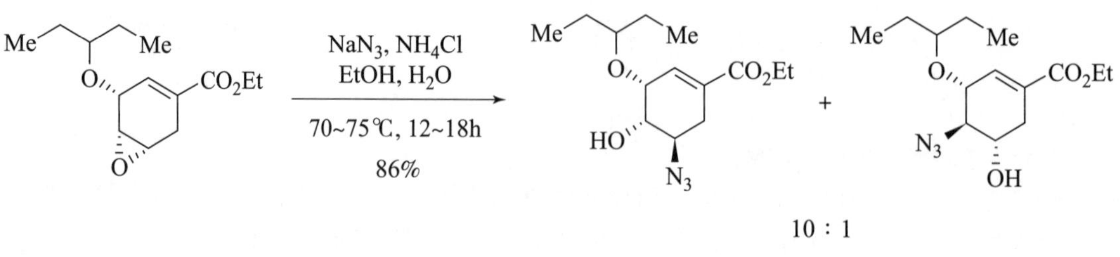

一些含叠氮化物的化合物对热和冲击的敏感性限制了它们在大规模合成中的用途。为了解决这些批量生产的问题，Karpf 和 Trussardi 开发了将氮区域选择性引入其底物的替代条件。使用苄胺和溴化镁作为路易斯酸催化剂，以可比的产率和区域选择性提供了所需的 1,2-氨基醇。

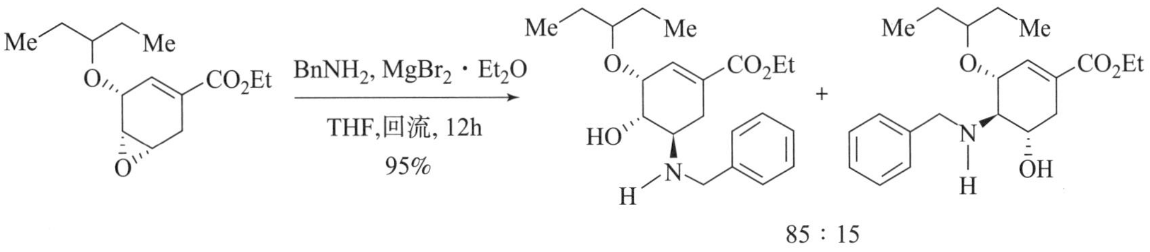

85 : 15

3.1.3.6 六甲基二硅氮烷生产 1 级胺的反应

已经证明六甲基二硅氮烷（HMDS）可以直接亲核取代脂肪族卤化物。这种用于合成胺的方法的主要优点是消除了多烷基化问题，并且通过酸性后处理轻松释放 TMS 基团以释放出铵盐。然而，由于空间庞大的 HMDS 的亲核性较差，该方法尚未得到广泛采用。在大多数情况下，反应速度慢且产率中等。在下面的示例中，仲氯的置换是通过邻近的硼原子的参与来辅助进行的，从而显著加快了反应速率。注意，硼的参与抵消了伯溴化物（相对于仲氯化物）提供的常规速率优势，还提供了影响反应的立体化学过程的空间偏倚。

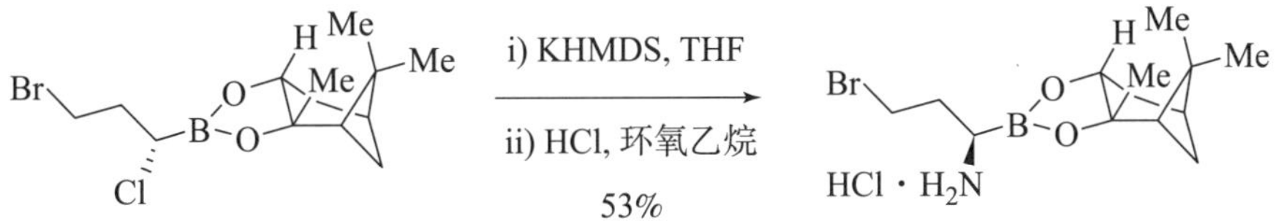

3.1.3.7 生成异氰酸酯（"异腈"）的反应

Lieke 在 1859 年报道了异氰酸酯的首次合成。使烯丙基碘与氰化银反应，得到烯丙基异氰化物。第二种方法涉及伯胺与二氯卡宾的反应（通过用强碱处理氯仿而产生），称为霍夫曼碳胺反应。Weber 和同事报告了对后一种方法的改进，其中在二氯甲烷－水溶剂系统中使用相转移催化可在较温和的条件下提供优异的收率。

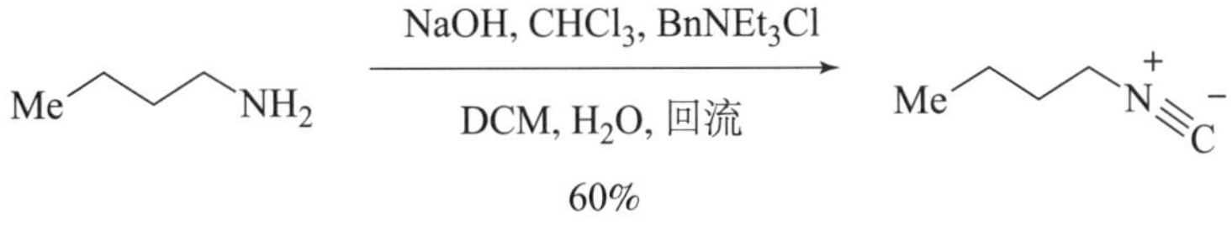

但是，异氰酸酯可以更一般地通过 N-甲酰基前体的脱水来制备。一系列脱水剂在反应中是有效的，在下面的代表性示例中使用三氯氧化磷（POCl₃）。

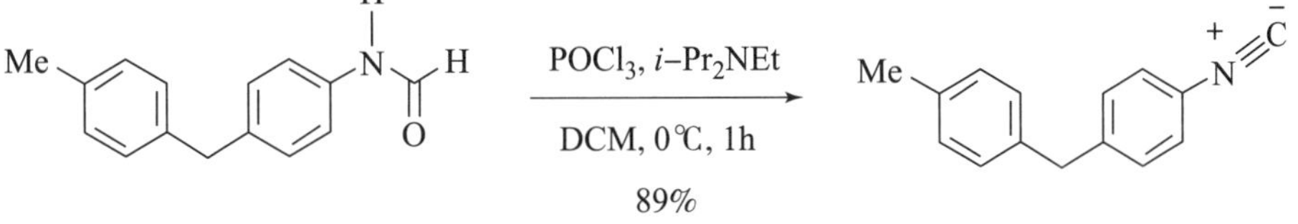

3.1.3.8　胺的甲基化 Eschweiler-Clarke 反应

在 Eschweiler-Clarke 反应中证明了亚胺还原的一种特殊情况，其中胺在甲酸存在下与甲醛缩合生成 N-甲基化产物。如西酞普兰的合成所示，反应最简单地在水中回流进行。

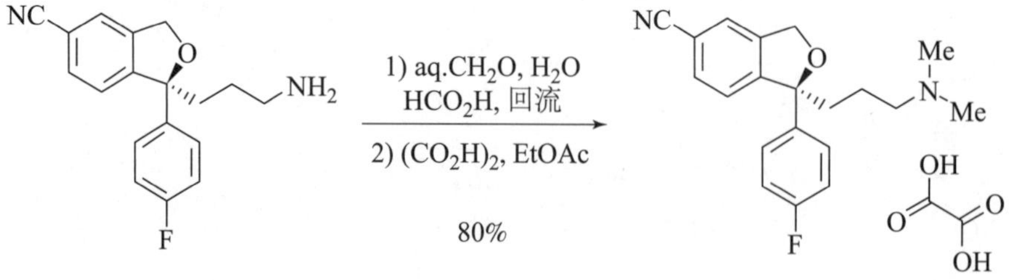

$$\text{80\%}$$

3.1.3.9　亚硝酸亲核试剂的反应

脂肪族硝基化合物的制备可以通过用亚硝酸钠或亚硝酸钾处理卤代烷来完成。通常需要在极性溶剂如丙酮、乙腈、二甲基甲酰胺或二甲基亚砜中适度加热，并且亚硝酸烷基酯异构体的生成是竞争反应。

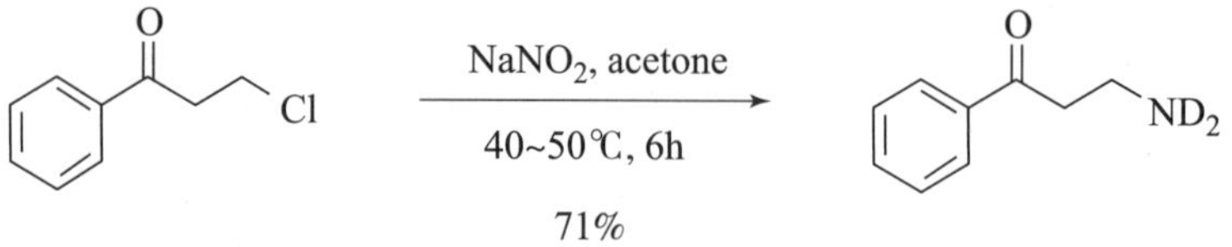

$$\text{71\%}$$

在许多情况下，亚硝酸银优于其钠，在水性环境中提供中等至良好产率的硝基化合物。然而，需要大量的昂贵的亚硝酸银来减小竞争反应。

3.1.3.10　叠氮亲核试剂的反应

由于拥有空间位阻最小的线性几何结构，叠氮化物离子是一种高效的氮亲核试剂。叠氮化物的亲核常数（n）大约等于 NH_3 的亲核常数，而其碱性接近于乙酸根离子。此外，烷基叠氮化物可以通过氢解或通过使用膦作为还原剂的施陶丁格还原以高效方式转化为相应的胺。由于这些原因，在有机合成中普遍使用叠氮化物离子作为亲核试剂。在下面的示例中，在 60 ℃用二甲基亚砜中的叠氮化钠置换甲苯磺酸伯烷基酯，以95%的产率提供伯烷基叠氮化物。

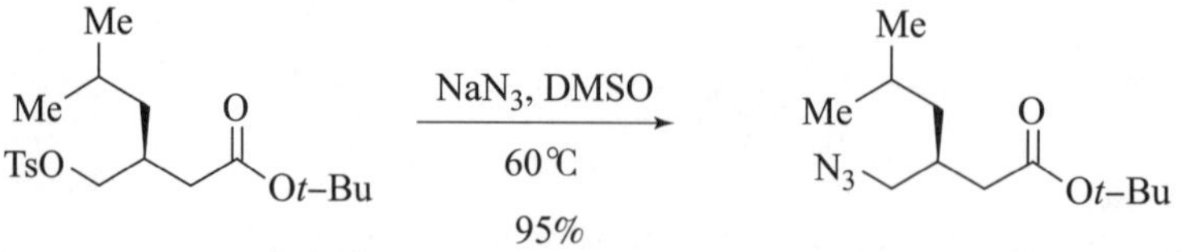

$$\text{95\%}$$

应该注意的是叠氮化钠和许多相关化合物是有毒物质，在处理这些试剂、反应混合物和产品时应格外小心，以尽量减少接触。此外，许多叠氮化物化合物在剧烈分解时伴随着氮气的释放，这会引起额外的安全隐患。许多重金属叠氮化物对震动极为敏感，因此应小心处理这些化合物。最后，由于叠氮化物离子易于与标准铜水管中的材料生成爆炸性金属络合物，因此在废物存储和处置期间必须格外小心。

3.1.4 卤素亲核试剂的反应

3.1.4.1 卤化物的交换反应

一种卤化物与另一种卤化物的交换，称为 Finkelstein 反应，是一种热力学驱动的过程，受两种卤化物的化学计量比以及卤化物盐在反应介质中的相对溶解度的影响。在烷基化反应之前，通常使用卤素交换使反应更加稳定，空间位阻更小且便宜的烷基氯转化为反应性更高的溴化物或碘化物类似物。通过在反应混合物中加入溴化物或碘化物盐，Finkelstein 反应通常可以在烷基化反应期间进行。在以下示例中，通过在丙酮中用超化学计量的碘化钠处理将 α-氯酰胺转化为相应的碘化物。

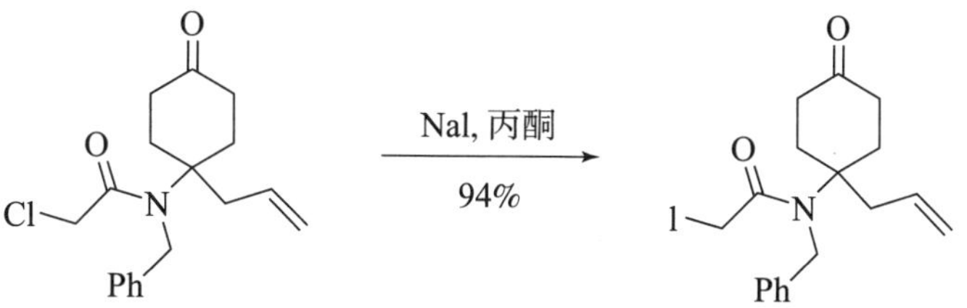

在上面的示例中突出显示了活化的卤化物后，在室温下以可接受的速率发生交换；然而，通常采用适度的加热来加速转化。在下面的示例中，活化程度较低的底物需要加热和延长反应时间才能完成卤化物的完全交换。

3.1.4.2 醇制备卤代烷的反应

醇可以用作卤化物的简单前体，尽管由于竞争性消除和/或与常见官能团的不相容性，使用氢卤酸直接置换并不总是可行的操作。取而代之的是，进行使氧对亲核取代反应性更高的活化步骤。对于大规模应用，用于将脂族醇转化为其相应的氯化物的试剂通常是亚硫酰氯、草酰氯或甲磺酰氯。在考虑成本、经济性和处理问题时，每种试剂都有优缺点。因此，常常根据具体情况确定试剂的选择。下面的示例突出了在催化剂 N,N—二甲基甲酰胺（DMF）存在下使用亚硫酰氯高产率地将仲苄醇转化成其氯化物。在庚烷中进行反应、以最简单的操作得到所需产物。该反应的后处理通常包括缓慢、谨慎地加水以小心猝灭残留的亚硫酰氯（HCl 生成），然后进行中和、相分离和浓缩以除去挥发物。

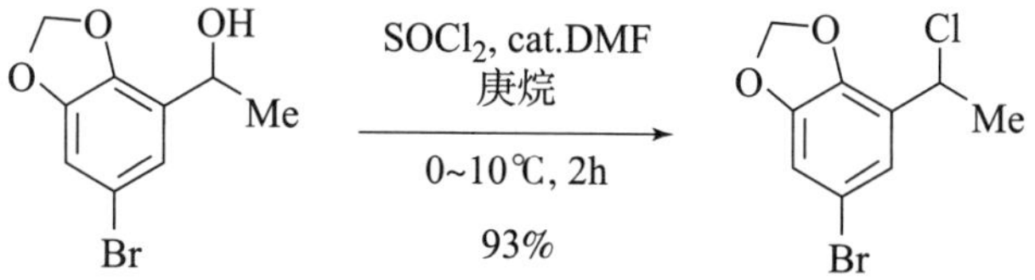

N-氯代琥珀酰亚胺（NCS）与三苯基膦组合也可用于将醇转化为氯化物。如下所示，在手性仲醇上的反应进行了立体化学的转化并且对映体过量的侵蚀最小。相反，使用上述更常见的试剂可能会使产物与过量氯化物反应而降低手性中心的立体化学完整性。

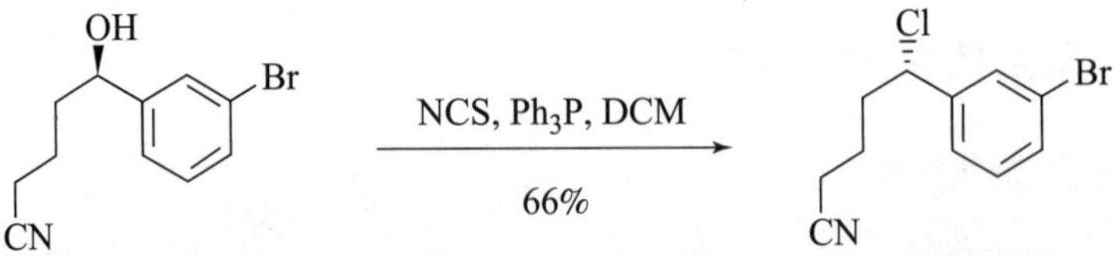

为了简单地从醇中制备卤代烷，很少有方法能像 Appel 反应那样简单、可靠，因此，用四溴化碳和三苯基膦处理醇可提供相应的溴化物，以及化学计量的三苯基氧化膦副产物。这种方法的使用包括低原子经济性、较高的相对费用以及从产品中清除膦和氧化膦的额外挑战。后者通常可通过硅胶色谱法或从非极性溶剂中选择性沉淀来完成。

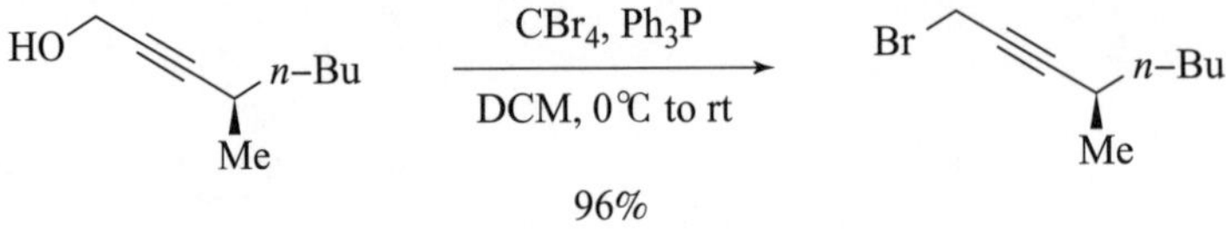

3.1.4.3 醚制备卤代烷的反应

强酸 HI 和 HBr 对醚的作用提供了一个摩尔当量的烷基卤和另一个摩尔的醇。如果使用化学计量过量的酸，则醇产物通常也同样转化成其相应的卤代烷。由于缺乏裂解卤化物和醇的选择性，该方法通常不用于由混合醚制备卤代烷。

$$\underset{R \quad R'}{O} \xrightarrow{HX} R-X + R'-OH + R'-X + R-OH \xrightarrow{HX} R-X + R'-X$$

相反，该方法在裂解烷基芳基醚（苯甲醚衍生物）方面具有广泛的用途，烷基芳基醚（苯甲醚衍生物）优先释放卤代烷和苯酚。在这种情况下，目的是使苯酚脱保护而不是合成卤代烷，尽管后者是结果。

3.1.4.4 环氧化物制备烷基卤的反应

通常通过邻位醇通过卤代物的分子内亲核取代来制备环氧化物。逆反应也可以进行。可以通过卤离子的亲核攻击来打开环氧化物。Allevi 报道，用碘化钠和乙酸四氢呋喃处理末端环氧化物可在室温下以高收率提供伯烷基碘化物（通过 anti-Markovnikov 进攻）。

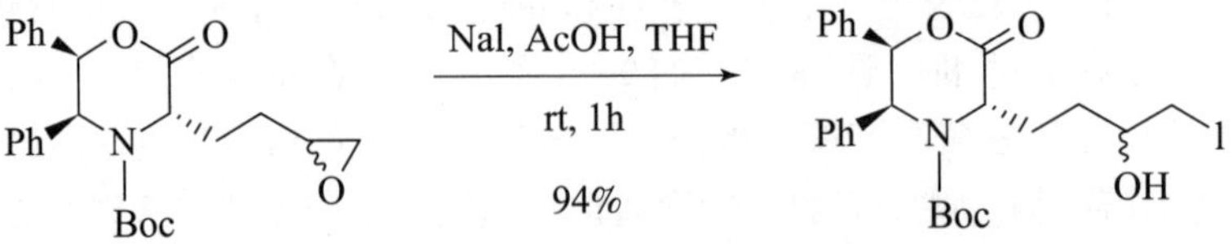

路易斯酸或布朗斯特酸也可以促进环氧化物与卤化物盐的开环以产生卤代醇。以下示例代表了反应的立体化学过程，该过程遵循 Furst-Plattner 规则，通过对环氧化物的背面攻击提供抗卤代醇。在这种情况下，尽管电子因素也可以极大地影响产物的分布，但是优势构型的选择性是由空间因素控制的。当使用强路易斯酸或布朗斯特酸时，后者尤其如此。

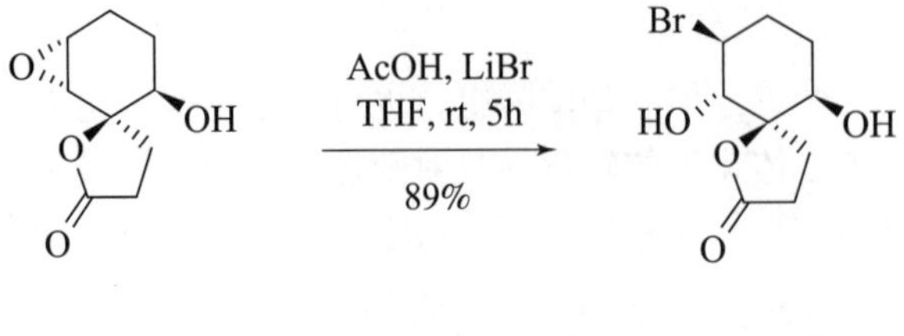

芳基甲基醚与卤离子的裂解生成相应的苯酚是制药工业中的一种常见反应。在 Jacks 和同事的示例中，溴化氢在乙酸中的转化率高，邻苯二酚中间体的收率高。

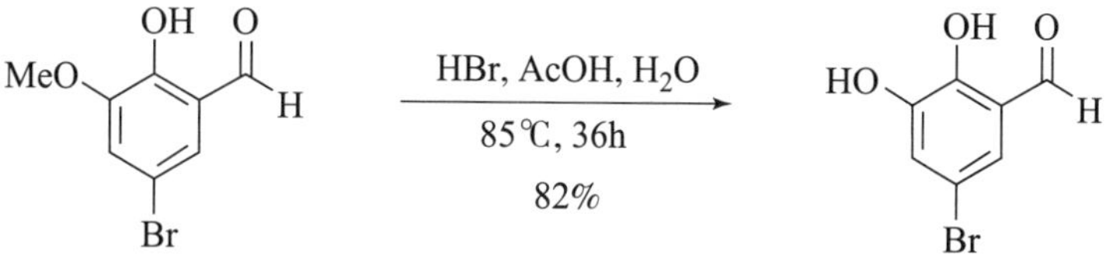

氯化氢通常不如碘化氢或溴化氢有效，尽管当用作吡啶盐时，据报道某些苯甲醚衍生物的去甲基化产率很高。在下面的示例中，在没有溶剂的情况下在高温下用盐酸吡啶处理起始香豆素衍生物。尽管所需的反应温度很高，但该试剂能以优异的产率裂解两个甲基醚和一个乙酰基保护基。

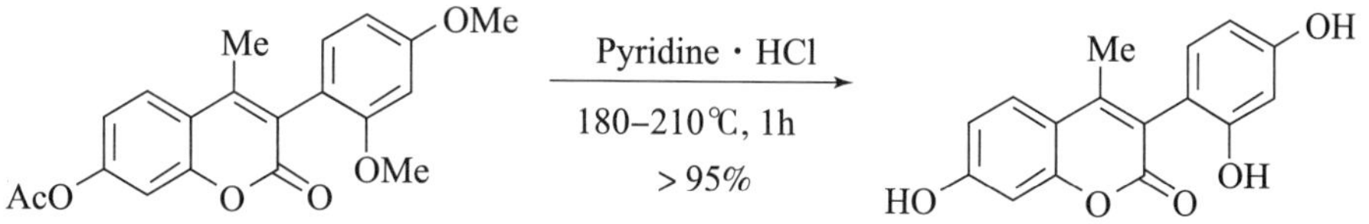

但是，使用强无机酸通常与有机底物不相容。因此，尽管存在如何安全处理这些材料的挑战，但是在大规模应用中，经常优先使用诸如三溴化硼、三氯化硼或三氯化铝的试剂。在这些反应中，硼或铝与醚氧的络合促进醇的离去。已证明在二氯甲烷中使用 BBr_3 可有效裂解一系列芳基甲基醚。

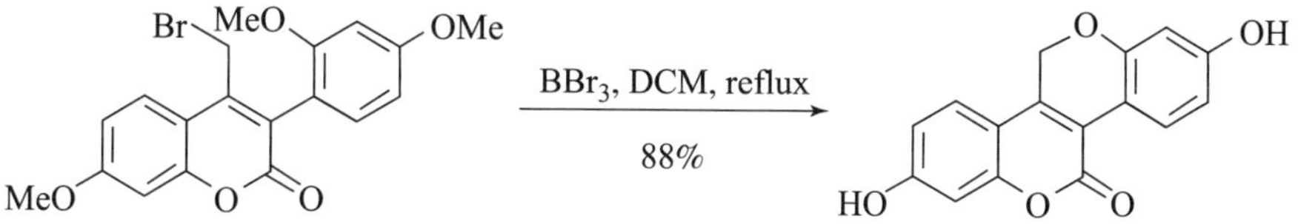

芳基甲基醚也可以通过用碘代三甲基硅烷处理而转化为苯酚，从而释放出碘代甲烷作为化学计量副产物。通过使用较便宜的氯代三甲基硅烷和碘化钠，可以进一步改善这种温和的方法。

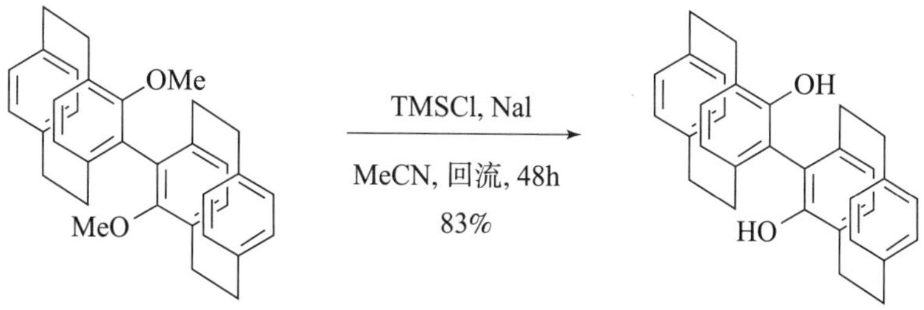

大规模脱甲基的最有吸引力的方案可能涉及通过温和的硫亲核试剂（例如蛋氨酸或简单的脂肪族硫醇）对甲基的亲核攻击。

3.1.4.5　卤离子对羧酸和磺酸酯的裂解反应

Krapcho 及其同事报告说，在氯离子或氰离子存在下，在潮湿的二甲基亚砜中加热 β-酮酸酯、丙二酸酯或 α-氰酸酯可提供脱氧羧基化反应的产物。尽管 Krapcho 证明某些脱烷氧羰

基化更有可能通过 $B_{AC}2$ 途径进行，但 $AB_{AL}2$ 型机制（即，氯化物在酯的烷基上进行的亲核攻击以提供羧酸钠）被普遍接受。尽管在大多数底物上添加氯离子，速率和收率都有所提高，但也有报道说在没有盐的情况下进行脱烷氧羰基化反应。

尽管如此，"Krapcho 脱羧"已显示出在合成有机化学中的效用，如 Hoekstra 和同事在开发千克级普瑞巴林的合成过程中以下示例所强调的。经典的 Krapcho 条件的主要缺点是，通常需要超过 130 ℃ 的温度，这对基板的兼容性和大规模的工人安全提出了挑战。

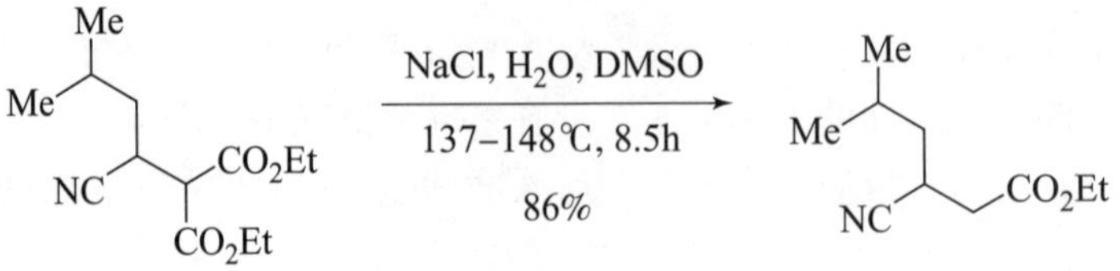

通过相关的转化，也已经报道了脂族酯与氰化物或硫醇盐阴离子的亲核裂解。后一种方法通常用于环状酯（内酯）的开环，因此将亲核试剂分别作为腈或硫醚掺入产物中。

磺酸酯还可以通过卤原子在碳上的亲核攻击而转化为母体磺酸。在以下示例中，磺酸钠是通过在丙酮溶剂中与碘化钠反应得到的，该反应条件温和，转化率高。

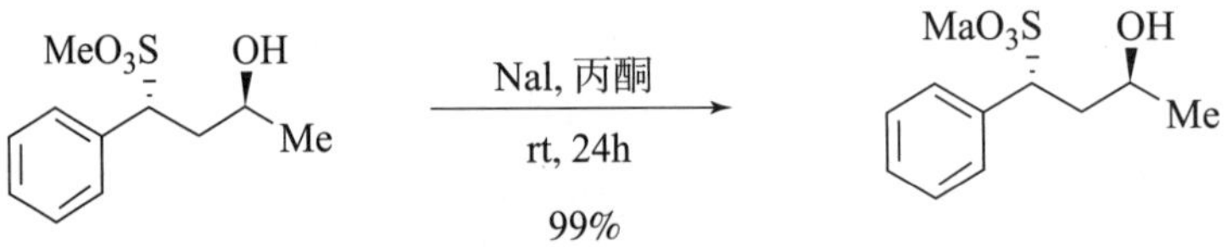

3.1.4.6　重氮羰基化合物制备卤化物的反应

用卤代酸处理 α-重氮羰基化合物可以有效地提供 α-卤代衍生物。在以下示例中，将重氮酮与 THF 中的 HBr 水溶液在 0 ℃ 下反应，以高收率得到相应的溴酮。

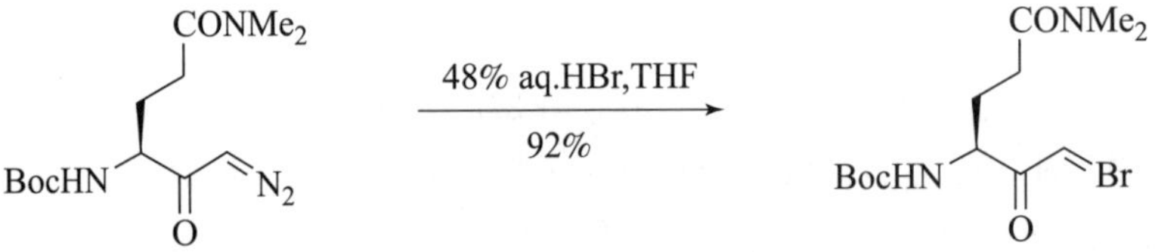

α-卤代羰基化合物也可以由 α-胺前体通过原位重氮化，然后与卤化物反应来制备。在亚硝酸钠存在下和在硫酸水溶液中用卤化物盐处理氨基羰基化合物，可在室温或接近室温的条件下提供产物。如以下示例所示，当将其应用于 α-氨基羧酸时，该转化已显示出高收率且构型保持。

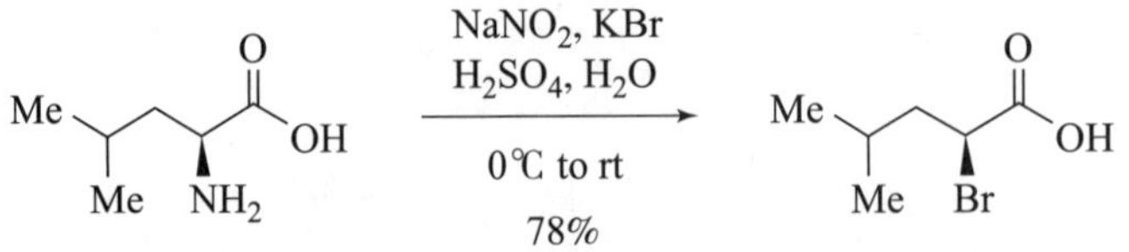

该立体化学结果是 α-氨基酸特有的，因为其机制涉及 α-内酯的中间性。与氨基酮、酯或酰胺的类似反应将以较低的立体选择性进行。

3.1.4.7　生成氰胺的反应

胺与溴化氰的反应生成通式为 R_1R_2NCN 的氰酰胺产物。当反应在叔胺上进行时，最初生成的季胺的 C—N 键被溴离子通过对碳的亲核攻击而裂解（von Braun 反应）。尽管胺上的至少一个取代基必须是脂族的，但是该反应可以用多种叔胺进行，因为在胺季铵化之后芳族基团不会被裂解。下面提供了 Reinhoudt 及其同事的说明性示例。

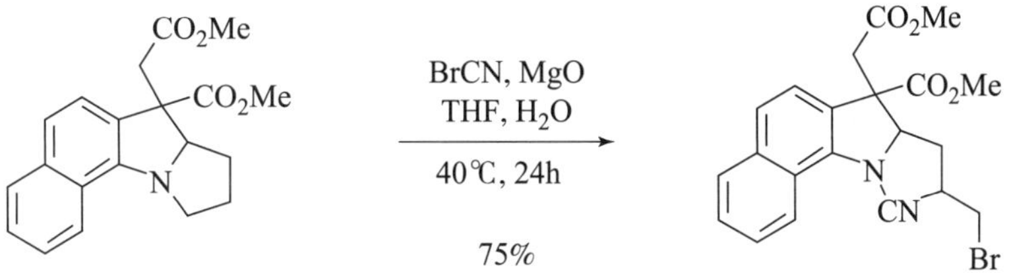

3.1.5　碳亲核试剂的反应

3.1.5.1　烷基卤化物的偶联反应

经过金属或金属混合物处理而直接偶联烷基卤被称 Wurtz 反应。尽管已经提出 Wurtz 反应的初始阶段本质上是自由基的，但是合成步骤中包含用脂肪族阴离子通过 S_N2 取代反应来偶联卤代烷。由于需要专用设备，因此该反应通常不适用于大规模应用。此外，底物范围通常限于活化卤化物的均偶联，并且由于推测的自由基中间体的竞争性烯烃生成，产率通常较低至中等。但是，均偶联产物可能有用，否则可能需要多步合成。

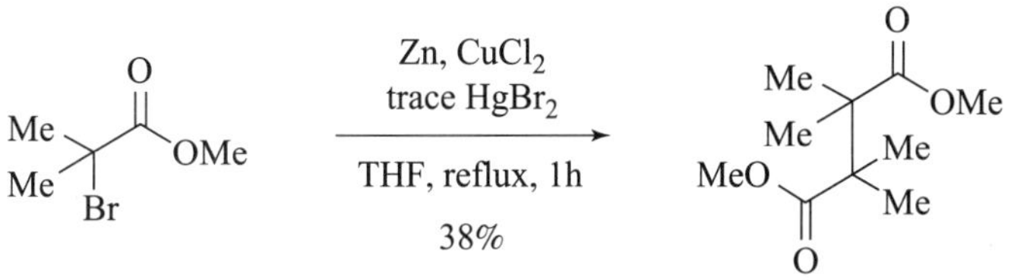

正如 Chan 和 Ma 报道的那样，锰和铜助催化剂可以促进不对称的 Wurtz 偶联。值得注意的是，这些反应在水性溶剂系统中进行，从而避免了与处理对水分敏感的试剂和中间体有关的挑战。另外，该方法论证明适用于未活化的脂族烷基溴化物和碘化物。在下面的示例中，生成大量的 1,5-己二烯副产物，这要求化学计量过量的烯丙基溴。但是，所需的酸很容易从该非极性烃中分离出来。注意，对于这种特定的基底，不能排除铜促进的 S_N2' 取代烯丙基溴的反应。

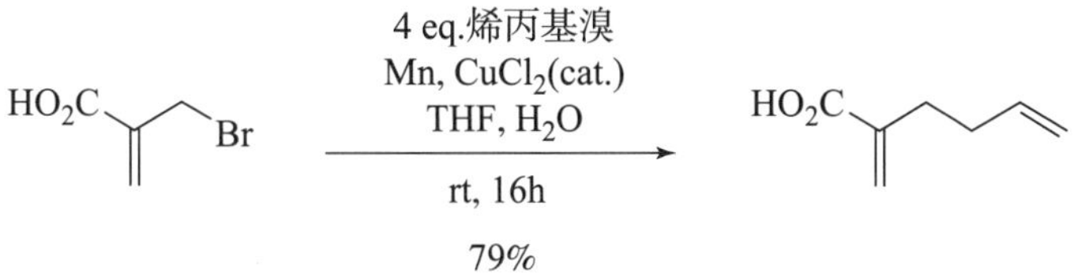

3.1.5.2　有机金属试剂与卤代烷的反应

有机金属试剂对卤代烷的亲核取代已成为合成有机物的重要研究课题。各种各样的有机金属试剂已被证明对这种转化有效。在为给定系统选择合适的方法学时，许多有机金属试剂碱性受到关注。亲电试剂的去质子化可导致不希望的消除产物。烷基锂化合物相对较高的碱度使其在卤化物置换反应中的应用颇具挑战性。结果，从易于获得但不稳定烷基锂到更可预测的有机金属衍生物的过渡金属化是常见的。

利用率最高的方法也许是 Corey，House，Posner 和 Whitesides 实验室共同开发的。该方法由使烷基锂与碘化铜在 THF 中于 78 ℃ 处理而生成的二烷基铜锂（Gilman 试剂）与合适的卤代烷反应，得到所需产物。该方法的范围通常限于伯或活化的烷基卤。使用吉尔曼试剂的一个显著缺点是需要两当量的烷基锂，但是产品中仅掺入了一当量烷基锂。

1983 年，Lipshutz 及其同事报告了该方法的重要扩展：高阶氰铜酸盐与一系列烷基卤化亲电试剂的便捷偶联。这些试剂比传统的吉尔曼试剂具有优势，因为它们可以由更稳定、更容易获得的烷基溴化物或氯化物制备。但是，它们的反应性稍差，因此通常在中等温度下进行偶联反应。在下面的示例中，在四氢呋喃中于 50 ℃ 下 3 h 后，获得了高产率的取代吡啶产物。

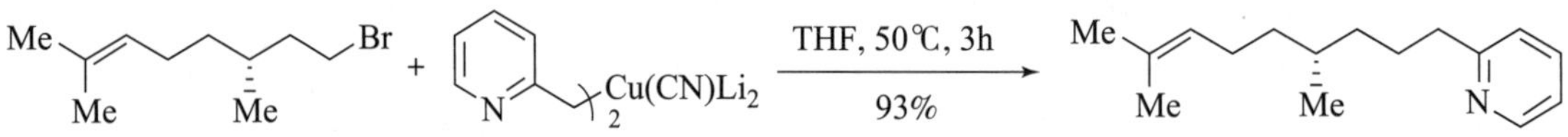

也已经报道了用脂肪族格氏试剂代替卤代烷，但是这些方法常常由于官能团不相容和/或消除而变得复杂。使用非刘易斯碱性溶剂二氯甲烷，Eguchi 和他的同事将格氏试剂与叔卤化物偶联，并取得了一定的成功。作者怀疑竞争消除是造成叔丁基氯化物产率较低的原因；消除作用是布雷德关于金刚烷基氯化物的规则所禁止的。单电子转移（自由基）反应与 S_N2 反应可能是竞争反应。

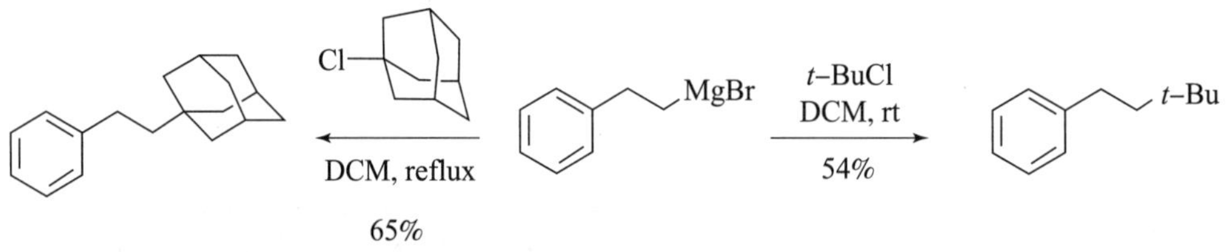

3.1.5.3 有机金属试剂与磺酸酯的偶联反应

大多数有机金属碳亲核试剂（格氏试剂，铜酸盐等）与脂族磺酸酯亲电试剂的反应方式类似于烷基卤化物。在下面的示例中，脂肪族格氏试剂通过添加溴化铜（I）进行修饰，以使邻甲苯磺酸伯酯在室温下平稳地反应。

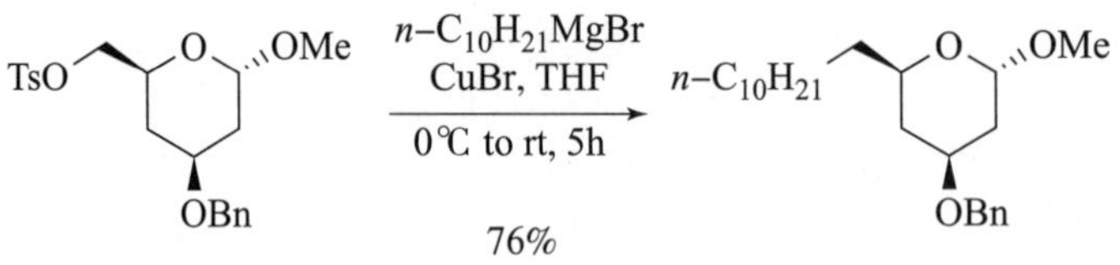

在涉及烯丙基或炔丙基碳亲核试剂的情况下，格氏试剂经常不用转化为铜络合物而使用。在下面的示例中，当使过量的 2-甲基烯丙基氯化镁与伯甲苯磺酸盐或碘化物反应时，在温和的条件下可获得高产率的烷基化产物。苯磺酸酯化衍生物通常超过甲磺酸酯，至少包含酸性 α-质子，可能使碱性碳亲核试剂淬灭。

$$\text{THF, 0℃ to rt, 16h}$$

R=OTs : 92%
R=　1　: 83%

3.1.5.4　有机金属试剂与烯丙基酯和碳酸盐的反应

烯丙基酯和碳酸酯在脂肪族亲电子试剂中具有独特的反应性，因为它们可以通过 S_N2 或 S_N2' 取代反应而在烯丙基体系的 1 或 3 位烷基化。在没有催化剂的情况下，两种攻击方式可能是竞争性的，导致产物分布随底物而变化。在以下示例中，将乙酸烯丙酯与正丁基溴化镁在 CuCN 存在下反应，生成区域异构体混合物，有利于支链（S_N2' 型）烷基化产物。

$$\xrightarrow[\text{THF, rt, 1.5h}]{20\ \text{mol\% CuCN}}$$

90%　　　　　　　27 : 73

更通常地，烯丙基亲电试剂的反应由有机金属配合物催化，该有机金属配合物通过氧化加成提供对烯丙基中间体。金属和配体组的选择会影响对位烯丙基中间体的空间和电子特性，从而影响产物的分布。

3.1.5.5　有机金属试剂与环氧化物的反应

由 Lipshutz 和 Lasman 等人报道，由两当量的相应有机锂和一当量的氰化铜生成的高阶混合有机铜试剂 $R_2Cu(CN)Li_2$ 完成了非烯醇式碳亲核试剂的环氧化物的开环。这些试剂通常优于相关的吉尔曼型试剂 R_2CuLi 和 $RCu(CN)Li$，大概是由于碱性降低和亲核性增强。此外，与经典的吉尔曼试剂相比，氰甲酸酯显示出更高的热稳定性，这使得反应可以在环境温度或高于环境温度的条件下进行。在以下示例中，由正丙基锂和氰化铜生成的试剂在温和条件下的 THF 中以高收率提供了所需的开环产物。用 $n\text{-PrCu(CN)Li}$ 进行的相同转化仅以 15% ～30% 的产率进行，并且需要乙醚溶剂以使与 THF 溶剂的竞争性试剂络合最小化。

$$\xrightarrow[\text{THF, 0℃, 6h}]{(n\text{-Pr})_2\text{Cu(CN)Li}_2}$$

86%

3.1.5.6　丙二酸酯和乙酰乙酸酯衍生物的烷基化反应

带有至少 1 个氢原子和 2 ～3 个负电性取代基的碳可以被去质子化以提供稳定的碳负离子，该碳负离子可以在非常温和的条件下被广泛的亲电试剂烷基化。这类中最常见的例子是丙二酸衍生物（例如丙二酸二甲酯）和乙酰乙酸酯（例如乙酰乙酸乙酯）的共振稳定盐。这些化合物已在 Tsuji 和 Trost 率先提出的过渡金属催化的烯丙基烷基化方法中以及在 Knoevenagel 缩合反应中提供 α,β-不饱和羰基化合物方面具有广泛的用途。

β-二羰基化合物的盐也可以用卤代烷、环氧化物和烷基磺酸盐烷基化。在下面的代表性示例中，丙二酸二苄酯用 THF 中的氢化钠处理，以提供高收率的磺酰丙二酸酯，其与烷基溴化物反应。

在第二例中，对映体富集的仲甲苯磺酸盐被丙二酸二叔丁酯的钠盐置换，以提供高收率的烷基化产物，生成的产物具有清晰的立体化学反转，从而支持 S_N2 机制。

3.1.5.7 醛、酮、腈和羧酸酯的烷基化反应

由于醛是反应性亲电试剂，醛烯酸酯的 α-烷基化会受到自缩合副产物的困扰。Stork 提出了一种解决方案，如以下示例所示。可烯化的醛与伯胺的缩合提供相应的亚胺，该亚胺极不容易自缩合。使亚胺与碱反应得到金属化的烯胺，其可以与温和的亲电试剂如烷基卤化物反应。特别值得注意的是，在该特定实例中，将叔丁基胺用作碱，并且未观察到向亚胺添加格氏试剂。所得溴镁抗衡离子与亚胺氮上的庞大叔丁基取代基结合使用，可提供出色的C-与N-烷基化选择性。简单的盐酸水溶液后处理将亚胺水解，释放出醛官能团，以供进一步加工。

在已经成为手性相转移催化下立体控制的烯醇烷基化的一个确定的例子中，Dolling 和同事报告了以下芳基酮烯醇的对映选择性甲基化反应。金鸡纳生物碱衍生的相转移催化剂会阻断烯醇的异构化，从而提供大量的烯醇。速率比外消旋烷基化有优势。考虑到这项工作，Dolling 和同事报告说，包括溶剂极性、反应浓度、氢氧化钠浓度和催化剂载量在内的几个变量对于优化收率和对映选择性至关重要。

95%, 92% ee

PTC:

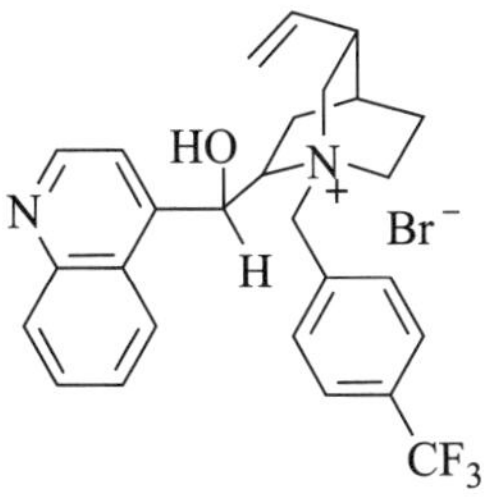

酮烯酸酯很容易通过用强碱处理而产生。当仅一种烯醇化物是可能的时（例如芳基酮的情况），可以使用多种碱。在下面的示例中，用2当量的叔丁醇钾的THF溶液处理氯酮，以促进分子内烷基化并以优异的产率提供环丙基酮。

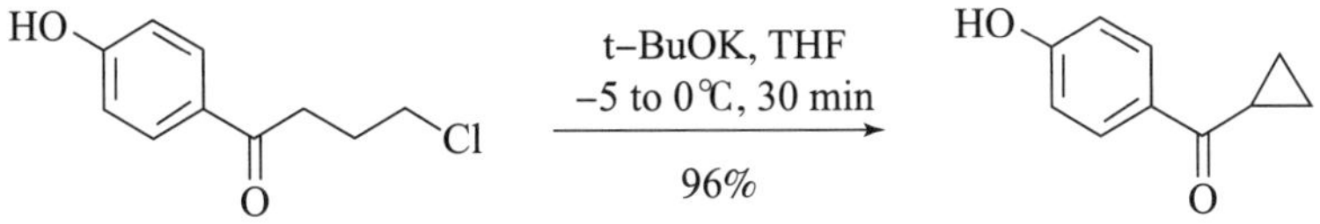

由Kahne和Collum报道了通过在78℃下用二异丙基氨基锂在THF中处理获得的酮烯醇化物的生成和氰化。事实证明，使用对甲苯磺酰基氰化物作为氰化物来源非常关键，因为将烯醇化物反向添加到P-TsCN的冷THF溶液中也是如此。

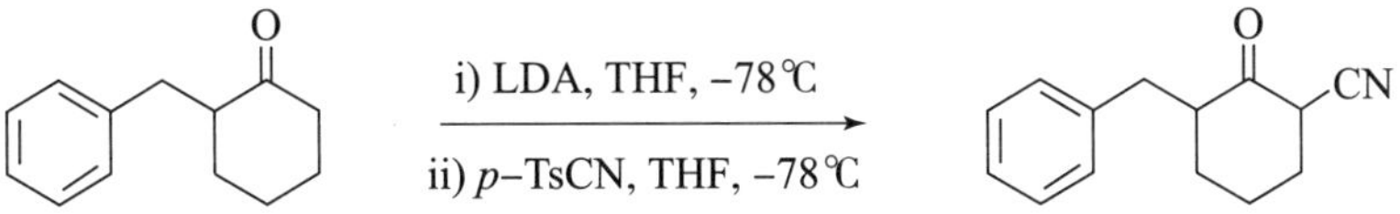

对于小型和大规模应用，使用衍生自六甲基二硅氮烷的强碱正变得越来越流行。六甲基二硅叠氮化物的锂、钠和钾是相对稳定的可商购的材料，并且为研究抗衡离子对给定反应中速率和选择性的影响提供了方便地选择。在以下示例中，六甲基二硅叠氮化锂（LiHMDS）在THF中的溶液用于在23℃的温度下选择性生成动力学上受支持的（Z）-酯烯醇化物。随后添加烯丙基碘以优异的产率提供了23:1的非对映异构体比例。有趣的是，尽管在烷基化过程中偏向于非对映异构体，六甲基二硅叠氮化钾（KHMDS）也提供了（Z）-酯烯醇化物。作者提出了对于烯醇钾的内部酯螯合机制，对于烯醇锂而言是不可操作的。

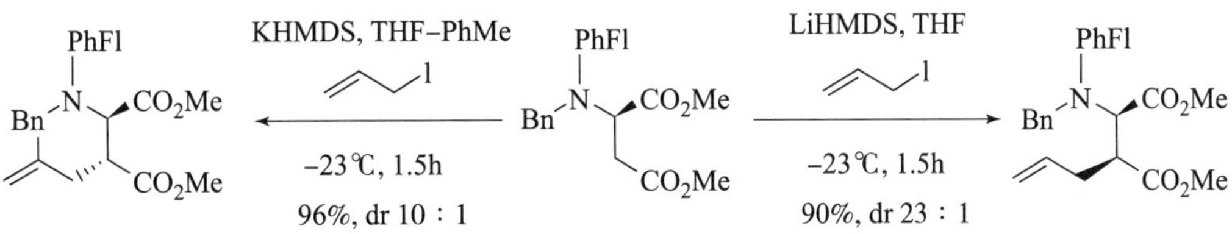

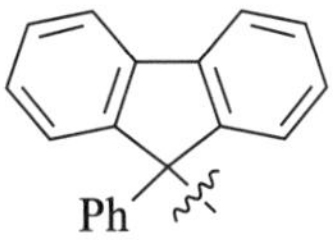

THF/DMPU中的LiHMDS已用于千克级的酯烯酸酯生成。为了保持苄基手性中心的立体化学完整性，烯醇化和随后的甲苯磺酸酯置换在40℃以下进行。

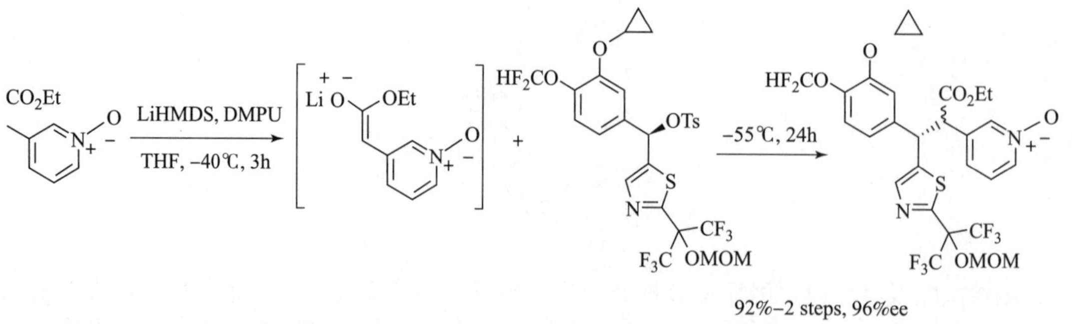

92%–2 steps, 96%ee

在制备 HMG – CoA 还原酶抑制剂辛伐他汀的过程中，吡咯化锂已用作酯烯醇化的基础，从而引入了具有挑战性的无环双甲基甲基取代基。重要的是在这些条件下观察到缺乏竞争性酰胺甲基化。作者能够优化反应温度和甲基碘化学计量，以最大限度地减少这种副反应。初始亚氨酸锂生成后，酰胺 α-质子的高 pKa 对其有帮助。

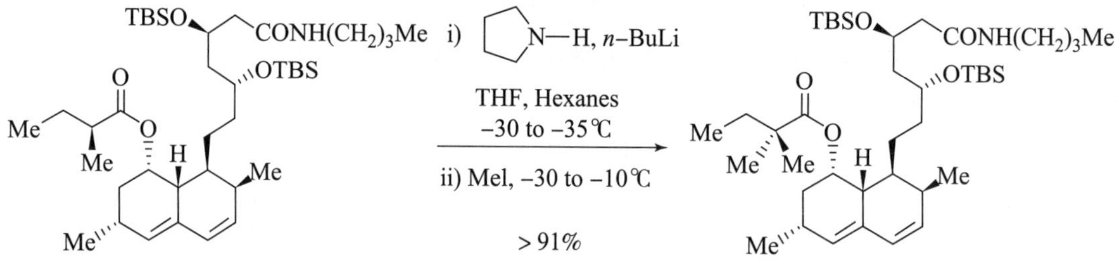

3.1.5.8　炔基碳上的烷基化反应

末端炔可以通过用强碱（例如正丁基锂）去质子化而转化为乙炔阴离子。乙炔化物的生成以及随后与亲电试剂的反应通常在 THF 中在接近 78 ℃ 的温度下进行。在某些情况下，包括诸如 HMPA 或 DMPU269 的添加剂通过与锂阳离子配位来加快整体反应速率，从而导致解聚。已经报道了有关 HMPA 添加剂对溶液动力学的影响的有趣研究。应该注意的是，HMPA 是一种已证明对健康有害的物质，应格外小心，以免在操作过程中接触到该物质。如果需要强配位的添加剂，由于具有较高的安全性，应优先使用 DMPU。下面的例子说明了末端炔的去质子化和烷基化的典型条件。

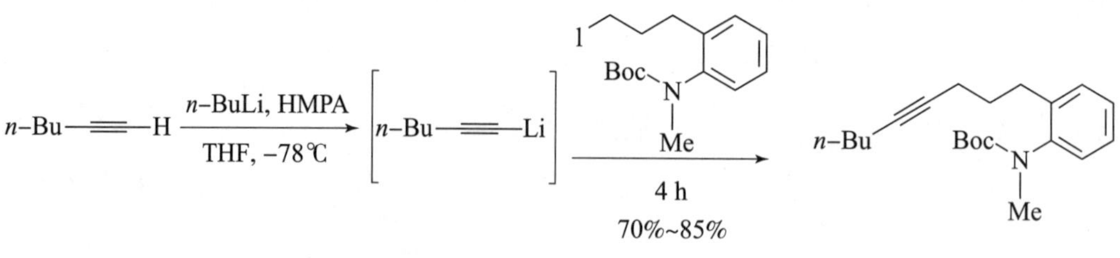

当反应在亲氧路易斯酸存在下进行时，环氧化物也是乙炔化锂的合适烷基化剂。在下面的示例中，在三氟化硼二乙基醚化物的存在下，亲核攻击发生在空间较小的位置。

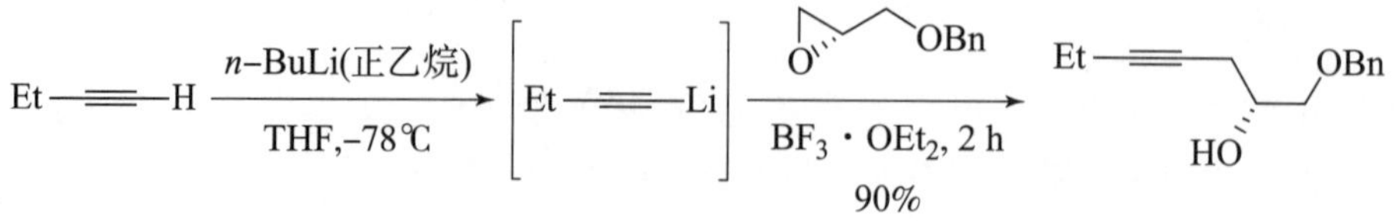

90%

Trost 和同事报告了在紧密相关的系统上使用催化二乙基氯化铝作为路易斯酸，以定量收率获得对映体富集的醇。

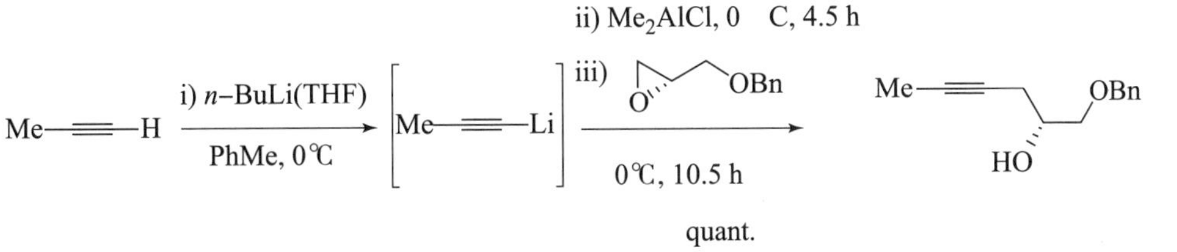

如 Wessig 等所述，在类似条件下，乙炔可以通过 $BF_3 \cdot OEt_2$ 催化与氧杂环丁烷烷基化。

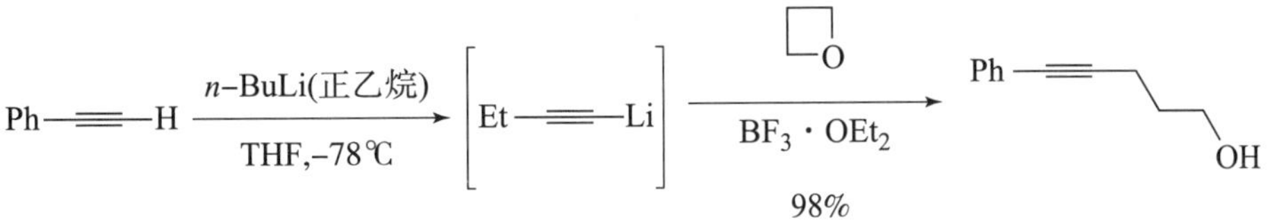

还已经报道了铜促进的炔基烷基化反应。与需要低温和自燃试剂的方法相比，以下示例中描述的温和条件是有利的

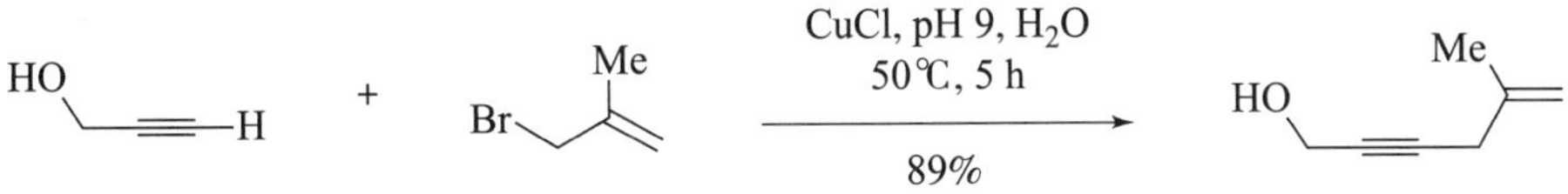

乙炔可以与活化的氮丙啶反应，以高收率得到均炔丙基胺衍生物。据报道，二甲基亚砜中的叔丁醇钾碱对于这些系统是最佳的。

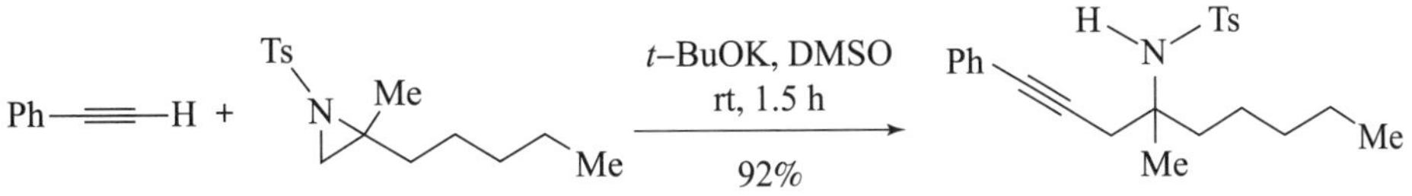

3.2　芳香碳原子亲核取代反应

芳香烃亲核取代反应可以经历几种不同的机理，被认为是获得简单芳烃衍生物的方法之一。该反应的范围受三个基本原理的指导：芳族系统活性碳上的缺电子性，要被取代的离去基团的性质以及亲核试剂的反应性。通常，更加缺电子的芳烃更容易发生亲核取代反应。事实证明，芳基卤化物，特别是氟化物和重氮化合物是该反应最成功的底物。尽管脂族亲核取代的典型反应顺序为 I > Br > Cl > F，但亲核芳族取代的这一趋势通常相反。氟化物原子的吸电子能力使芳基氟化物成为添加亲核试剂的较好底物。伯胺和仲胺以及醇盐通常是反应的优良亲核试剂。也通常使用几种类型的碳亲核试剂，包括氰化物和丙二酸酯衍生物。

3.2.1　氧亲核试剂的反应

3.2.1.1　生成苯酚的反应

苯酚可以通过亲核芳香族取代反应从几种起始原料中以氢氧化物或水作为亲核体合成。

例如，芳基氟化物可以在相当温和的条件下被氢氧化物置换。

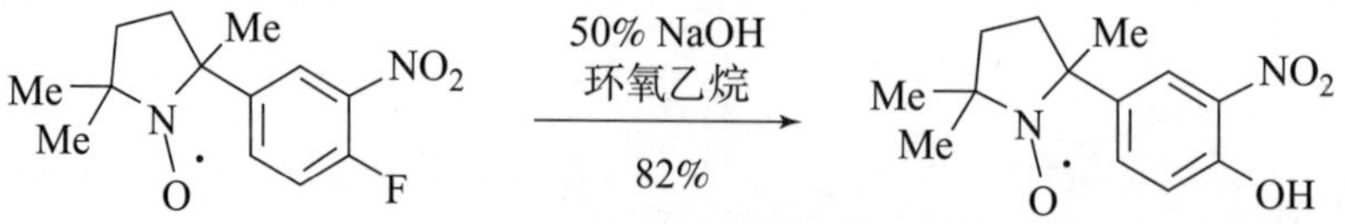

在芳基磺酸被证明是廉价且容易获得的起始原料的情况下，可以通过在高温下与氢氧化物反应来实现它们向酚的转化。在容易获得起始苯胺的情况下，重氮盐的取代提供了另一种选择。在所提供的示例中，来自硫酸水溶液的水充当亲核试剂。由于其已知的不稳定性和对撞击的敏感性，最好原位生成重氮而不是尝试将其分离。

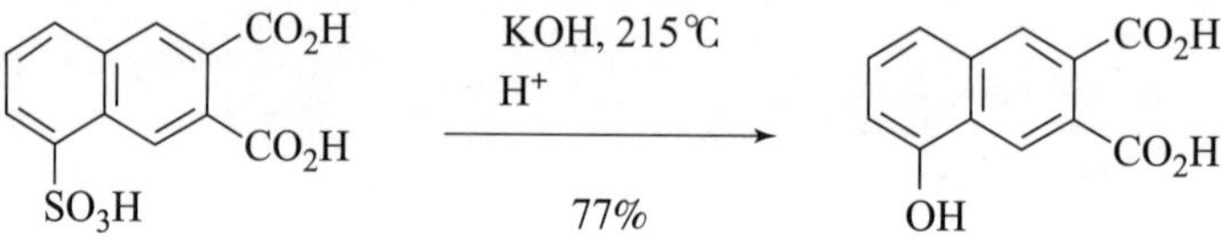

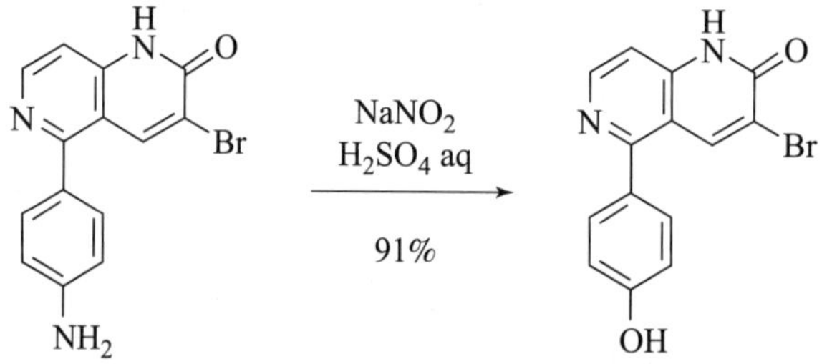

3.2.1.2 生成芳醚的反应

芳基醚是一类重要的化合物，最常使用铜催化的乌尔曼偶合剂制备。但是，这些化合物也可以通过亲核芳族取代获得，通常需要提高反应温度，除非芳烃原料非常缺乏电子。芳基氟化物与醇盐的置换是很先行的。氟化物对位或邻位的吸电子基团使该反应更容易。葛兰素史克（Glaxo Smith Kline）是一个令人印象深刻的例子，其中二氟苯原料通过依次添加两种醇而功能化。引入的第一醚的失活性质允许与第一醇单取代，并且更强的条件允许生成第二醚。

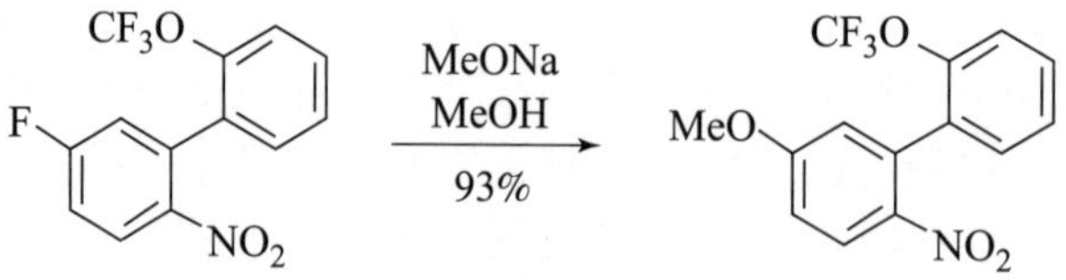

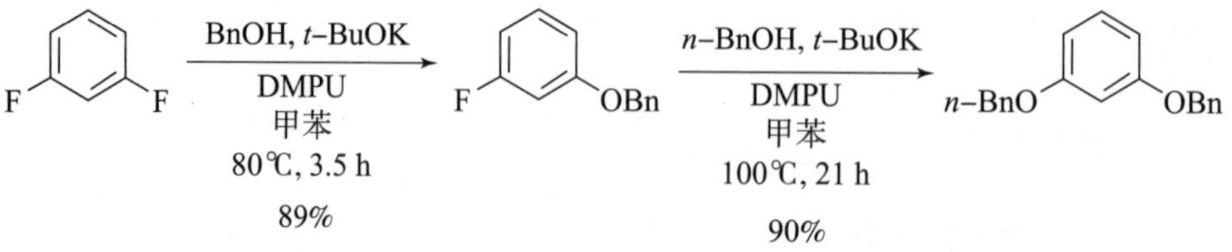

尽管底物范围不广，但芳基溴化物也可以参与该反应。氯吡啶通常是该反应的优良底

物，尤其是当氯化物位于 2、4 或 6 位时。相反，3- 或 5- 取代的吡啶反应性差。给出的示例再次证明了单加成是可能的，因为产生的醚使产物更富电子，因此反应性更小。

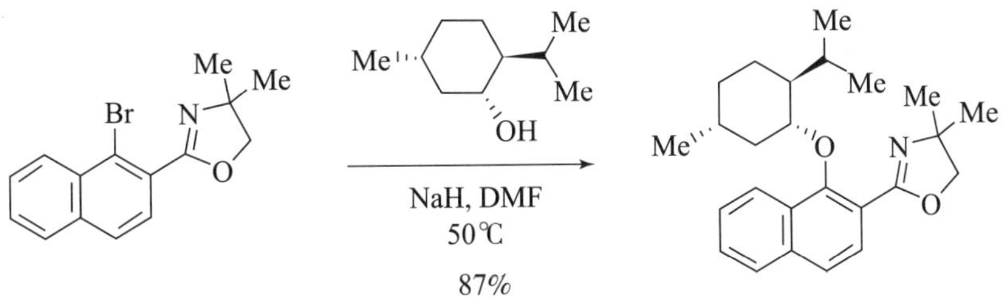

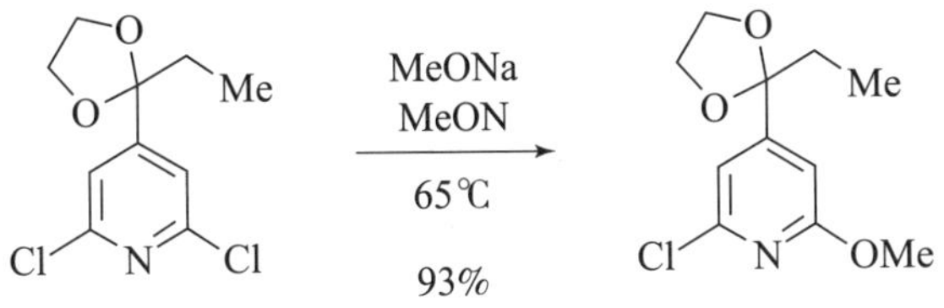

3.2.1.3　生成二芳基醚的反应

可以通过亲核芳族取代来获得二芳基醚。根据经验，最好是最缺电子的芳烃包含离去基团，而"苯酚"提供富电子的伙伴。该反应通常是在极性非质子传递溶剂中，使用温和的碱如碳酸盐进行的。现在，这种合成方法得到了金属催化的芳基卤化物的交叉偶联的补充。

活化的溴化物和氟化物通常提供高产率的反应。在下面显示示例中，与 2- 氯吡啶（该反应的优异底物）反应时，苯酚对苯胺的化学选择性达到了。作者还注意到，与颗粒状的 K_2CO_3 相比，使用粉末时存在明显的速率差异。

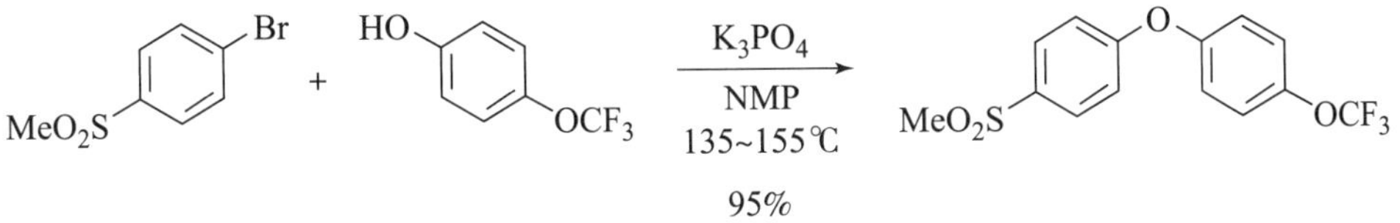

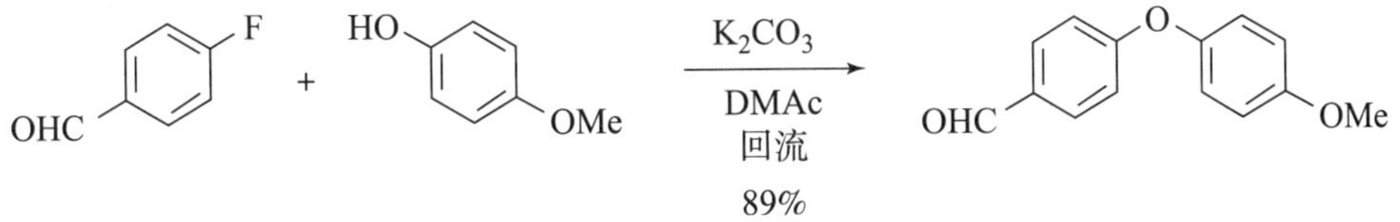

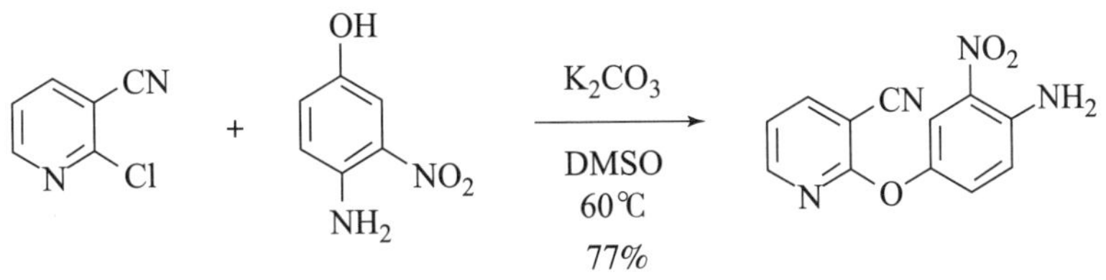

3.2.2 硫亲核试剂的反应

3.2.2.1 生成芳基硫醚的反应

硫醇将有效地参与亲核芳族取代，并且通常比相应的醇更具反应性，从而降低了反应温度。如果可以从市场上买到，直接使用硫醇盐是很方便的，可以避免潜在的二硫键生成，并最大限度地减少与游离硫醇有关的气味

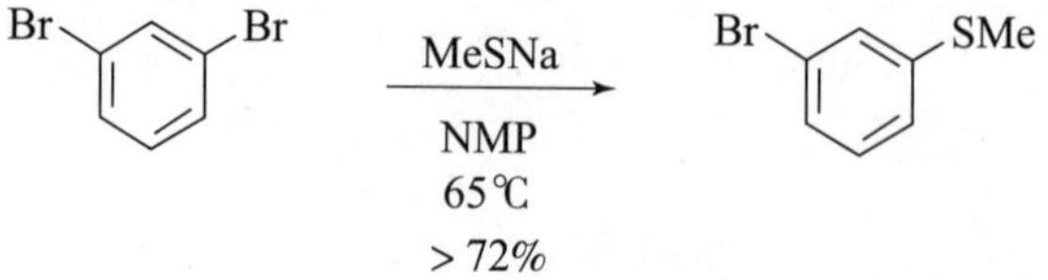

必要时，硫醇可以在弱碱存在下使用。由于其较低的 pKa 和较高的亲核性，该反应可以在醇溶剂中进行。此外，引入受阻的 t–BuS 部分是可行的，并且已证明硝基部分是该反应足以参与的离去基团。

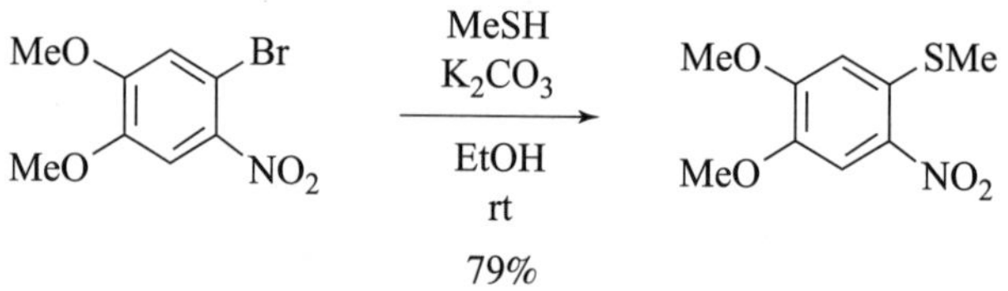

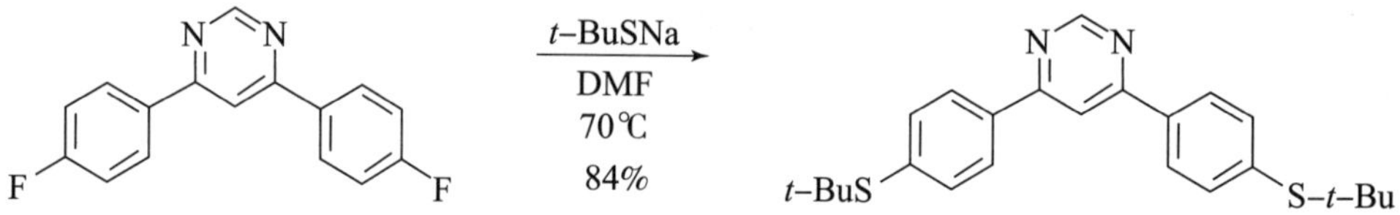

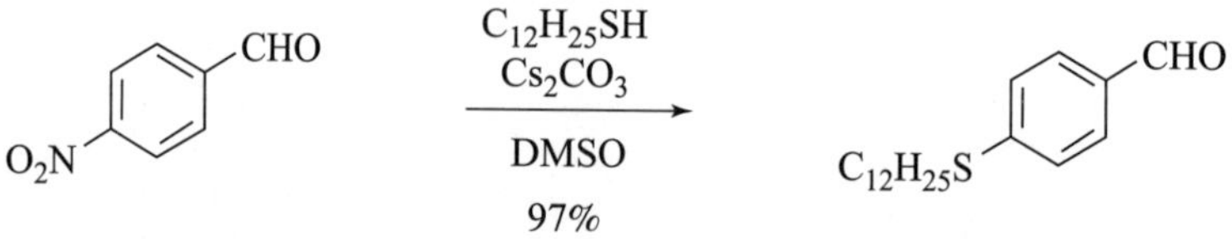

3.2.2.2 生成二芳基硫醚的反应

芳硫醇是通过亲核芳族取代生成二芳基硫醚的有效试剂。与烷基硫醇一样，芳基硫醇是出色的亲核试剂，与相应的酚相比，反应更快。如下所示，在相当温和的条件下，芳基氟化物或活化的芳基溴化物会被苯硫酚取代。

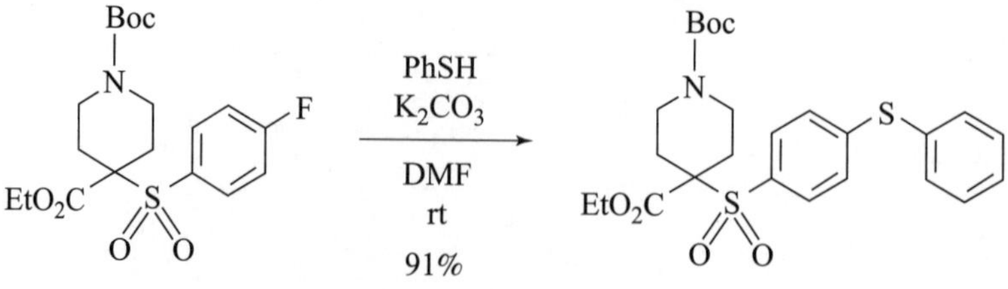

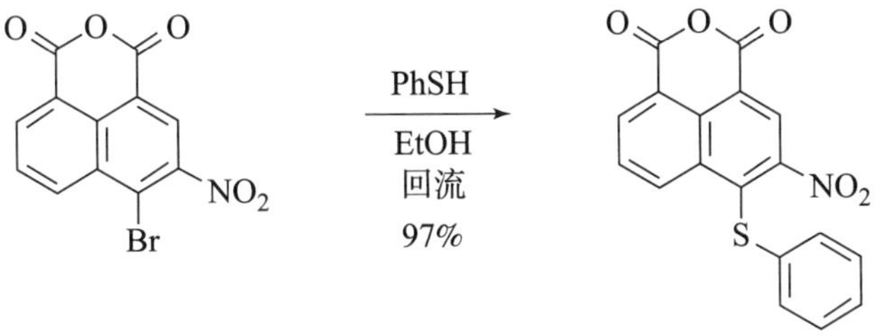

3.2.3 氮亲核试剂的反应

取代的苯胺通常出现在药剂、农药、染料和许多其他有用的材料中。通过将通常是优良的亲核试剂的胺的亲核芳族取代成含有离去基团的缺电子的芳烃来制备它们是有先例的。这类化合物引起了广泛关注，并导致了新的合成方法的开发，例如钯和铜介导的芳基胺化。另外，通常从先前的硝化反应中获得的苯胺的烷基化或还原胺化仍然是一种有吸引力的合成方法。原料的可用性通常决定哪种策略可能是更可取的。

3.2.3.1 生成芳胺的反应

伯胺和仲胺容易与适当官能化的电子不足的芳烃反应，以提供所需的苯胺。如果起始胺是便宜的商品，则经常使用过量的起始胺，因为它们是比产物更强的碱，因此可以有效清除产生的酸。在胺更有价值的情况下，可以使用另外的非亲核碱，例如碳酸盐或叔胺来中和过程中产生的酸。对于伯胺，由于产生的产物是较少亲核的苯胺，因此避免了分散。当底物包含多个离去基团时，第一胺的引入使产物更富电子，从而减慢了第二亲核取代。

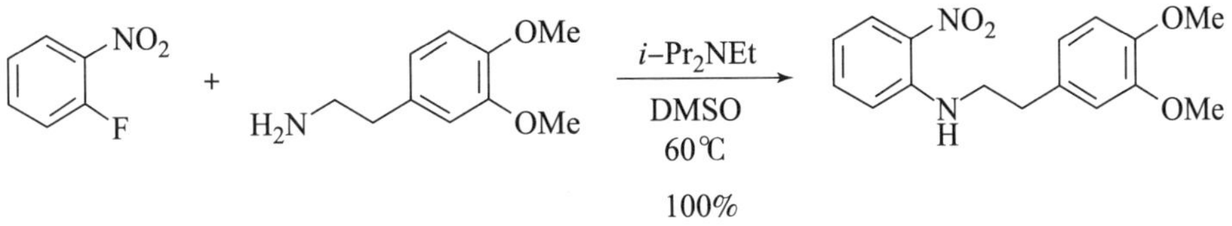

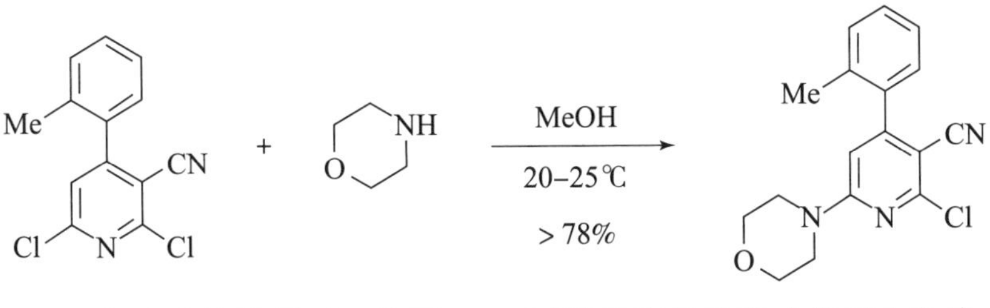

在以下所示的三氯嘧啶的情况下，使用 S_NAr 可以很容易地完成前两个取代，但是引入第三种胺需要生成酰胺化锂，以避免苛刻的反应条件。第二个示例显示了吡咯烷的添加以非常高的产率进行，其中在相当复杂的系统中使用四甲基胍作为碱。

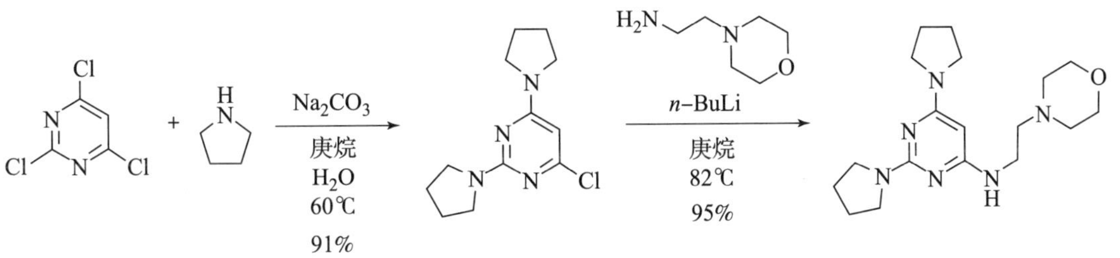

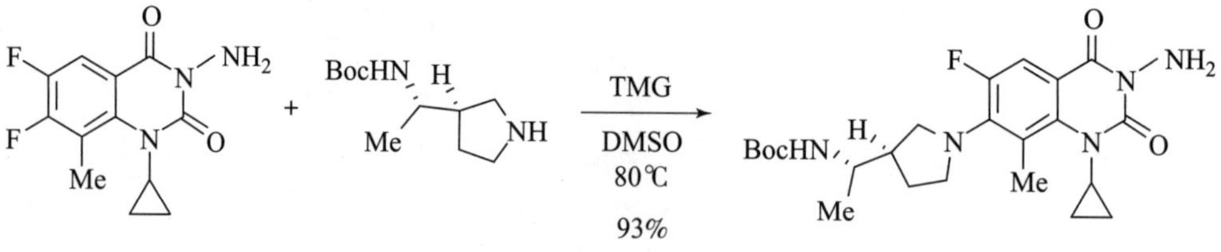

TMG=tetramethylguanidine

3.2.3.2 生成二芳基胺的反应

由于苯胺不像烷基胺那样亲核，因此需要更多的强迫条件才能参与亲核芳族取代。

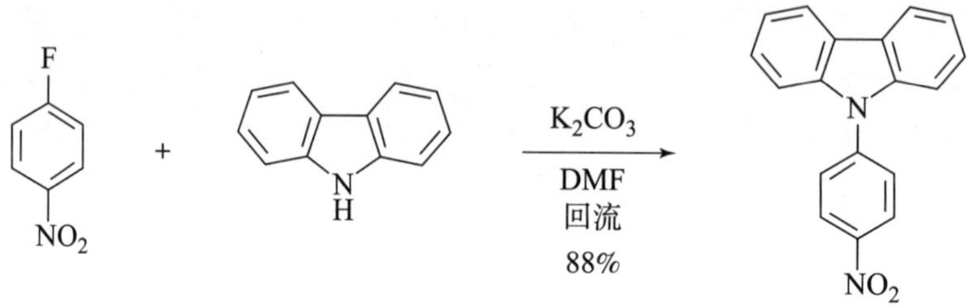

解决此问题的一种方法是使苯胺去质子化，如下例所示。值得一提的是，在该反应中，将两种底物的混合物添加到酰胺化锂的悬浮液中，并且去质子化的速度比添加酰胺化锂的速度更快。在某些情况下，亲核芳族取代的产物是比起始苯胺更好的碱，可以在酸性条件下进行反应。

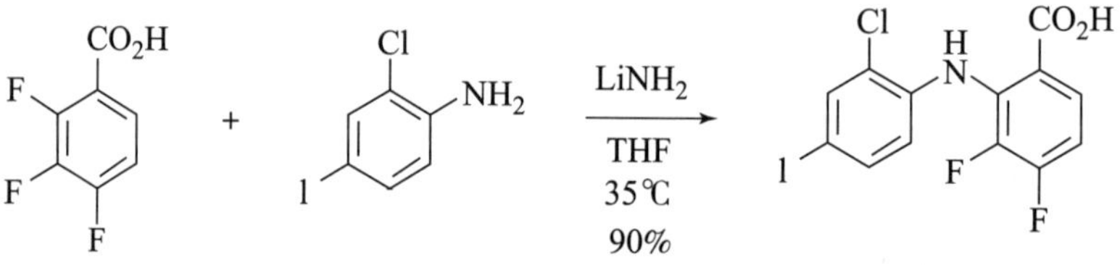

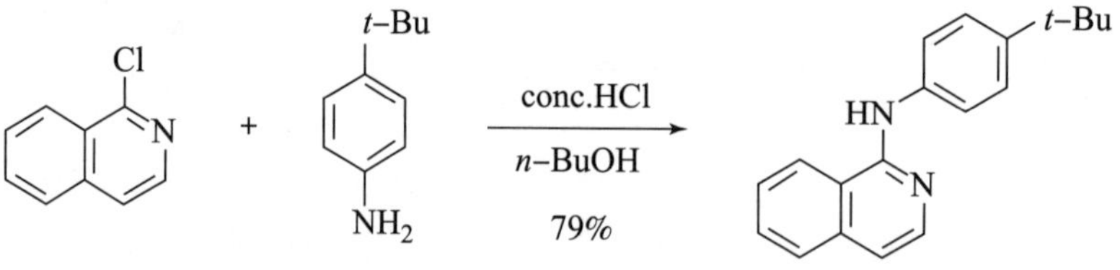

3.2.4 卤素亲核试剂的反应

3.2.4.1 重氮盐的反应

通过亲核芳族取代将卤素原子引入芳环上，与之前的亲电子芳族取代卤代芳烃互补。最常见的方法之一是 Sandmeyer 反应，其中苯胺在卤化物的存在下重氮化并分解。重氮盐是通过在酸性条件下或用亚硝酸烷基酯处理亚硝酸钠获得的。尽管可以分离盐，但是从安全角度考虑，优选将该反应性中间体保持在溶液中并使其通过下一步。进行此反应时，应谨慎进行排气，并留出较大的顶部空间，因为在反应过程中会产生大量气体。

通常，生成氟代芳烃的产率要比其他芳基卤化物低，并且经常需要分离重氮盐。

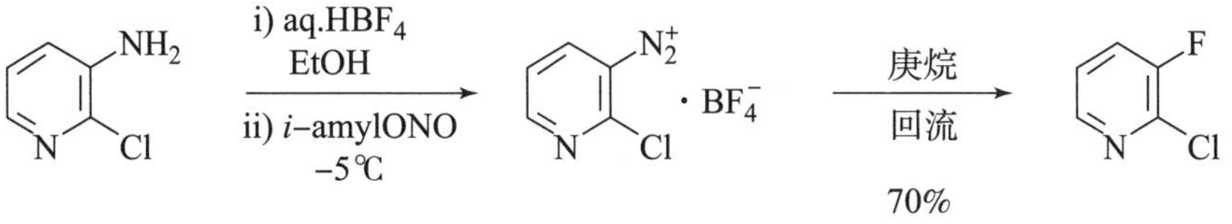

为了生成氯化物，氯化铜（Ⅱ）通常用作卤化物源。作为方法学评估的一部分，Sandmeyer 反应已在 7-氨基-1-茚满酮和 8-氨基四氢萘酮与几种卤化物来源之间进行。以 8-溴-1-四氢萘酮的制备为例。

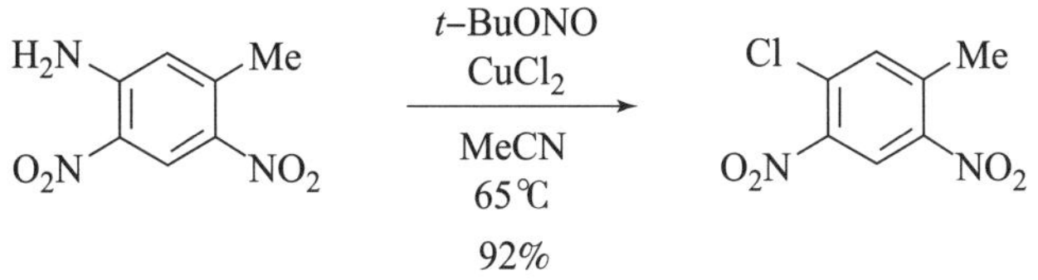

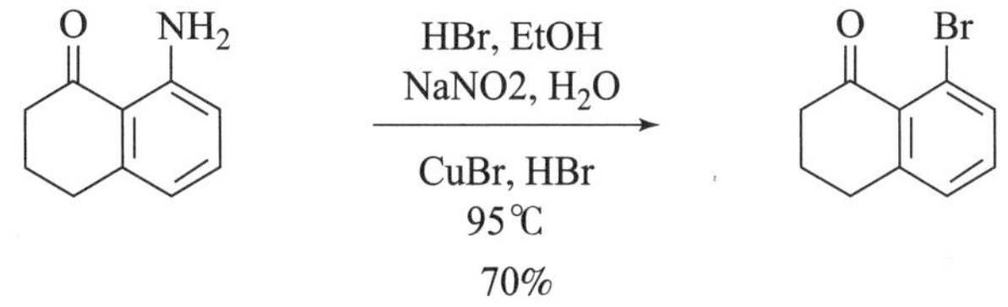

对于制备芳基碘化物，通常选择碘化钾试剂。

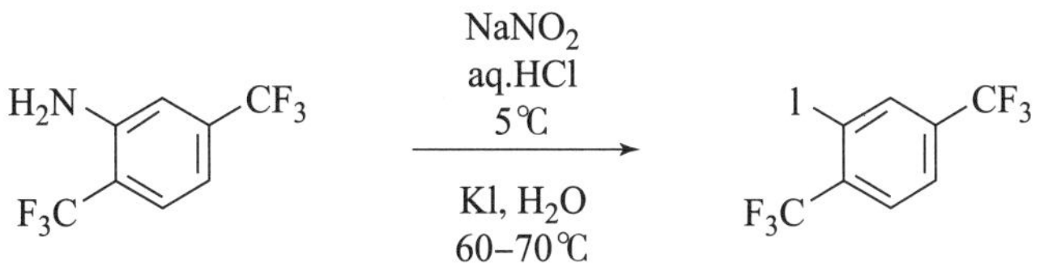

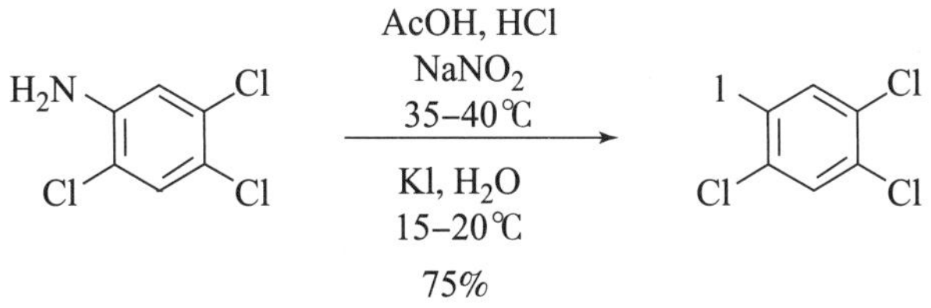

3.2.4.2　生成 2–卤代吡啶及其衍生物的反应

通过亲核取代的卤化的另一种类型是吡喃酮型结构向卤代吡啶的转化。氧原子通常与磷或硫试剂反应以提供被卤化物置换的活化酯。为了制备氯化物，最常使用三氯氧化磷或亚硫酰氯。使用三氯氧化磷时，应在处理中采取适当的预防措施。

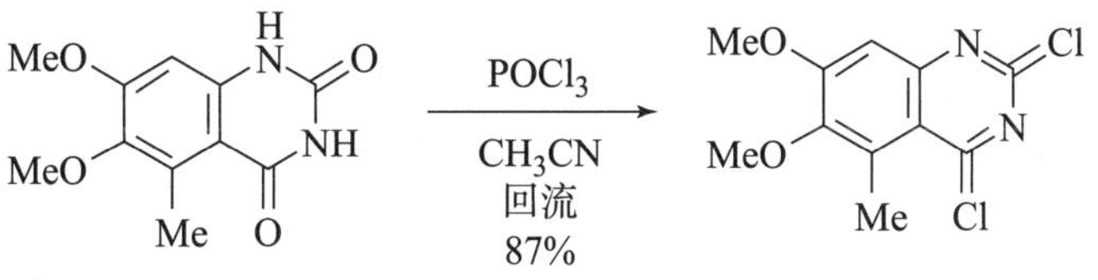

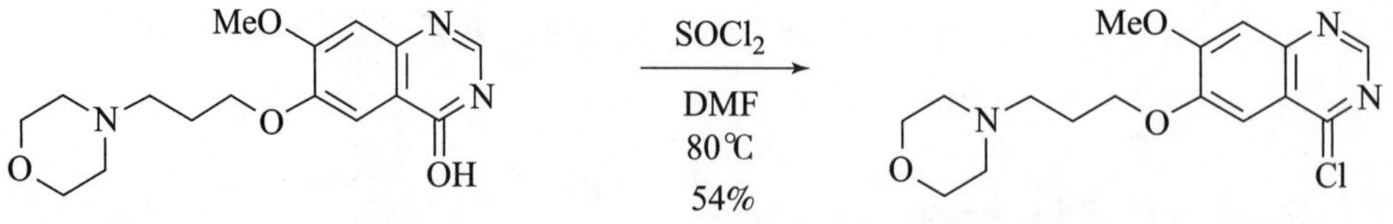

氧溴化磷可用于制备溴化物，但通常不如氯氧磷用于合成氯化物。另一个常用的方法是原位生成五溴化磷，尽管由于处理溴的挑战，该方法在小规模上可能不太实用。

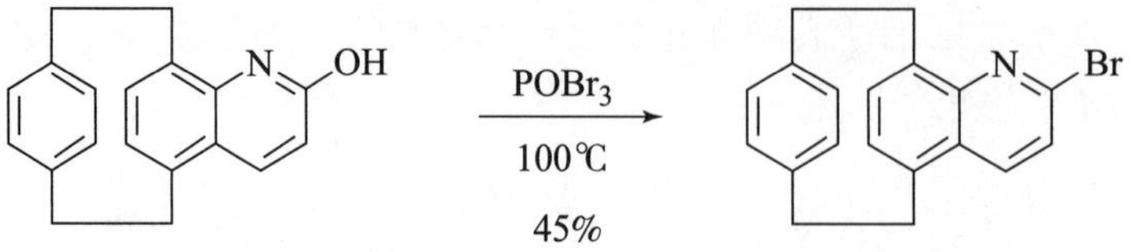

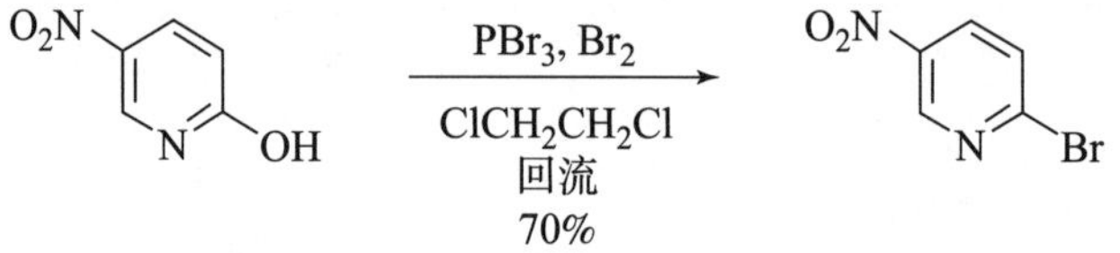

用于该转化的有吸引力的方法是在溴化物源的存在下利用五氧化二磷。该方法在后处理中提供了一些优势，因为产物停留在甲苯层中，而生成的磷酸可以很容易地通过水洗除去。

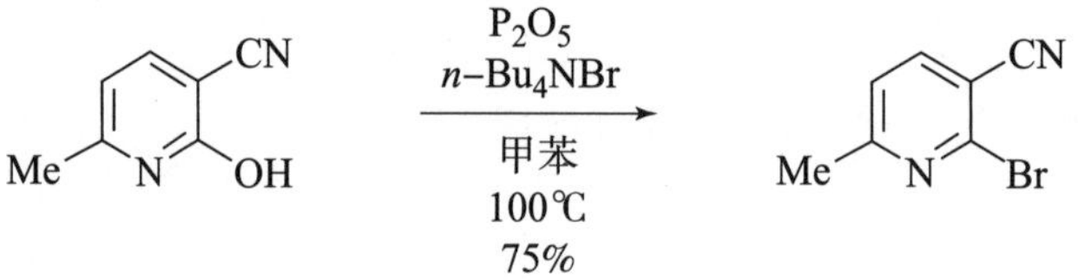

用这些方法制备芳基氟化物或碘化物的情况很少见。

3.2.5 碳亲核试剂的反应

3.2.5.1 氰化物的亲核取代反应

氰化物是一种出色的亲核试剂，可以参与亲核芳族取代。该方法是互补的，但通常不如通常使用氰化锌的金属介导的偶联。对于高度活化的基材，可以使用氰化钠。在起始材料为氯化物的情况下，最常使用氰化铜（I）。该反应很可能通过电子转移机理进行，通常需要极性非质子溶剂和升高的反应温度。

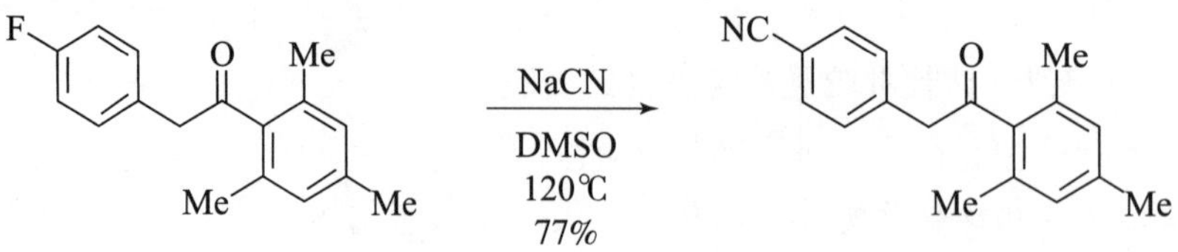

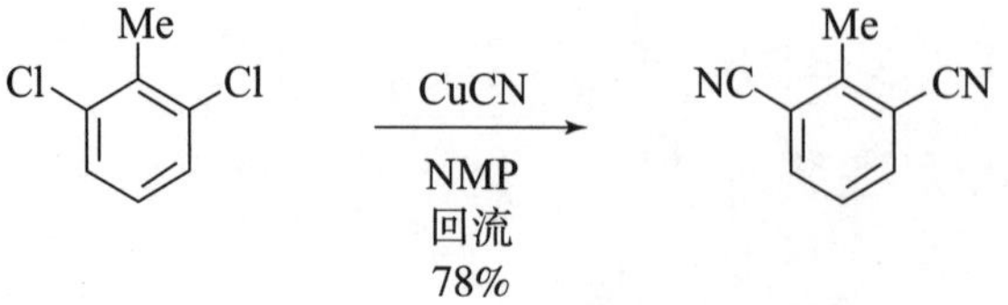

3.2.5.2 丙二酸酯的亲核取代反应

丙二酸酯衍生物已用于电子缺陷型芳烃的亲核芳香取代基中。在某些情况下，可以使用丙二酸盐，可以直接使用。在大多数情况下，氢化钠用于在较低的温度下在四氢呋喃中生成烯醇盐，并升高温度以进行取代。

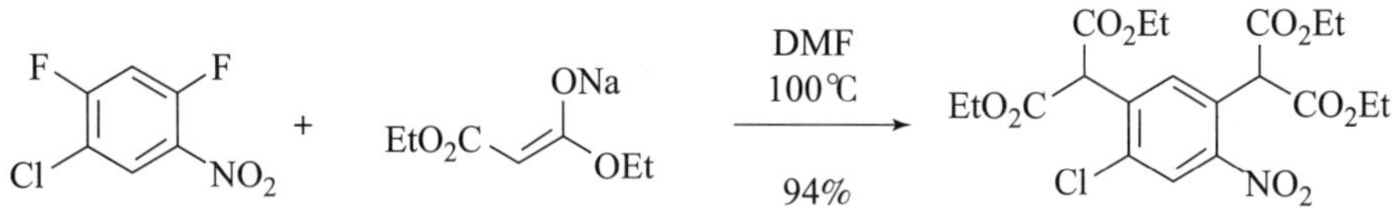

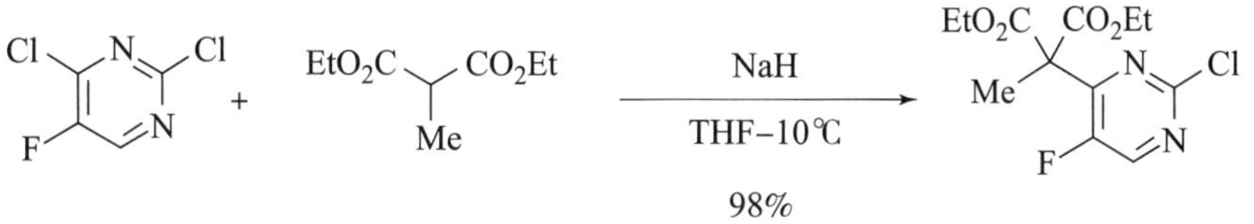

氰基乙酸甲酯也是一种有效的亲核试剂，可用于水解和脱羧后制备苄腈。

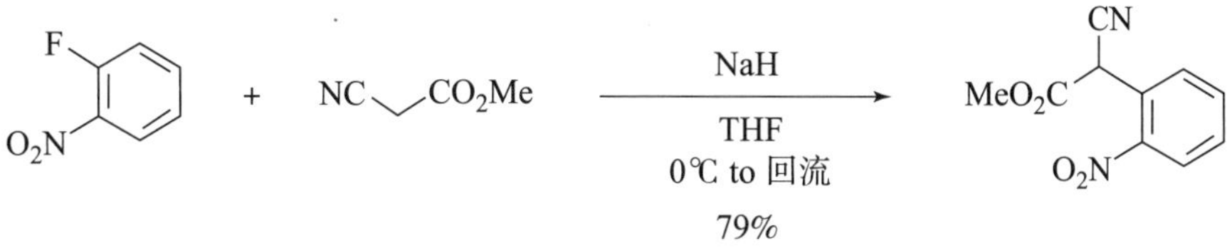

3.3 碳氧双键的亲核加成反应

3.3.1 羰基的亲核加成反应

羰基是一个具有极性的官能团，由于氧原子的电负性比碳原子的大，因此氧带有负电性，碳带有正电性，亲核试剂容易向带正电性的碳进攻，导致 π 键异裂，两个 σ 键生成。这就是羰基的亲核加成（nucleophilic addition）。

亲核加成反应可以在碱性条件下进行，反应机理如下：

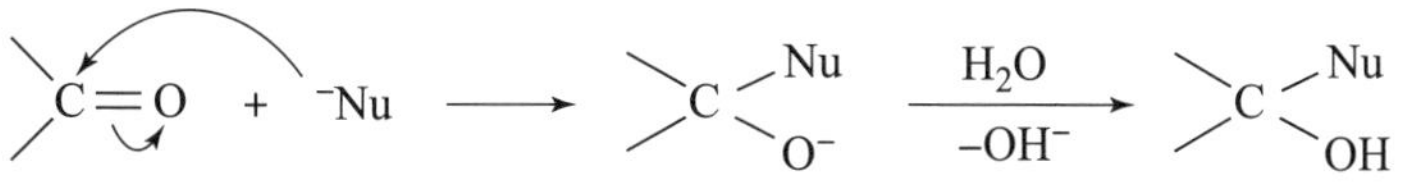

也可以在酸性条件下进行，反应机理如下：

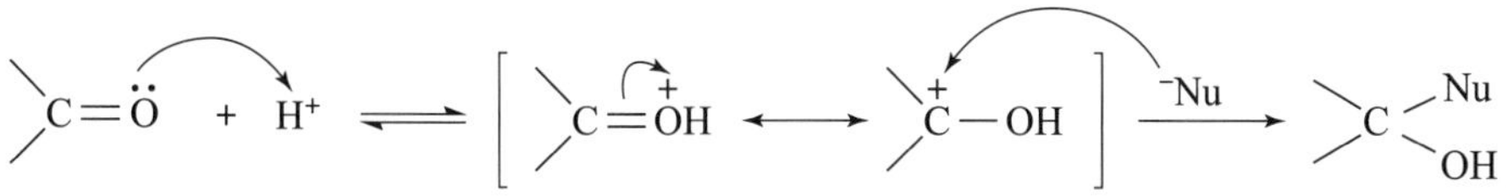

在亲核加成反应中，由于电子效应和空间位阻的原因，醛比酮表现得更加活泼。下面结合各种最具有代表性的亲核试剂来讨论羰基的亲核加成反应。

3.3.1.1 与碳亲核试剂的加成反应

常见的含碳亲核试剂有有机金属化合物、氢氰酸、炔化物等。

1. 与格氏试剂或有机锂试剂的加成格氏试剂、有机锂试剂与醛、酮反应的化学方程式

$$RCHO + R'MgX \xrightarrow{\text{无水醚}} R\underset{\substack{|\\OMgX}}{-}CH-R' \xrightarrow{H_2O} R\underset{\substack{|\\OH}}{-}CH-R'$$

$$\underset{\substack{O\\||}}{R}CR' + R''MgX \xrightarrow{\text{无水醚}} R-\underset{\substack{|\\R''}}{\overset{OMgX}{\underset{|}{C}}}-R' \xrightarrow{H_2O} R-\underset{\substack{|\\R''}}{\overset{OH}{\underset{|}{C}}}-R'$$

$$RCHO + R'Li \xrightarrow{\text{无水醚}} R\underset{\substack{|\\OLi}}{-}CH-R' \xrightarrow{H_2O} R\underset{\substack{|\\OH}}{-}CH-R'$$

$$\underset{\substack{O\\||}}{R}CR' + R''Li \xrightarrow{\text{无水醚}} R-\underset{\substack{|\\R''}}{\overset{OLi}{\underset{|}{C}}}-R' \xrightarrow{H_2O} R-\underset{\substack{|\\R''}}{\overset{OH}{\underset{|}{C}}}-R'$$

反应在碱性条件下进行，按碱性反应机理完成。

当羰基与一个手性中心连接时，它与格氏试剂（也包括与氢化铝锂等试剂）反应是一个手性诱导反应（chiral induction reaction），反应有立体选择性。D. J. Cram 提出一个规则，称为 Cram 规则一，经常可以预言主要产物。这个规则可以用下式表示：

(i)主要产物   (ii)次要产物

Cram 规则一规定：大的基团（L）与 R 呈重叠型，两个较小的基团在羰基两旁呈邻交叉型，与试剂反应时，试剂从羰基旁空间位阻较小的基团（S）—边接近分子，因此（i）是主要产物。（ii）是格氏试剂从中等大小的基团（M）—边接近分子，由于位阻较大，是次要产物。例如，(S)-2-苯基丁醛与 CH$_3$MgI 反应：

主要产物   次要产物
2.5   1

为什么 R 与 L 取重叠型构象呢？因为这些试剂与羰基发生加成反应时，它们的金属部分（如格氏试剂中的 Mg）须与羰基氧配位，因此羰基氧原子一端空阻增大，导致 α-碳上最大基团（L）与羰基处于反式，故 R 与 L 处于重叠型为最有利的反应构象。

M代表金属

醛、空阻小的酮与有机锂试剂、格氏试剂能发生正常的亲核加成反应。当酮羰基两旁的基团太大，或酮羰基两旁的基团较大，而格氏试剂中的烃基也较大时，不能发生正常的亲核加成反应。例如：

$$(CH_3)_2CH-\overset{\overset{\displaystyle O}{\|}}{C}-CH(CH_3)_2 + RMgX \longrightarrow \xrightarrow{H_2O} (CH_3)_2CH-\overset{\overset{\displaystyle OH}{|}}{\underset{\underset{\displaystyle R}{|}}{C}}-CH(CH_3)_2$$

当 R = C$_2$H$_5$—时，产率为80%；R = CH$_3$CH$_2$CH$_2$—时，产率为30%；R = (CH$_3$)$_2$CH—时，产率为0%。这是因为随着空阻增大，酮与格氏试剂发生了烯醇化反应和还原反应。

烯醇化（enolization）反应的机理如下：

还原反应的机理如下：

两个反应都是经过环状过渡态完成的。

2. 与氢氰酸的加成

氰基负离子的碳也可以和醛及多种活泼的酮发生亲核加成，产物是 α-羟基腈（α-hydroxynitrile）。

$$C{=}O + HCN \longrightarrow \overset{\overset{\displaystyle OH}{|}}{\underset{\underset{\displaystyle CN}{|}}{C}}$$

研究这个反应的机理是很有启发的。氢氰酸是弱酸 HCN = H$^+$ + CN$^-$，解离很少，当丙酮和氢氰酸反应时，若加入氢氧化钠，速率就大大增加，OH$^-$ 在这里所起的作用显然是增加 CN$^-$ 的浓度：

$$HCN + OH^- \longrightarrow CN^- + H_2O$$

若加酸，氢离子和羰基发生质子化作用，增加了羰基碳原子的亲电性能，这对反应是有利的；但氢离子浓度升高，降低了 CN$^-$ 的浓度，降低了亲核加成的速率，反应很难发生。这两种关系可用下式表示：

$$\underset{R}{\overset{R}{C}}{=}O + H^+ \longrightarrow \underset{R}{\overset{R}{\overset{\delta+}{C}}}{=}\overset{+}{O}H \quad 增加羰基的亲电性$$

$$HCN \rightleftharpoons H^+ + CN^- \quad 增加氢离子浓度，使反应向左方进行$$

总的来说，反应需要微量的碱，使有少量的 CN⁻ 进行亲核加成，但碱性不能太强，因为最后需要 H⁺ 才能完成反应：

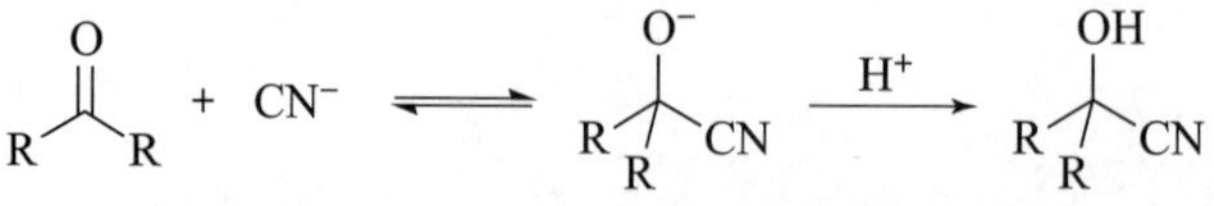

醛、酮与 HCN 的加成也符合 Cram 规则一。但当醛、酮的 α-C 上有—OH、—NHR 时，由于这些基团能与羰基氧生成氢键，反应物主要取重叠型构象，若发生亲核加成反应，亲核试剂主要从重叠型构象的 S 基团一侧进攻，这称为 Cram 规则二。

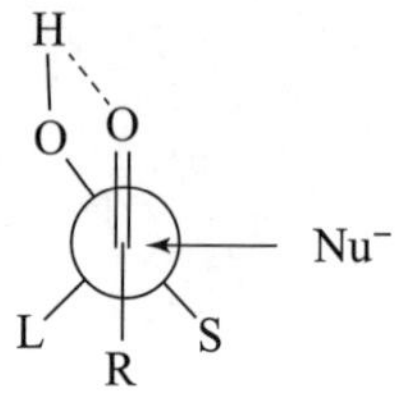

α-羟腈水解生成 α-羟基酸，醇解生成羟基酯，水解产物和醇解产物进一步失水生成 α，β-不饱和酸（α，β-unsaturated acid）和 α,β-不饱和酯。因此，这一反应在合成上有普遍的应用价值。

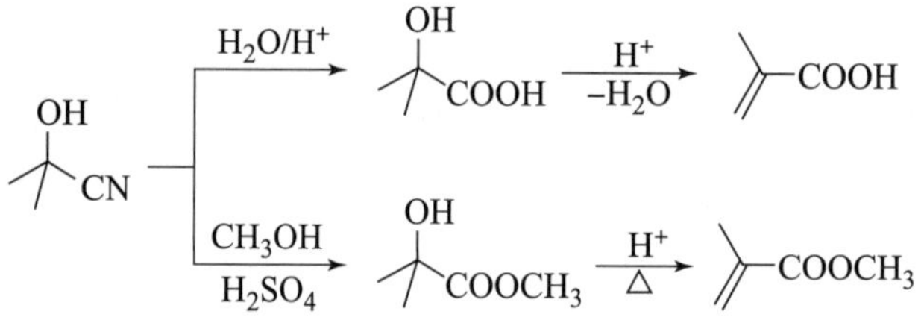

与此类似的一个反应称 Strecker（斯瑞克）反应，是羰基化合物与氯化铵、氰化钠反应，生成 α-氨基腈，经水解可以制备 α-氨基酸：

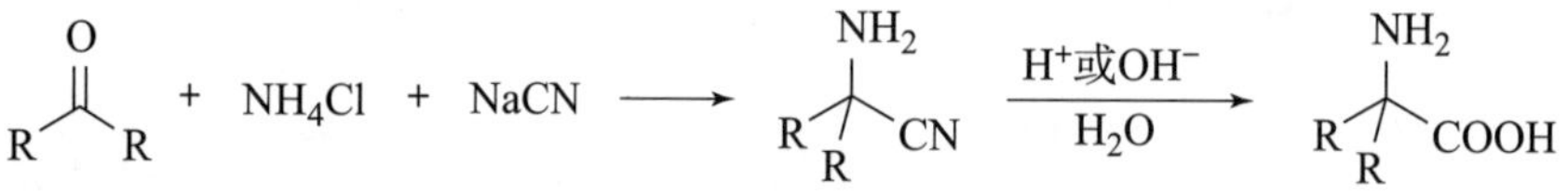

反应过程如下：

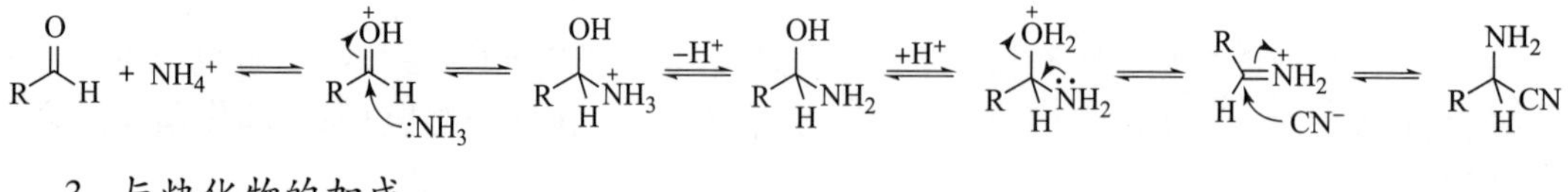

3. 与炔化物的加成

炔化物也是一个很强的亲核试剂，与醛、酮发生亲核加成生成 α-炔基醇。常用的炔化物是炔化锂和炔化钠。例如：

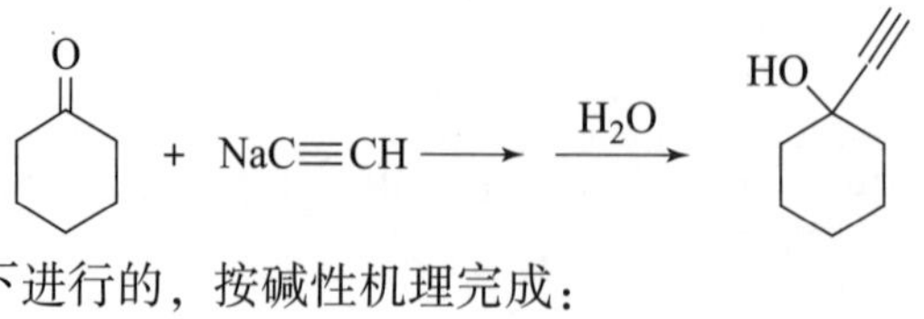

反应是在碱性条件下进行的，按碱性机理完成：

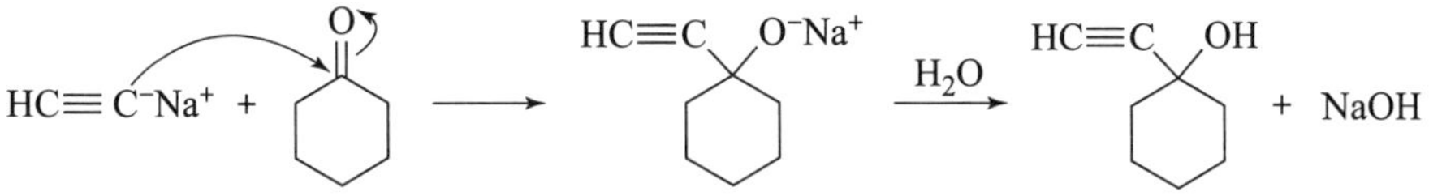

这一反应，不需用制好的炔化物进行，用末端炔烃本身和一个强碱性催化剂如氢氧化钾、氨基钠等即可使反应发生。如乙烯基乙炔在氢氧化钾作用下，容易和许多酮类缩合生成乙烯乙炔基醇：

这类醇经聚合后，产生性能良好的黏合剂（adhesive）。

炔化物与醛、酮的亲核加成在工业上十分有用。1,3-丁二烯和异戊二烯的工业合成均应用了这一反应。1,3-丁二烯的工业合成路线如下：

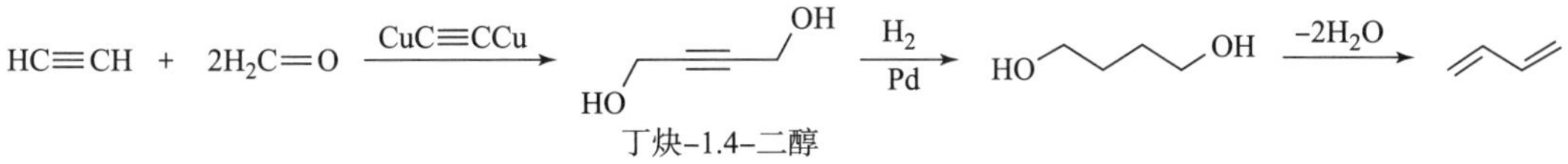

乙炔在加压和炔化亚酮催化作用下与甲醛反应，生成丁炔-1,4-二醇，后者经氢化、失水生成1,3-丁二烯。

异戊二烯的工业合成路线如下：

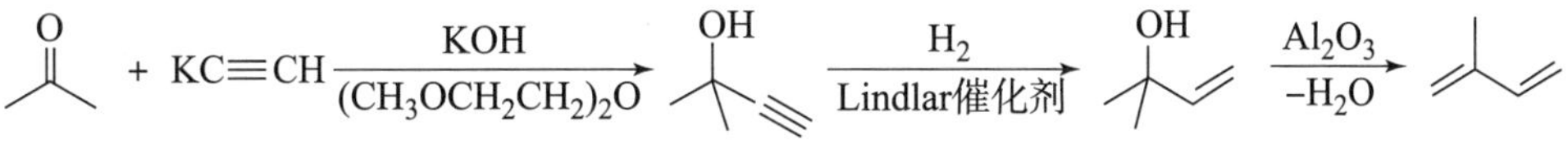

丙酮在 β,β′-二甲氧基乙醚悬浮的氢氧化钾中和炔化钾反应，将生成的2-甲基-3-丁炔-2-醇氢化得到2-甲基-3-丁烯-2-醇，然后在氧化铝作用下失水，得到异戊二烯。

3.3.1.2 与氮亲核试剂的加成反应

1. 与氨和胺的加成

氨和胺均可与醛、酮的羰基发生亲核加成。一级胺与醛、酮反应的化学方程式如下：

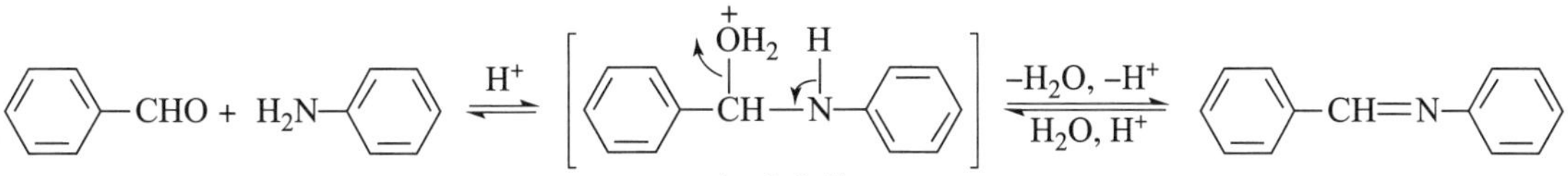

加成产物不稳定，易失去一分子水，变为亚胺（又称席夫碱，Schiff base）。脂肪族的亚胺很容易分解，芳香族的亚胺相对比较稳定，可以分离出来。

二级胺与醛、酮反应的化学方程式如下：

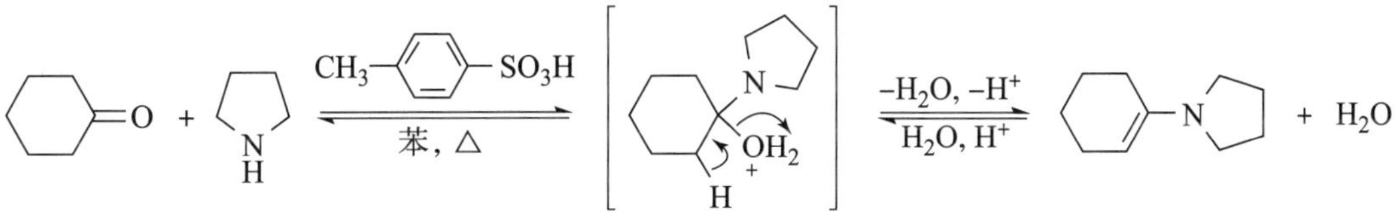

加成产物也不稳定，易失去一分子水，生成烯胺（enamine）。

一级胺、二级胺与醛、酮的加成反应及加成产物的失水反应均是可逆反应，欲使正反应完全，需要不断将水从反应体系中蒸出。由于反应是可逆的，亚胺和烯胺在稀酸中水解，又能得回羰基化合物和胺，因此这也是保护羰基化合物的一种方法。

很多这一类型的亲核加成是一个酸性催化反应。但是不能用强酸，因为氢离子固然可以和羰基结合成羊盐而增加羰基的亲电性能，但另一方而，氢离子和氨基结合，生成铵离子的衍生物，这样就丧失了胺的亲核能力。

$$\diagdown C{=}O + H^+ \rightleftharpoons \diagdown C{=}\overset{+}{O}H$$

$$H_2N{-}X + H^+ \rightleftharpoons H_3\overset{+}{N}{-}X$$

在这些催化反应中，并不仅是氢离子发生作用，因为反应在非水溶剂内进行时，氢离子的浓度很小，实际上，主要是整个弱酸分子在发生作用。经常使用的弱酸是乙酸。由于它的弱酸性，不能把所有亲核的氨基都变为不活泼的铵离子。反应可能是由于羰基先和整个酸分子以氢键的方式结合，从而增加了羰基的亲电性能，促进了它和游离的氨基衍生物进行亲核加成：

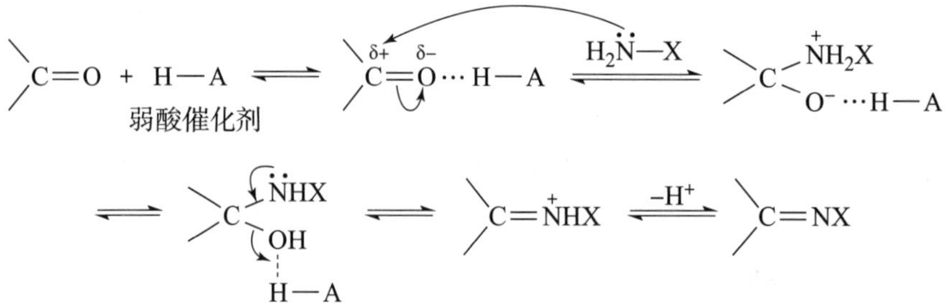

根据以上讨论，一级胺反应的机理可简单表述如下：

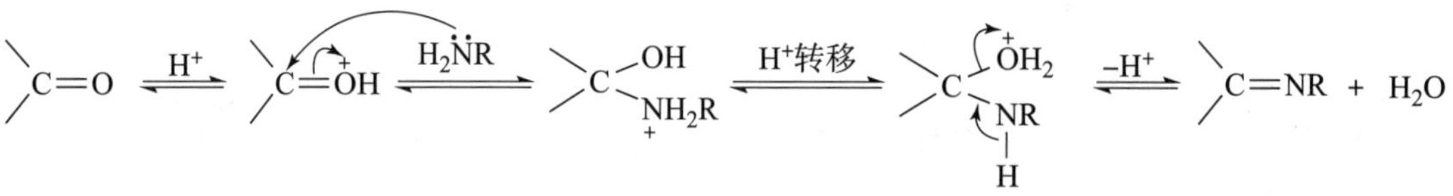

二级胺反应的机理可表述如下：

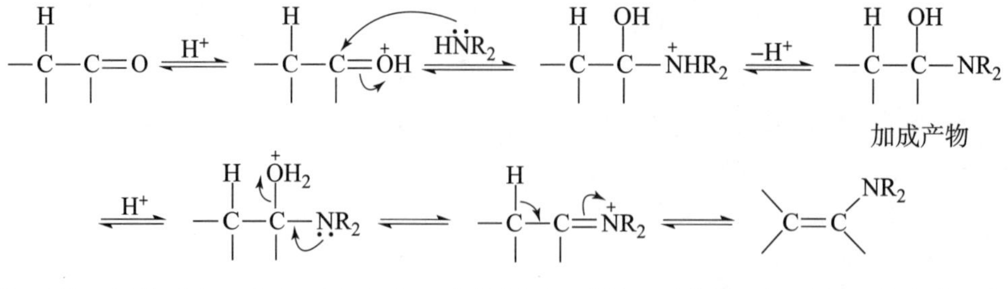

加成产物

醛、酮和氨的反应，在合成上也有一定的用处。例如，甲醛和氨反应，首先产生极不稳定的（i），然后再失水聚合，生成一个特殊的笼状化合物，叫做乌洛托品（urotropine）或称六亚甲基四胺（hexamethylene tetramine）。它是树脂及炸药不可缺少的一种原料，本身有消毒作用。它的产生大致经过下列几个步骤：

$$CH_2=O \ + \ NH_3 \ \rightleftharpoons \ \left[\begin{array}{c} OH \\ H-C-NH_2 \\ H \end{array} \right] \ \xrightarrow{-H_2O} \ [CH_2=NH]$$

(i)

$$3CH_2=NH \ \rightleftharpoons \ \text{(六元环)} \ \xrightarrow[NH_3]{3CH_2O} \ \text{(桥环结构)} \ \equiv \ \text{(乌洛托品)}$$

六亚甲基四胺用硝酸硝化，产生爆炸性极强的黑索今炸药，简称 RDX。反应实际上是把环中的"桥"打断，同时在氮原子上发生硝化作用：

$$\text{(乌洛托品)} \ + \ 3HNO_3 \ \longrightarrow \ \text{(RDX 结构)} \ + \ 3HCHO \ + \ NH_3$$

RDX

2. 与氨衍生物的加成

氨中的氢被其他基团替代后的一类化合物称为氨的衍生物，用通式 $NH_2\text{-}X$ 表示。氨的衍生物能与醛、酮发生亲核加成，然后失水，生成含碳氮双键的化合物。反应可用下面的一般式表示：

$$\begin{array}{c} R \\ \underset{(R)H}{\overset{}{}}C=O \end{array} + H_2N-X \ \xrightarrow{-H_2O} \ \begin{array}{c} R \\ \underset{(R)H}{\overset{}{}}C=N-X \end{array}$$

产物

例如，羟胺（$NH_2\text{-}OH$）与苯甲醛的反应如下：

$$\text{(苯甲醛)} \ \xrightarrow[Na_2CO_3]{NH_2OH \cdot HCl} \ \text{(Z-苯甲醛肟)} \ \underset{\text{苯}, h\nu}{\overset{HCl}{\rightleftharpoons}} \ \text{(E-苯甲醛肟)}$$

苯甲醛肟有两种异构体，Z 构型异构体溶于醇后加一点酸，就可变为 E 构型异构体。（E）-苯甲醛肟是不能用化学试剂转为 Z 构型的，只有在光的作用下，才能转为（Z）-苯甲醛肟。

常用的氨衍生物及其与醛、酮反应生成的产物的名称如表 3 – 1 所示。

表 3 – 1　氨衍生物及其与醛、酮反应生成的产物的名称

氨衍生物的结构和名称	生成产物的名称
$H_2N\text{-}NH_2$（联氨或称肼 hydrazine）	某酸或某酮腙（hydrazone）
$H_2N\text{-}OH$（羟胺 hydroxylamine）	某醛或某酮肟（oxime）
$H_2N\text{-}NHC_6H_5$（苯肼 phenylhydrazine）	某酸或某酮苯腙（phenylhydrazone）

氨衍生物的结构和名称	生成产物的名称
$H_2N—NH$ 结构式（2,4-二硝基苯肼 O_2N ... NC_2）	某醛或某酮 2,4-二硝基苯腙（2,4-dinitrophenylhydrazone）
$H_2N—NHCNH_2$（氨基脲 semicarbazide） $\overset{O}{\parallel}$	某酸或某酮缩氨脲（semicarbazone）

3.3.1.3　与氧的亲核试剂加成反应

1. 与水的加成

水是亲核试剂，在酸性条件下，可以和醛或酮发生亲核加成反应，生成的加成产物称为醛或酮的水合物（hydrate）。

$$R-CHO + H_2O \underset{}{\overset{H^+}{\rightleftharpoons}} R-\underset{H}{\overset{OH}{\underset{|}{C}}}-OH$$

$$R-CO-R' + H_2O \underset{}{\overset{H^+}{\rightleftharpoons}} R-\underset{R'}{\overset{OH}{\underset{|}{C}}}-OH$$

由于水合物中两个羟基连在同一个碳上，这样的化合物在热力学上是很不稳定的，很容易失水重新转变为醛和酮。也即水和醛、酮的加成是可逆反应，平衡大大偏向于反应物方面。例如：

$$\diagdown C{=}O + H_2O \rightleftharpoons \diagup\diagdown C\diagup \overset{OH}{\underset{OH}{}} \quad 偕二醇$$

$$HCHO + H_2O \rightleftharpoons H_2C(OH)_2 \quad 100\%$$

$$CH_3CHO + H_2O \rightleftharpoons CH_3CH(OH)_2 \quad \approx 58\%$$

$$CH_3COCH_3 + H_2O \rightleftharpoons (CH_3)_2C(OH)_2 \quad 0\%$$

可以看出，生成偕二醇（gem-diol）的量逐步下降，这是因为空间位阻增大及羰基的亲电性下降的缘故。只有个别的醛，如甲醛，在水溶液中几乎全部都变为水合物，但不能把它分离出来，原因是它在分离过程中很容易失水。假若羰基和强的吸电子基团相连，则羰基的亲电性增强，如 $Cl_3C—$，$RCO—$，$—CHO$，$—COOH$，$FCH_2—$ 等基团都可以把羰基变得极为活泼，此时即可生成稳定的水合物：

$$Cl_3C-CHO + H_2O \longrightarrow Cl_3C-\underset{OH}{\overset{H}{\underset{|}{C}}}-OH$$

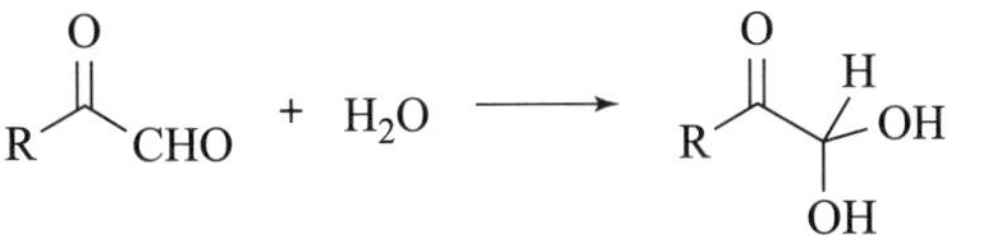

2. 与醇的加成

醇也具有亲核性，在酸性催化剂如对甲苯磺酸、氯化氢的作用下，很容易和醛、酮发生亲核加成，先生成半缩醛（hemiacetal）或半缩酮（hemiketal），进一步反应生成缩醛（acetal）和缩酮（ketal）。

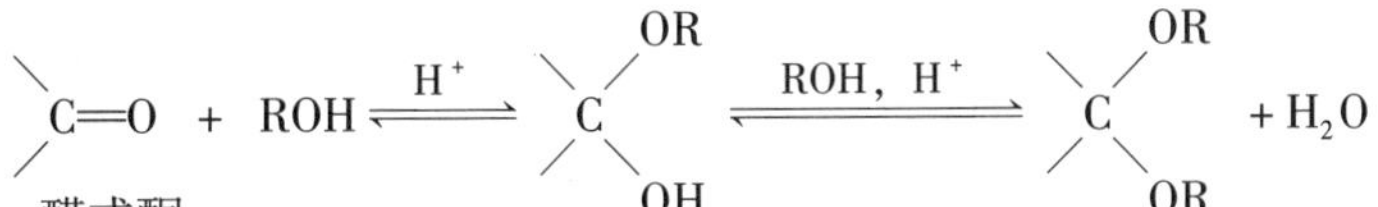

总的情况是一分子醛或酮和两分子醇反应，失去一分子水后生成缩醛或缩酮。例如：

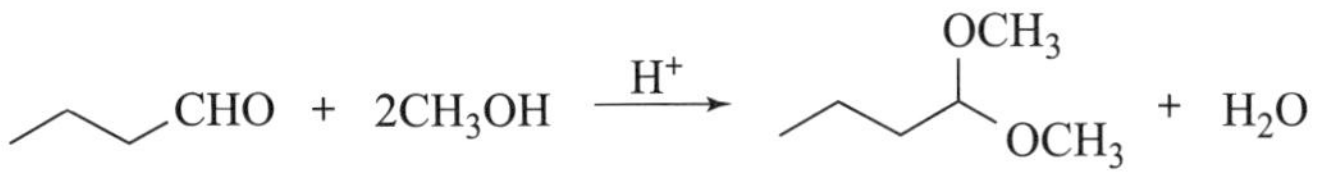

反应过程如下：首先是羰基和催化剂氢离子生成羊盐（i），增加羰基碳原子的亲电性；然后和一分子醇发生加成，失去氢离子后，产生不稳定的半缩醛（酮再与氢离子结合生成羊盐，若失去醇，就变成原来的醛（酮），但若失水，就变为（iii）；（iii）再和一分子醇反应，失去氢离子，最后得到缩醛（酮）（iv）。

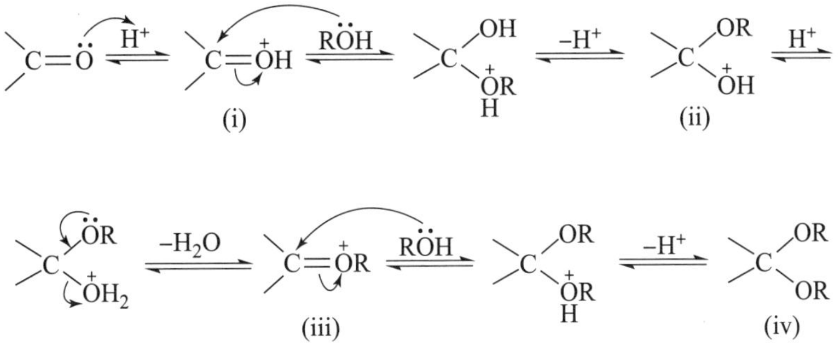

上述的一系列反应都是可逆反应。半缩醛（酮）在酸性或碱性溶液中都是不稳定的，而缩醛（酮）在酸性水溶液中是不稳定的，但对碱及氧化剂是稳定的。所以，缩醛（酮）须在无水的酸性条件下生成，但能被稀酸分解成原来的醛（酮）和醇（即逆向反应）。

醛和醇的反应正向平衡常数较大。酮在上述条件下，平衡反应偏向于反应物方面，但在特殊装置中操作，不断把反应产生的水除去，可使平衡移向右方，也可以制备缩酮。例如：

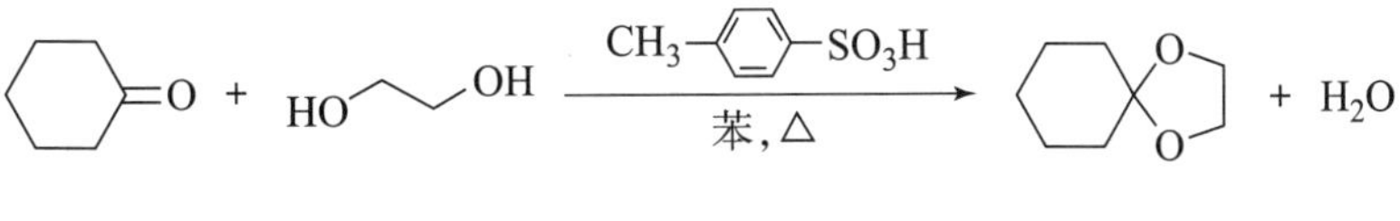

这个特殊装置是分水器（water separator），反应时圆底烧瓶中加入适量苯，加热反应物时，苯与反应中产生的水生成共沸混合物（在 69 ℃沸腾，含91% 苯与9% 水），冷凝后滴入带有旋塞的管中，苯与水分为二层，如图 3 - 1 所示。苯装满管后，可以返回反应器，水可通过旋塞放出，根据水的体积及分出水的情况，就可以大致了解反应进行的程度。当平衡反应中有水产生并且反应的速率常数足够大时，这种技术可以使反应达到完全。

甲酸的水合物称为原甲酸，原甲酸中的羟基被烷氧基取代后的化合物称为原甲酸酯（orthoformate）。

另一制备缩酮的方法是用原甲酸酯和酮在酸的催化作用下进行反应。由于反应中不生成水，可以得到较好产率的产物：

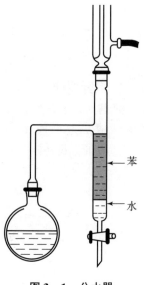

图 3 - 1　分水器

醛或酮和二醇缩合，在工业上占有很重要的位置。如乙烯醇的聚合体是不稳定的，它是一个溶于水的高分子（v），当然不能作为纤维使用，但在硫酸的催化作用下和10% 甲醛反应，生成缩醛后，就变为不溶于水、性能优良的纤维——维尼纶（vinylon）（vi）：

此反应的另一个重要用途是常常在有机合成中用来保护羰基和羟基。

（1）用于保护羰基　例如，欲从 合成 ，可采用酯与格氏试剂反应生成三级醇的方法，但酮更活泼，因此先将酮转变成缩酮（酯羰基不反应）。由于酯与格氏试剂是在碱性条件下反应的，这时缩酮是稳定的，反应完后用稀酸水解，再恢复酮的结构。反应方程式如下：

又如，欲从 Br 合成 ，可采用消除 HBr 的方法。但 α-卤代酮在碱性条件下会发生 Favorski 重排反应，所以消除前须先将羰基保护起来。反应过程如下：

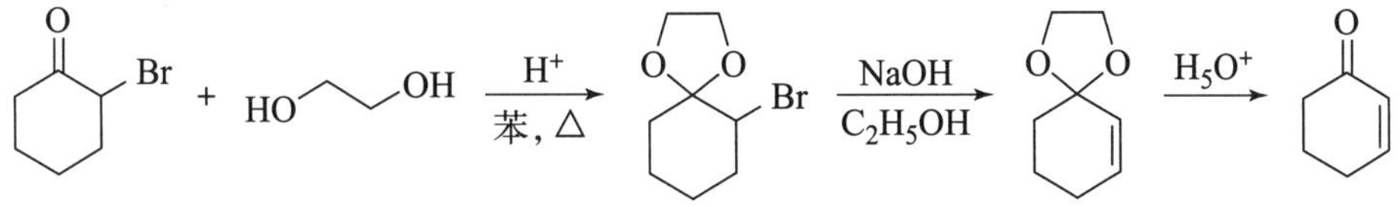

（2）用于保护羟基　从 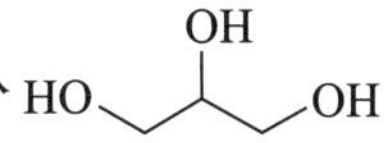 合成 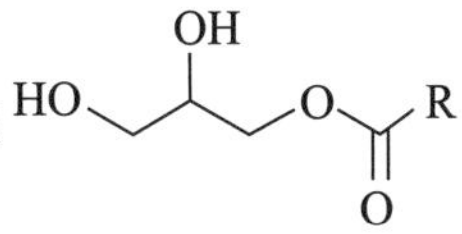 ，因制备一元酯，有两个羟基需要保护。可用羰基将羟基保护，生成五元环缩醛或缩酮的反应速率比六元环的快（前者速率控制，后者平衡控制，在一定条件下放置若干时间，五元环缩醛、酮会逐渐转为六元环缩醛、酮），因此相邻两羟基保护后，再通过酰氯醇解制备酯，然后在适当条件下水解，被保护的羟基又游离出来，得甘油一羧酸酯。反应式如下：

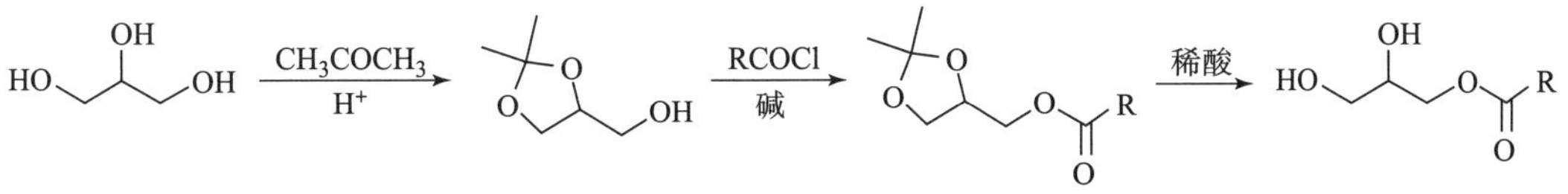

3.3.1.4　与硫的亲核试剂加成反应

1. 与亚硫酸氢钠的加成

用过量的饱和亚硫酸氢钠溶液和醛一同振荡，不需要催化剂就可以发生亲核加成反应，把全部的醛变为加成物：

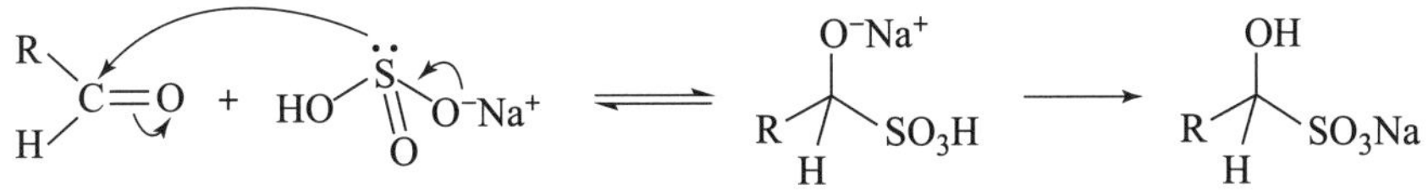

产物是一个盐，不溶于乙醚，但溶于水中，经常生成很好的晶体，所以可利用这个反应把醛从其他不溶于水的有机化合物中分离出来。由于这个反应生成一个可逆的体系，把存在于体系中微量的亚硫酸氢钠用酸或碱不断地除去，其结果是加成物又分解成为原来的醛：

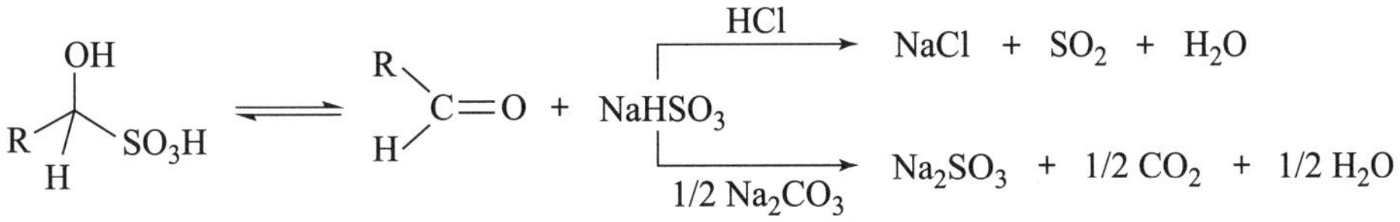

醛能顺利进行上述反应，酮能否进行此反应取决于它的结构，一般来说，甲基酮能发生此加成反应。但只要把甲基换成乙基后就不能发生反应或反应很少。例如丙酮在 1 h 内，产率是 56.2%，丁酮 36.4%，而 3-戊酮就只有 2%。苯基对这个反应的空间位阻作用很大，如苯乙酮，虽羰基的一侧是一个小的 CH_3 基团，因另一侧是苯基，加成的产率也只有 1%。所以这个反应对芳香族的酮没有什么用途，但可以用来分离醛和某些酮。

比较 3-戊酮和环己酮与亚硫酸氢钠的加成反应，发现一个很有意思的现象，就是酮一经成环后，加成物的产率大大增加：

3-戊酮, 产率2% 环己酮, 产率35%

这是由于成环后, 连在羰基上的两个基团的自由运动受到限制, 因此空间位阻减小, 而使产量增加。这个反应是一个放热反应。环酮的反应性: 三元环 > 四元环 > 五元环, 这是由于张力大, 有利于反应, 但六元环又快于五元环。

2. 与硫醇 (RSH) 的加成

硫醇可用卤代烷与硫氢化钠作用得到:

$$RX + NaSH \longrightarrow RSH + NaX$$

硫醇的性质与醇类似, 但比相应的醇活泼, 亲核的能力更强。乙二硫醇和醛、酮在室温下就可反应, 生成缩硫酸 (dithioacetal)、缩硫酮 (dithioketal):

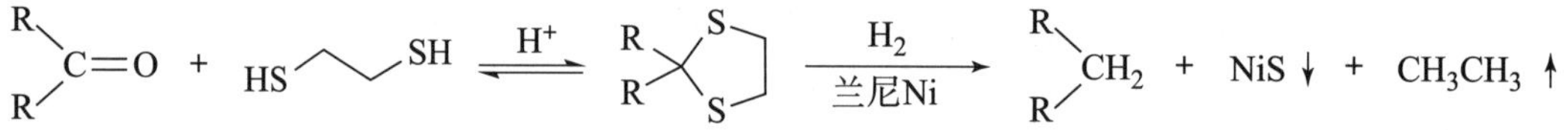

缩硫醛、缩硫酮很难分解变为原来的醛和酮, 因此此法作为保护羰基使用没有太大价值。但它有一个很重要的用途, 就是在吸附了氢的兰尼镍作用下, 很容易把两个硫去掉, 总的结果是原来羰基氧原子被两个氢原子取代, 因此, 这是一个经常使用的将羰基还原成亚甲基的简便方法。一般硫醇中用相对分子质量较小的烷基, 使烷成为气体逸出。

若需将缩硫醛或缩硫酮恢复羰基结构, 须用下列方法:

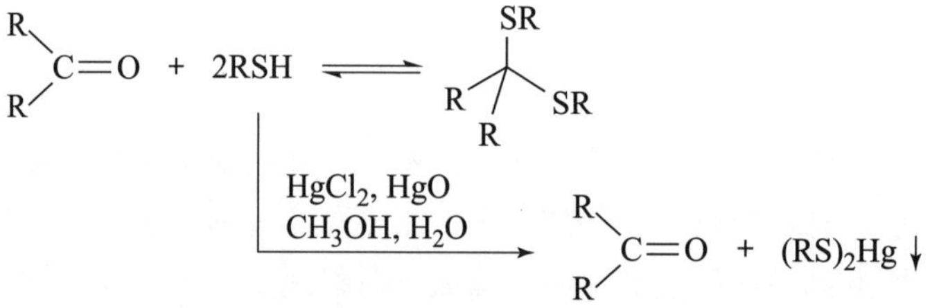

3.3.2 α, β-不饱和醛、酮的加成反应

共轭不饱和醛、酮 (conjugated unsaturated aldehyde and ketone) 在结构上有一个特点, 就是1,2之间的碳氧双键和3,4之间的碳碳双键生成一个1,4-共轭体系。试剂与α,β-不饱和醛、酮发生加成反应时, 可以发生碳碳双键上的亲电加成 (1,2-加成)、碳氧双键上的亲核加成 (1,2-加成) 和1,4-共轭加成 (1,4-conjugated addition) 三种不同的反应。

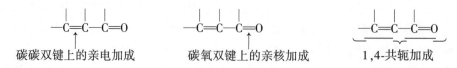

碳碳双键上的亲电加成 碳氧双键上的亲核加成 1,4-共轭加成

一般来讲, 卤素和次卤酸与α,β-不饱和醛、酮反应时, 只在碳碳双键上发生亲电加成, 例如:

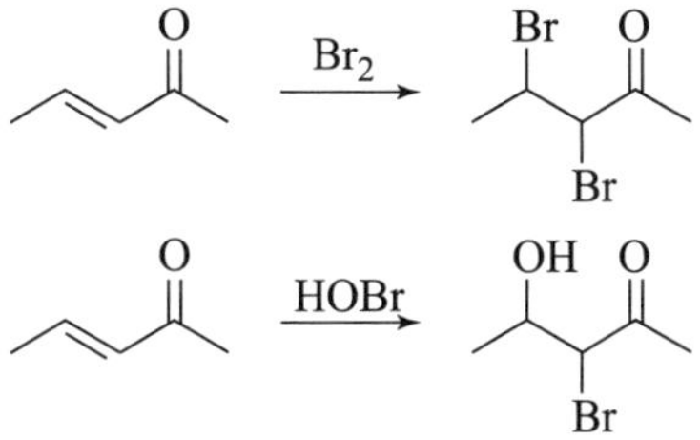

而氨和氨的衍生物，HX、H_2SO_4、HCN 等质子酸，H_2O 或 ROH 在酸催化下与 α,β-不饱和醛、酮的加成反应通常以 1,4-共轭加成为主。例如：

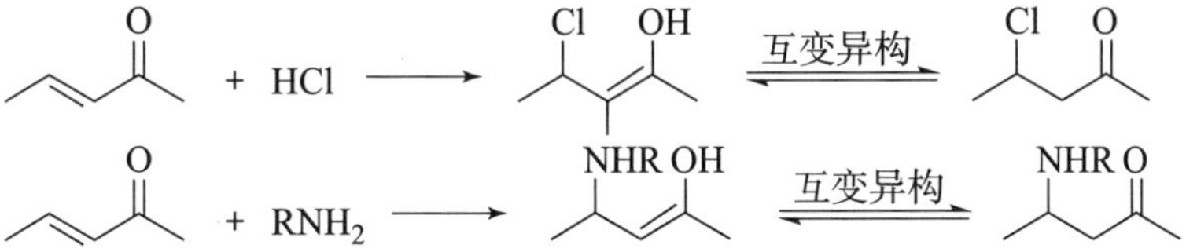

有机金属化合物与 α,β-不饱和醛、酮反应时，既可以发生 1,2-亲核加成，也可以发生 1,4-亲核加成。到底以什么反应为主，与羰基旁的基团大小有关，也与试剂的空间位阻大小有关。醛羰基旁的空阻很小，因此它与烃基锂、格氏试剂反应时主要以 1,2-亲核加成为主。例如：

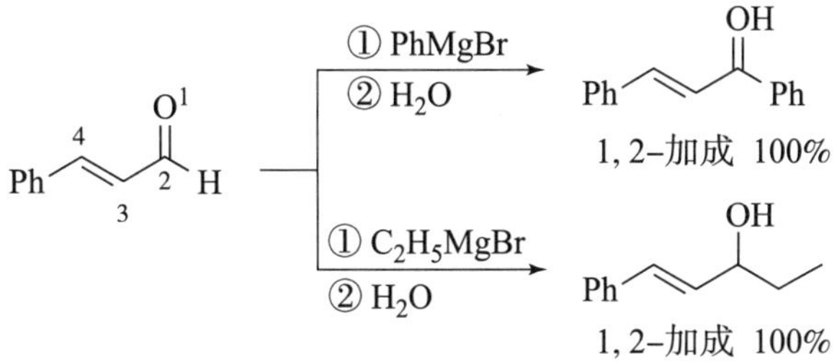

而空阻大的二烃基铜锂则与醛发生 1,4-共轭加成。

α,β-不饱和酮与有机锂试剂反应，主要得 1,2-亲核加成产物。例如：

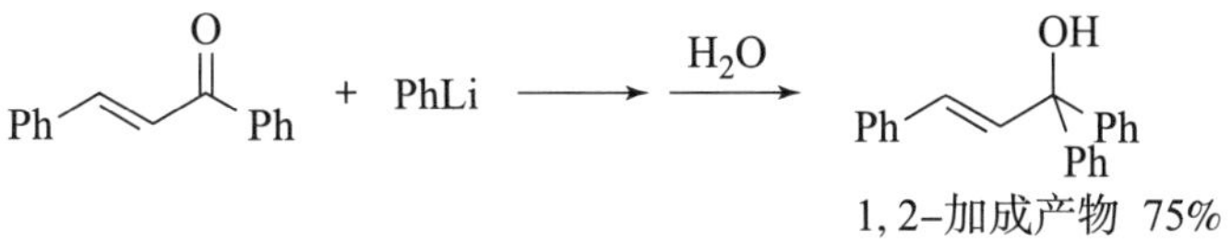

α,β-不饱和酮与格氏试剂反应，则要作具体分析。例如：

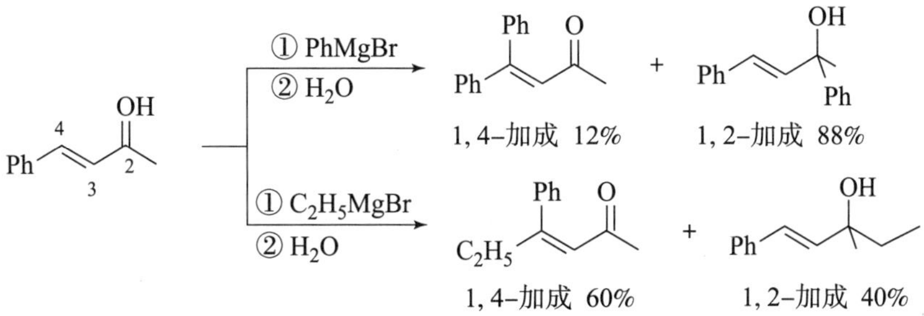

试剂 C_6H_5 – 的空阻比— C_2H_5 大，因此 $C_6H_5M_gBr$ 尽量避免在有大的基团的 4 位上反应，所以 1,2-加成产物是主要产物；而 C_2H_5MgBr 作为亲核试剂时，由于 C_2H_5 的空阻比 C_6H_5 小，结果 1,4-加成产物是主要产物。

如果一个 α,β-不饱和酮的羰基与一个很大的基团如三级丁基相连，无论用哪一种格氏试剂，都得到 1,4-加成产物：

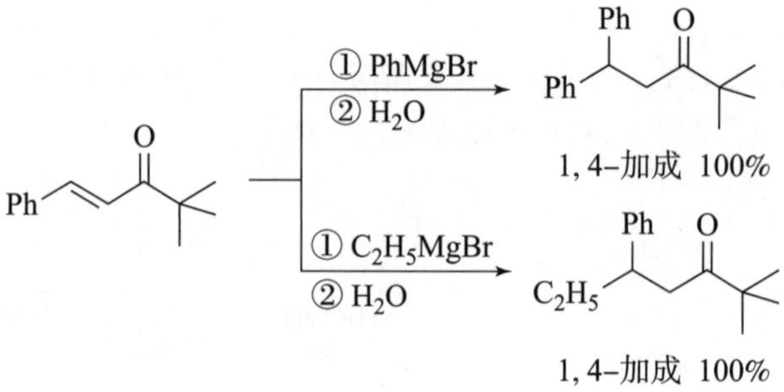

1,4-加成 100%

1,4-加成 100%

为了得到 1,4-加成产物，有一种常用的方法是在与格氏试剂的加成反应中加入约 0.05 mol 卤化亚铜，或用二烃基铜锂进行反应：

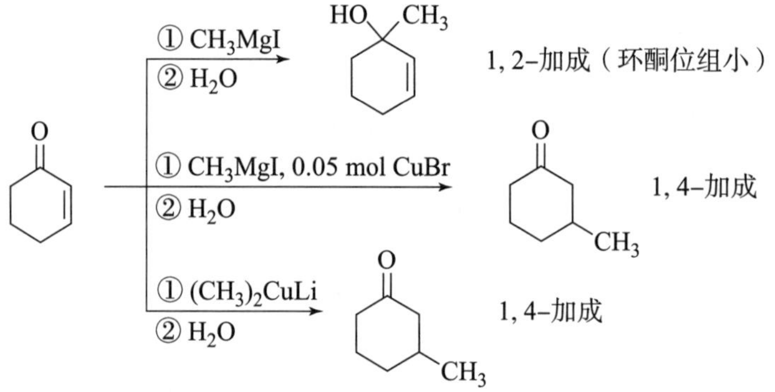

1,2-加成（环酮位组小）

1,4-加成

1,4-加成

1,4-共轭加成的反应机理

1. 酸性条件下共轭加成的反应机理

1,4-共轭加成可以在酸催化下进行，也可以在碱催化下进行。在酸催化下的反应机理如下：

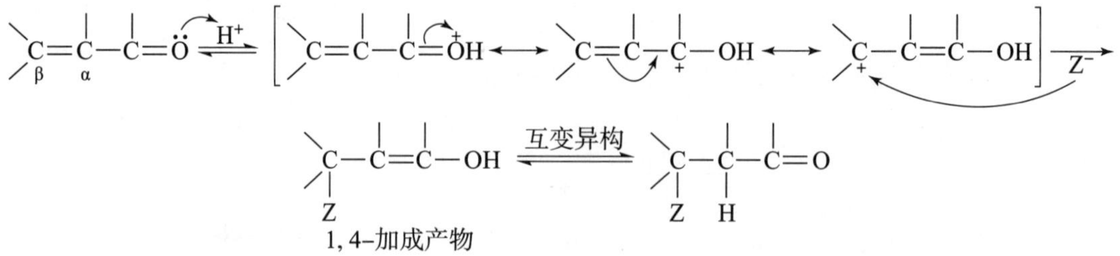

1,4-加成产物

首先质子与羰基氧结合， C═O π 键异裂，产生一个烯丙基型的碳正离子离域体系，然后亲核试剂与带正电荷的 β 碳原子结合生成 1,4-加成产物。产物烯醇不稳定，互变异构为酮式（ketone form）结构。

2. 碱性条件下共轭加成的反应机理

在碱性条件下的反应机理如下：

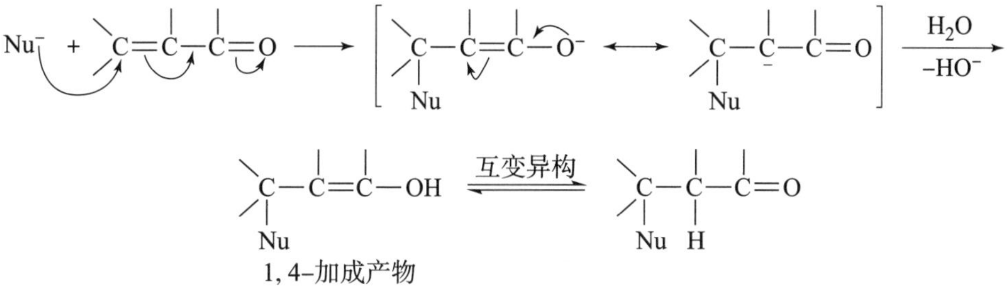

由于羰基的吸电子作用，β-碳带有正电性。首先亲核试剂进攻 β-碳，α,β-碳之间的双键异裂，产生一个烯丙基型的烯醇负离子（enolate ion）离域体系，一个正性基团与负氧原子结合，生成1,4-加成产物。若正性基团是质子，则1,4-加成产物同样可以由烯醇式（enol form）转变成酮式。

3. 1,4-共轭加成的立体化学

若羰基与环己烯的碳碳双键共轭，则加成时还应考虑构象稳定性。例如：

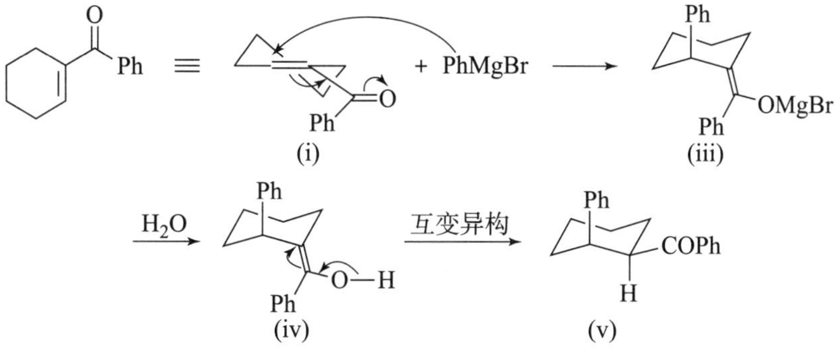

首先是 PhMgBr 中的 Ph 进行亲核的共轭加成，然后 $^+$MgBr 与共轭体系中的氧负原子结合；水解后生成烯醇，再互变异构得酮式结构。最终的结果，Ph 与 H 总是处于反式，这是因为在互变异构时，H 取直立键方向进攻可以得到热力学稳定的产物。

（i）式可以有一个能量相等的构象转换体（ii），由（ii）进行反应，最终产物（vi）是（v）的对映体。

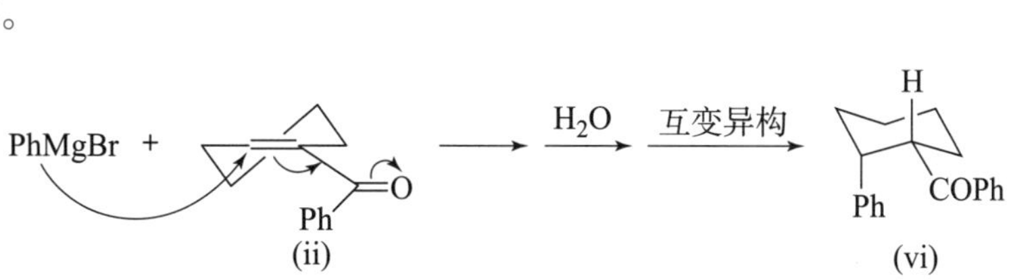

所以，该反应得到一对外消旋的反式加成产物。

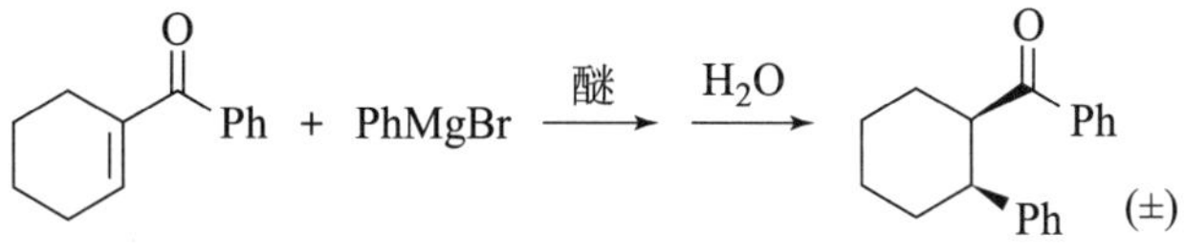

Michatael 加成反应

一个能提供亲核碳负离子的化合物（称为给体）与一个能提供亲电共轭体系的化合物，如 α,β-不饱和醛、酮、酯、腈、硝基化合物等（称为受体）在碱性催化剂作用下，发生亲核 1,4-共轭加成反应，称为 Michael 加成反应。Michael 加成反应的一般式如下：

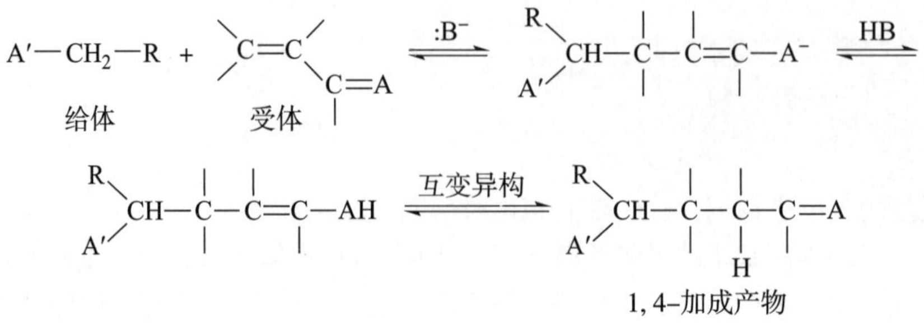

A＝O、NH，NR等；A′＝醛基，酮基，酯基，硝基，氰基等

常用的催化量的碱有三乙胺、六氢吡啶、氢氧化钠（钾）、乙醇钠、三级丁醇钾、氨基钠及四级铵碱等。反应是可逆的，提高温度对逆反应有利。

Michael 加成反应的机理，以丙二酸二乙酯与甲基乙烯基酮在乙醇钠的作用下的反应为例表述如下：

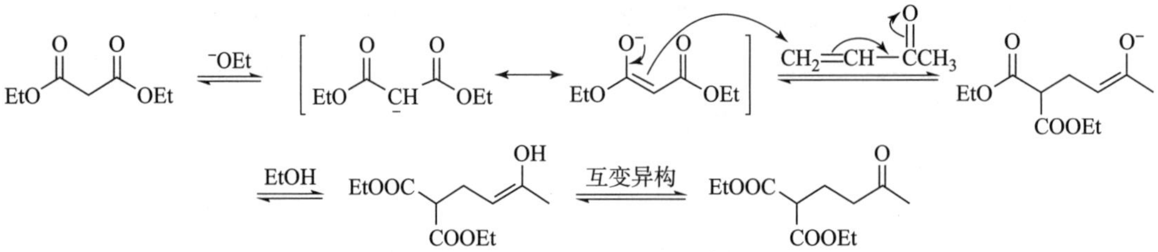

首先是碱夺取碳上的活泼氢，生成一个烯醇负离子，然后烯醇负离子的碳端与受体发生 1,4-共轭加成，生成的加成物从溶剂中夺取一个质子生成烯醇，再互变异构生成最终产物。

不对称酮在进行 Michael 加成反应时，反应主要在多取代的 α-碳上发生。

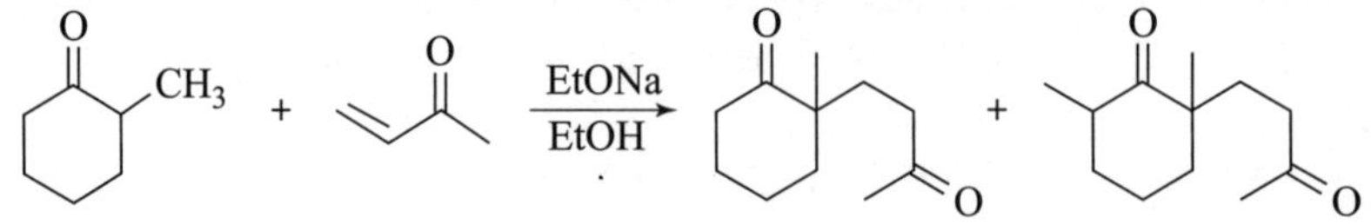

用 β-卤代乙烯酮或 β-卤代乙烯酸酯作为 Michael 反应的受体时，反应后，双键保持原来的构型。

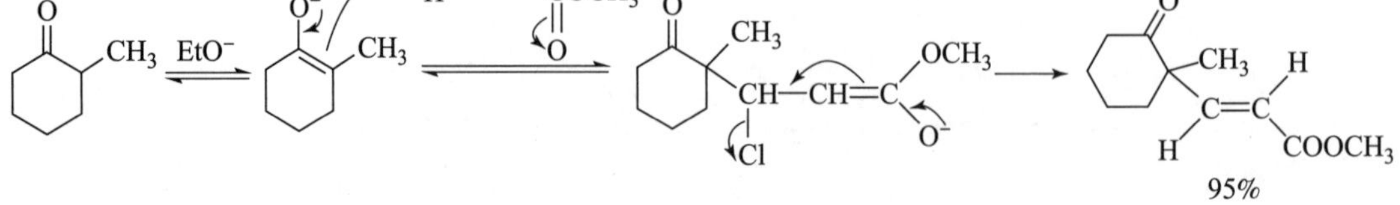

Michael 加成反应主要用于合成 1,5-二官能团化合物，尤以 1,5-二羰基化合物为多。

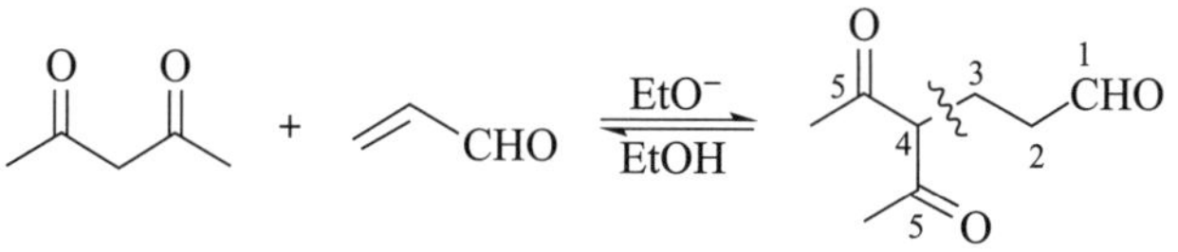

但若受体的共轭体系进一步扩大，也可以用来制备 1,7-二官能团化合物。

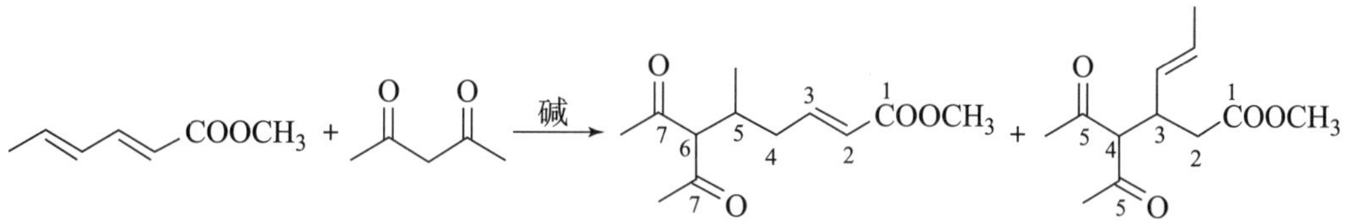

1,6-加成，72%   1,4-加成，8%

Michael 加成反应在合成上极为重要，下面是几个典型的实例：

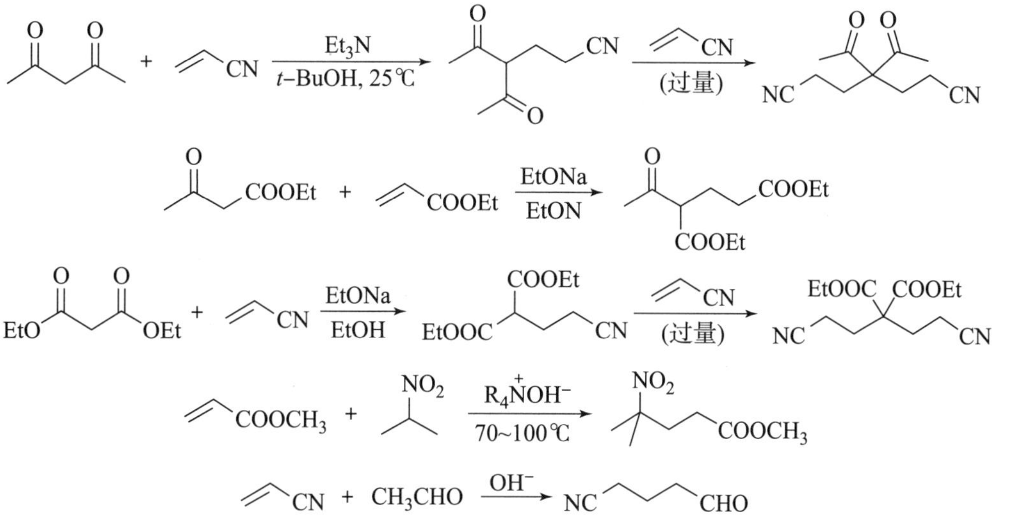

羰基的 α-H 的活性是由两个原因造成的：①羰基的吸电子诱导效应；②α-碳氢键对羰基的超共轭效应。

羰基的吸电子诱导效应 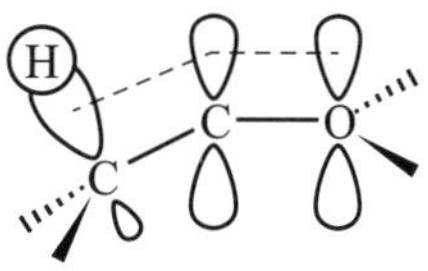   α碳氢键对羰基的超共轭效应

不同羰基化合物的 α-H 的活泼性是不同的。由于烷基的空阻比氢大，且烷基与羰基的超共轭效应会降低羰基碳的正电性，故醛 α-H 的活性比酮 α-H 的活性大。

3.3.3 醛、酮 α 活泼氢的反应

3.3.3.1 α-H 的卤化反应

在酸或碱的催化作用下，醛、酮的 α-H 被卤素取代的反应称为醛、酮 α 氢的卤化。

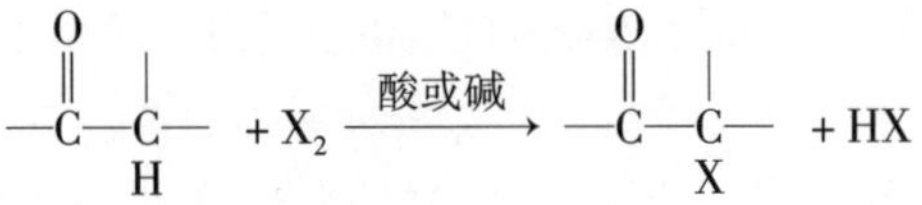

$$-\overset{O}{\underset{|}{C}}-\overset{|}{\underset{H}{C}}- + X_2 \xrightarrow{\text{酸或碱}} -\overset{O}{\underset{|}{C}}-\overset{|}{\underset{X}{C}}- + HX$$

酸催化的反应的机理如下：

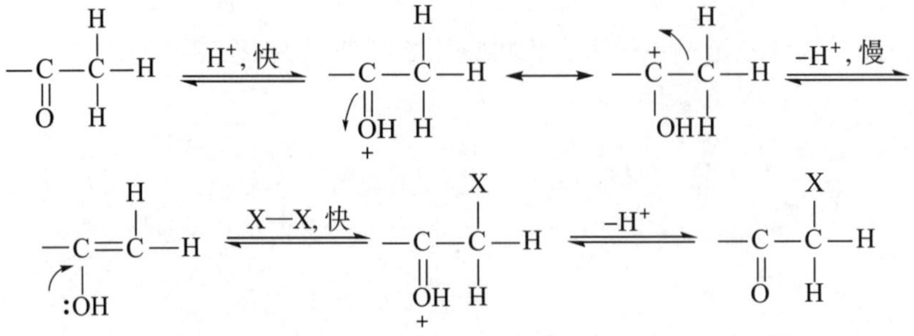

首先是羰基质子化，醛、酮失去 α 活泼氢生成烯醇，烯醇的 π 电子向卤素进攻，再失去氧上的质子完成卤化反应。

酸催化的反应特点是：①所谓酸催化，通常不加酸，因为只要反应一开始，就产生酸，此酸就可自动发生催化反应，因此在反应还没有开始时，有一个诱导阶段，一旦有一点酸产生，反应就很快进行。②对于不对称酮，卤化反应的优先次序是叔碳＞仲碳＞伯碳，这是因为 α 碳上取代基愈多，超共轭效应愈大，生成的烯醇愈稳定，因此，这个碳上的氢就易于离开而进行卤化反应。酸催化卤化反应可以控制在一元、二元、三元等阶段，在合成反应中，大多希望控制在一元阶段。能控制的原因是一元卤化后，由于引人的卤原子的吸电子效应，使羰基氧上电子云密度降低，再质子化生成烯醇要比未卤代时困难一些，因此小心控制卤素可以使反应停留在一元阶段，例如：

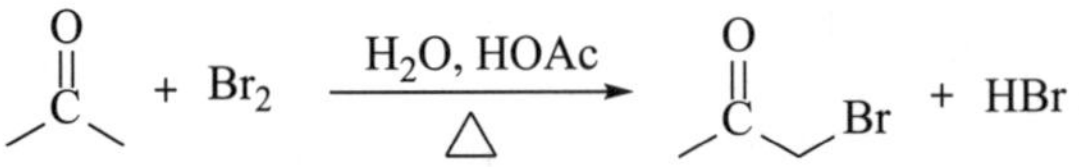

醛类直接卤化，常被氧化成酸，可以将醛生成缩醛后再卤化，然后水解缩醛，得 α - 肉代醛，如：

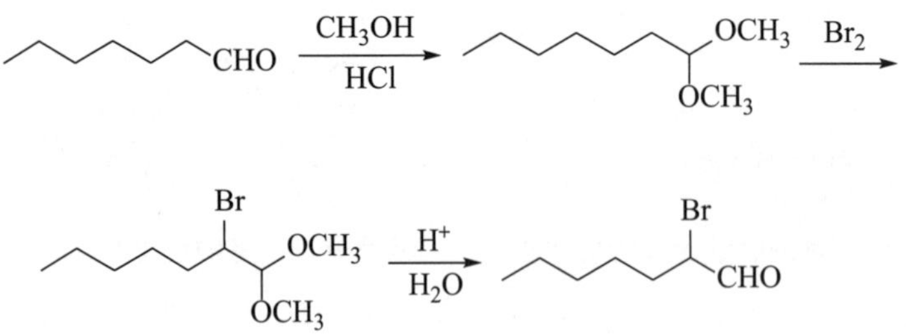

碱催化的反应机理如下：

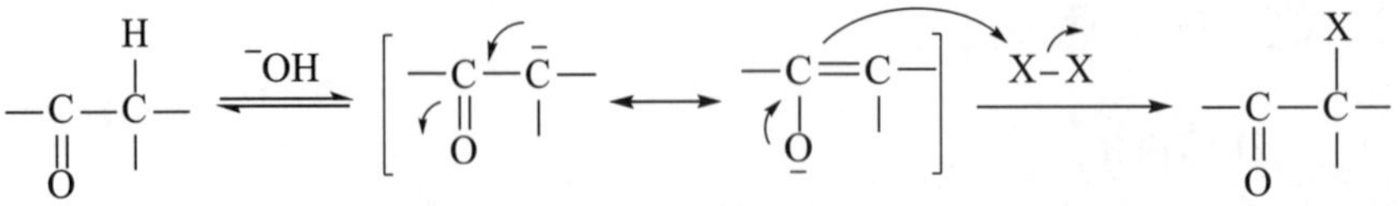

首先是羟基夺取质子，生成烯醇负离子，然后再与卤素发生反应，得 α-卤代酮。

碱催化时，碱用量必须超过 1 mol，因为除了催化作用外，还必须不断中和反应中产生的酸。对于不对称酮，卤化反应的优先次序是伯碳 > 仲碳 > 叔碳，因为 CH_3 上的氢酸性大，易被羟基夺取，当一元卤化后，由于卤原子的吸电子效应，使卤原子所在碳上的氢，酸性比未被卤原子取代前更大，因此第二个氢更容易被羟基夺取并进行卤化。同理第三个氢比第二个氢更易被羟基夺取，因此只要有一个氢被卤化，第二、第三个氢均被卤化，即反应不停留在一元阶段，一直到这个碳上的氢完全被取代为止。

3.3.3.2 卤仿反应

甲基酮类化合物或能被次卤酸钠氧化成甲基酮的化合物，在碱性条件下与氯、溴、碘作用分别生成氯仿、溴仿、碘仿（统称卤仿）的反应称为卤仿反应（haloform reaction）。

$$R—CCH_3 + NaOH + X_2 \longrightarrow RCOONa + CHX_3$$

卤仿的反应机理如下：

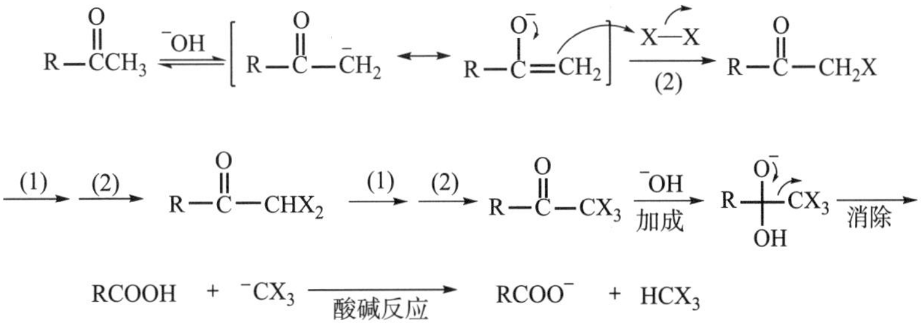

首先是甲基酮在碱性条件下发生 α-卤代反应，重复三次，得三卤甲基酮，再经加成-消除反应，得羧酸和三卤甲基负离子，最后通过酸碱反应得卤仿。

鉴别甲基酮

由于碘仿是一个不溶于 NaOH 溶液的黄色沉淀物，所以实验室中，常用碘仿反应来鉴别甲基酮类化合物或能在反应条件下氧化成甲基酮类的化合物。例如通过碘仿反应可以鉴定乙醇。

$$CH_3CH_2OH + I_2 + KOH \xrightarrow{酸碱反应} CH_3I(黄色沉淀) + HCOOH + KI + H_2O$$

在该反应中，碘起两种作用，一是先使乙醇脱氢，生成乙醛；随后进行取代反应，使乙醛成为三碘乙醛，该化合物在氢氧化钾的作用下，生成碘仿和甲酸盐，甲酸盐与碘化氢反应转变为甲酸。

3.3.4 醛、酮的缩合反应

3.3.4.1 Witting-Horner 反应

用亚磷酸酯代替三苯膦制备的磷叶立德称为 Wittig–Homer（霍纳尔）试剂。例如，亚磷酸乙酯和溴代乙酸乙酯反应得到磷酸酯（vii），（vii）在氢化钠的作用下放出一分子氢生成 Wittig–Horner 试剂（viii）。

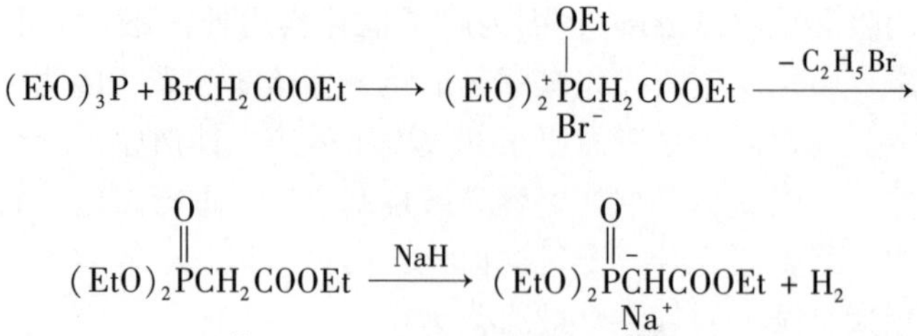

$$(EtO)_3P + BrCH_2COOEt \longrightarrow (EtO)_2\overset{OEt}{\underset{Br^-}{\overset{|}{P}}}CH_2COOEt \xrightarrow{-C_2H_5Br}$$

$$(EtO)_2\overset{O}{\overset{||}{P}}CH_2COOEt \xrightarrow{NaH} (EtO)_2\overset{O}{\overset{||}{P}}\overset{-}{\underset{Na^+}{CH}}COOEt + H_2$$
$$（ⅶ） \qquad\qquad （ⅷ）$$

Wittig-Horner 试剂很容易与醛、酮反应生成烯径。此反应称为 Wittig-Horner 反应。例如（ⅷ）与丙酮反应，生成 α,β-不饱和酸酯：

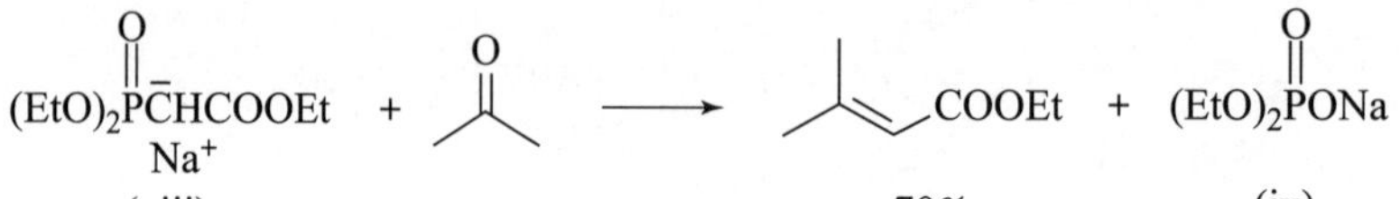

$$(EtO)_2\overset{O}{\overset{||}{P}}\overset{-}{\underset{Na^+}{CH}}COOEt + \underset{}{\overset{O}{\overset{||}{\underset{}{}}}} \longrightarrow \overset{}{\underset{}{}}COOEt + (EtO)_2PONa$$
$$（ⅷ） \qquad\qquad\qquad 70\% \qquad\qquad （ⅸ）$$

反应中另一个生成物 O,O-二乙基磷酸钠（ⅸ）溶于水，很容易与生成的不饱和酸酯分离。

Wittig-Horner 反应的机理如下：

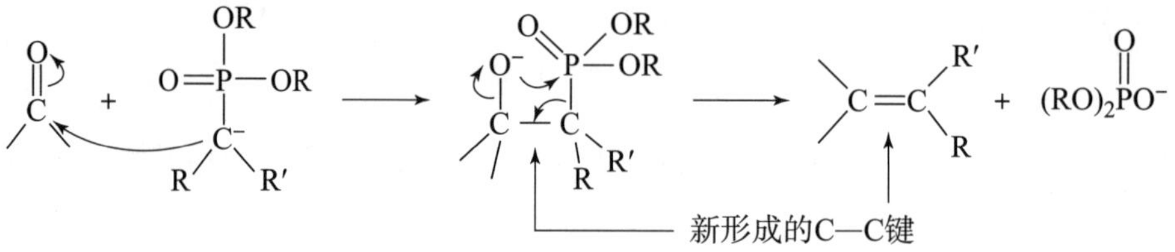

新形成的C—C键

Wittig-Homer 试剂的立体选择性很强，产物主要是 E 构型的。下面是用此反应合成多烯类化合物的实例。

制备丙二烯衍生物：

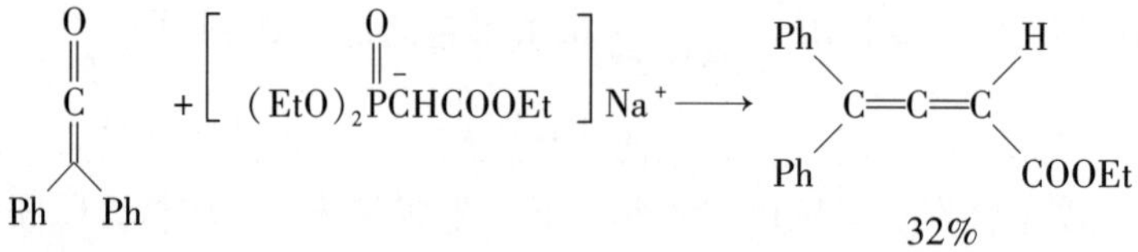

32%

合成多烯类天然产物：

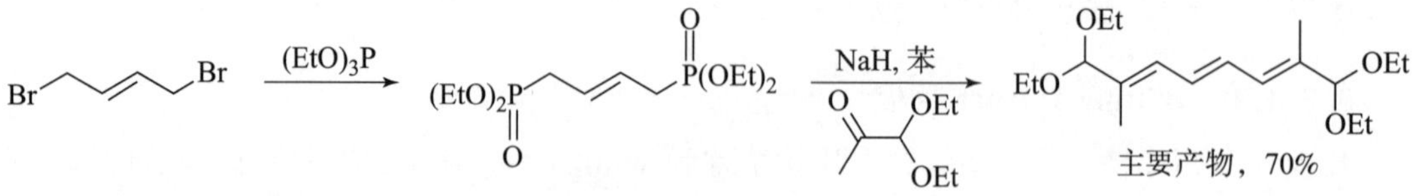

主要产物，70%

3.3.4.2 硫叶立德的反应

最常用的硫叶立德，可由二甲亚砜或二甲硫醚与碘甲烷制备：

$$CH_3SCH_3 + CH_3I \longrightarrow CH_3\overset{\overset{O}{\|}}{\underset{CH_3}{S^+}}CH_3 \cdot I^- \xrightarrow[DMSO]{NaH} \left[(CH_3)_2\overset{\overset{O}{\|}}{S^+}-\overset{-}{C}H_2 \longleftrightarrow (CH_3)_2\overset{\overset{O}{\|}}{S}=CH_2 \right]$$

$$CH_3SCH_3 + CH_3I \longrightarrow (CH_3)_3S^+I^- \xrightarrow{NaNH_2} \left[(CH_3)_2\overset{+}{S}-\overset{+}{C}H_2 \longleftrightarrow (CH_3)_2S=CH_2 \right]$$

硫叶立德同样可以作为亲核试剂和羰基化合物发生反应。和非共轭的醛、酮反应，得到环氧化合物。反应首先是亲核加成，然后再发生分子中的取代反应。例如：

新形成的C—C键　　　　　　　67%~76%

与α,β-不饱和酮反应，发生共轭加成，然后再发生分子中的取代反应，即得到环丙烷的衍生物：

新形成的C—C键

3.3.4.3　安息香缩合反应

苯甲酸在氰离子（CN^-）的催化作用下，发生双分子缩合（bimolecular condensation）生成安息香（benzoin），很多芳香醛也能发生这类反应，因此，称此类反应为安息香缩合反应（benzoin condensation）。

$$2 \text{ } C_6H_5CHO \xrightarrow{CN^-} C_6H_5-\overset{\overset{O}{\|}}{C}-\underset{OH}{CH}-C_6H_5$$

$$2 \text{ } R\text{-}C_6H_4CHO \xrightarrow{CN^-} R\text{-}C_6H_3-\overset{\overset{O}{\|}}{C}-\underset{OH}{CH}-C_6H_3\text{-}R \qquad R= CH_3-,\ CH_3O-,\ CH_2=CH-\ 等$$

从上面的反应式可以看出，此反应相当于两分子醛发生了羰基的加成反应。一分子醛把与羰基碳相连的氢给予了另一分子醛的羰基上的氧，而两个醛的羰基碳原子彼此连接在一起。给出氢的醛称为给体（donor），接受氢的醛称为受体（acceptor）。不是所有的醛都能承担这两种作用，即并不是所有的醛都能自身缩合成安息香类化合物。

以苯甲醛为例，这类缩合反应的机理如下：

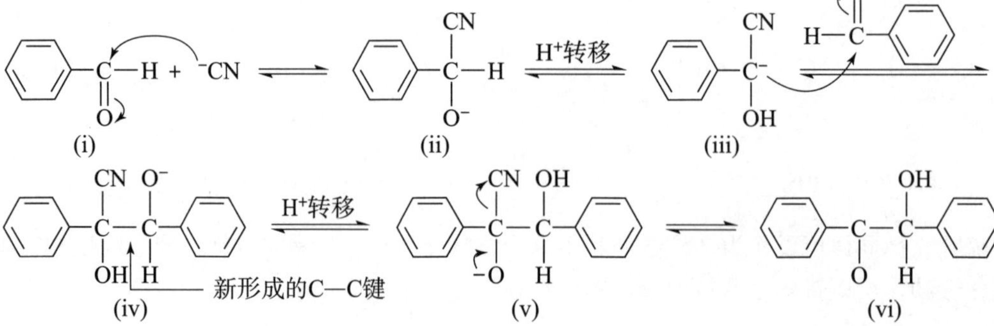

首先是（i）与⁻CN 发生亲核加成生成（ii），（ii）中的质子从碳转移到氧上生成（iii），（iii）通过对另一个分子醛的亲核加成把两个分子连接在一起生成（iv），（iv）中质子转移生成（v），（v）失去⁻CN 得到产物（vi）。在上述过程中，⁻CN 基的作用有三个：①作为亲核试剂对羰基进行加成；②作为吸电子基团使原来醛基的质子离去，转移到氧上；③最后作为离去基团离去。

在安息香缩合反应中，有一个很有趣的事实：在上述过程中，醛（i）中的羰基是极性基团，羰基碳呈正电性，具有亲电性；但是在（iii）中该碳原子已转变为负电性，具有亲核性。同一个碳原子，前后的反应性完全翻转，所以称之为极性翻转（polarity reverse）。安息香缩合反应是人们最早知道按这种方式进行的反应。以上极性翻转的概念可以使人们开阔思路，并进一步丰富了有机反应。

3.3.4.4 Perkin 反应

在碱性催化剂的作用下，芳香醛与酸酐反应生成 β-芳基-α,β-不饱和酸的反应称为 Perkin 反应。所用的碱性催化剂通常是与酸酐相对应的羧酸盐。反应的一般式如下：

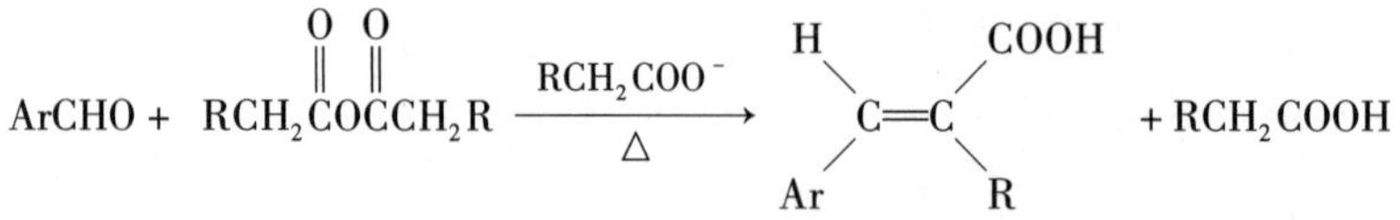

若用苯甲醛和乙酸酐在乙酸钠催化下反应，得到肉桂酸（cinnamic acid）：

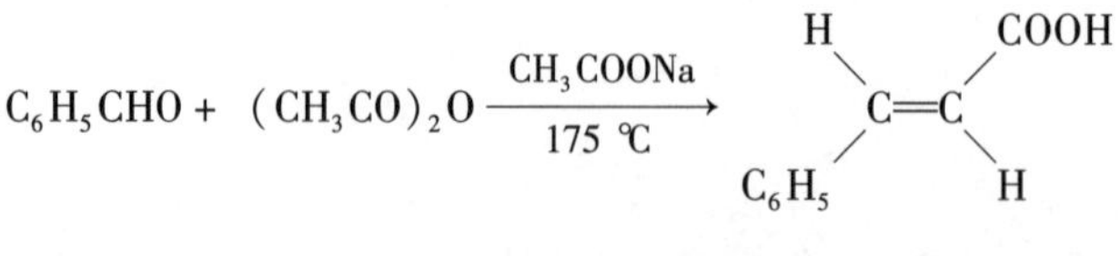

反应过程首先是酸酐在相应羧酸盐的作用下，生成碳负离子（i），（i）和芳香醛亲核加成后产生烷氧负离子（ii），（ii）再向分子中的羰基进攻，关环再开环得到（iii），（iii）和酸酐反应得到一个混合酸酐（iv），（iv）再失去质子及 RCH₂COO⁻，产生一个不饱和的酸酐（v），（v）经水解得到 β-芳基-α,β-不饱和酸，主要得 E 型化合物：

Perkin 反应存在反应温度较高、使用催化剂碱性较强、产率有时不好等一些缺点，但由于原料便宜，在生产上还是经常使用。如合成呋喃丙烯酸，该化合物是一种医治血吸虫病药呋喃丙胺的原料：

$$RCH_2COCCH_2R \xrightarrow{\ ^-B:\ } RCH_2COC\overset{-}{C}HR \xrightarrow{ArCHO} RCH_2COCCH\text{-}CHAr \longrightarrow$$

(i)　　　　　　　　　　　(ii)　新形成的C—C键

$$\longrightarrow RCH_2COCHCHCO^- \xrightarrow{RCH_2C\text{-}OCCH_2R} RCH_2COCHCHCOCCH_2R + RCH_2COO^-$$

(iii)　　　　　　　　　　　　　　　　(iv)

$$\longrightarrow RCH_2CO\text{-}C\text{-}C\text{-}COCCH_2R \longrightarrow \overset{H}{\underset{Ar}{C}}=\overset{COCCH_2R}{\underset{R}{C}} \xrightarrow{H_2O} \overset{H}{\underset{Ar}{C}}=\overset{COOH}{\underset{R}{C}}$$

(v)

$$\underset{O}{\text{呋喃}}\text{-CHO} \xrightarrow[150℃,7h]{\text{乙酸酐，乙酸钠}} \underset{O}{\text{呋喃}}\text{-CH=CHCOOH} \longrightarrow \cdots \cdots \longrightarrow \underset{O}{\text{呋喃}}\text{-CH}_2\text{CH}_2\text{CH}_2\text{NH}_2$$

74%

香豆素（coumarin）是一种重要的香料，它也是利用这个反应合成的。水杨醛和乙酸酐在乙酸钠的作用下，一步就得到香豆素，它是香豆酸（coumaric acid）的内酯：

$$\text{(邻羟基苯甲醛)} + (CH_3CO)_2O \xrightarrow{\text{乙酸钠}} \text{(香豆素)}$$

要注意，这个内酯是由顺式香豆酸得到的。一般在 Perkin 反应中，产物中两个大的基团总是处于反式的，但反式不能产生内酯，因此环内酯的生成可能是促使产生顺式异构体的一个原因。事实上此反应中也得到少量反式香豆酸，不能生成内酯。

3. 3. 4. 5　Knoevenagel 反应

在弱碱的催化作用下，醛、酮和含有活泼亚甲基的化合物发生的失水缩合反应称为 Knoevenagel（脑文格）反应。常用的碱性催化剂有吡啶、六氢吡啶，以及其他一级胺、二级胺等。反应一般在苯和甲苯中进行，同时将产生的水分离出去。此法所需温度较低，产率高。下面是 Knoevenagel 反应的一个实例：

$$(CH_3)_2CHCH_2CH\text{-}O + H_2\text{-}C(COOC_2H_5)_2 \xrightarrow{\underset{\text{苯}}{\text{NH}}} (CH_3)_2CHCH_2CH=C(COOC_2H_5)_2 + H_2O$$

Knoevenagel 反应是对 Perkin 反应的改进，它将酸酐改为活泼亚甲基化合物后，由于有足够活泼的氢，因此在弱碱的作用下，就可以产生足够浓度的碳负离子进行亲核加成。因为使用了弱碱，可以避免醛、酮的自身缩合，因此除芳香醛外，酮及脂肪醛均能进行反应，扩大了使用范围。

其反应机理如下：

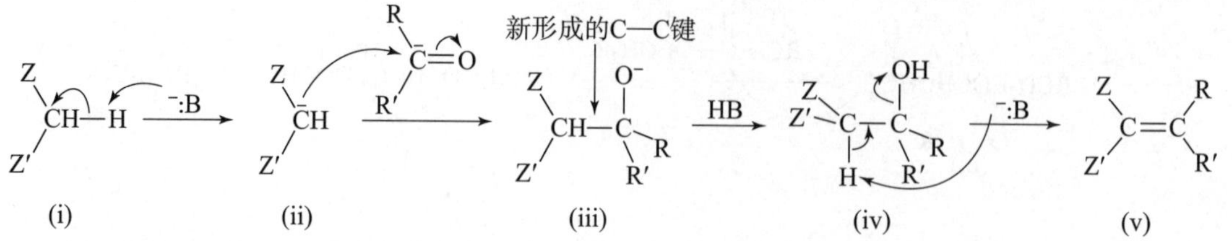

(i)　　　　　　(ii)　　　　　　(iii)　　　　　　(iv)　　　　　　(v)

Z 或 Z′ = CHO，COR，COOR，COOH，CN，NO_2 等吸电子基团，两者可以相同也可以不同。NO_2 的吸电子能力很强，有一个就足以产生活泼氢。

这类反应有时不仅需用有机碱做催化剂，还需用有机酸共同催化才能使反应发生，并可提高产率。例如：

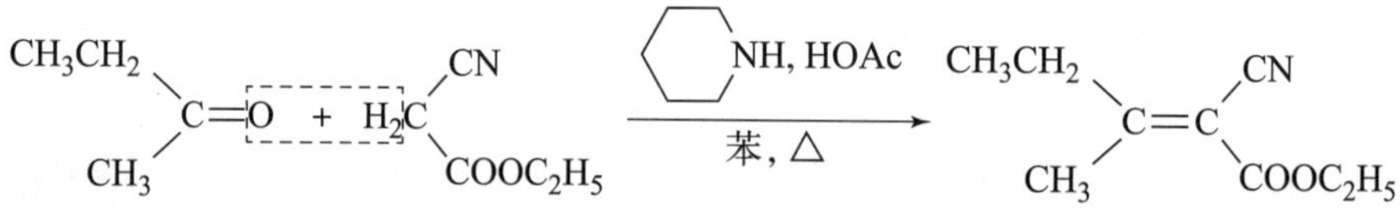

其反应机理如下：

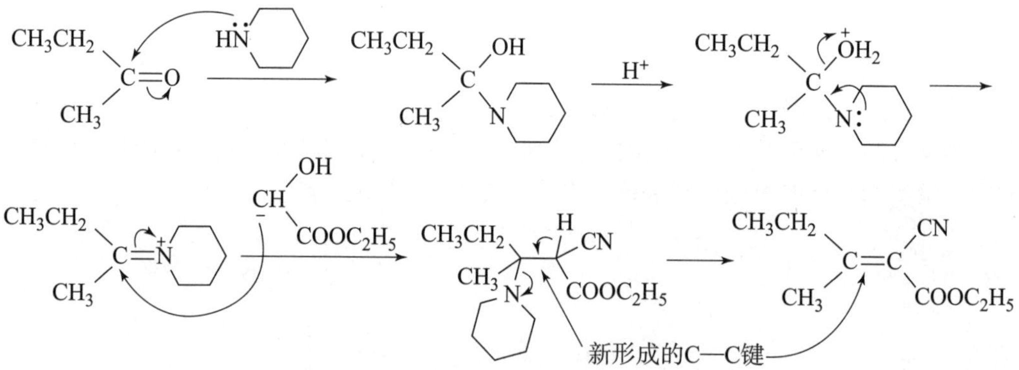

上述反应机理表明，醛或酮先与胺缩合成为亚胺，然后再与碳负离子加成，最后消去胺生成双键。

Knoevenagel 反应在制备各类 α,β-不饱和化合物方面有比较广泛的应用。例如：

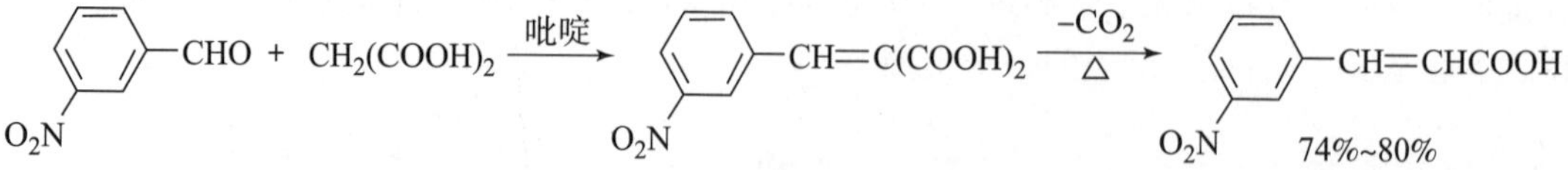

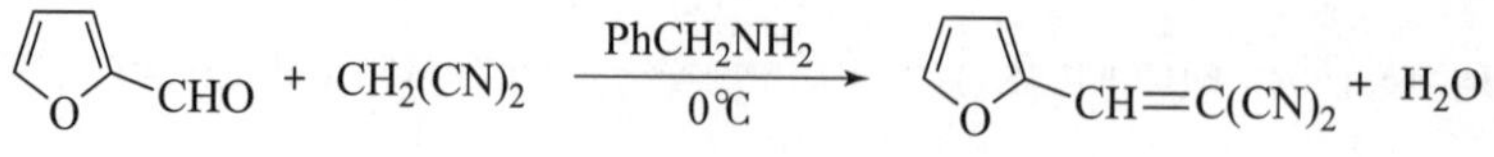

3.3.4.6 Reformatsky 反应

醛或酮与 α-溴代酸酯和锌在惰性溶剂中相互作用，得到 β-羟基酸酯的反应称为 Reformatsky 反应。这是制备这一类化合物的一个重要方法。例如：

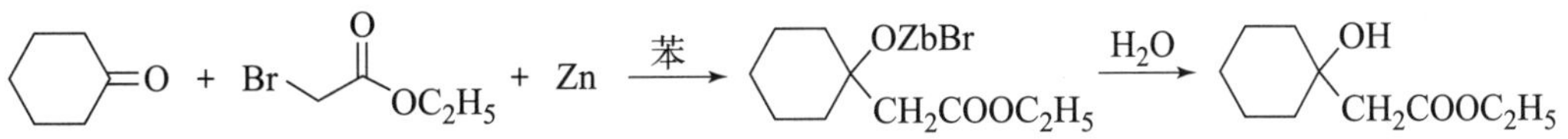

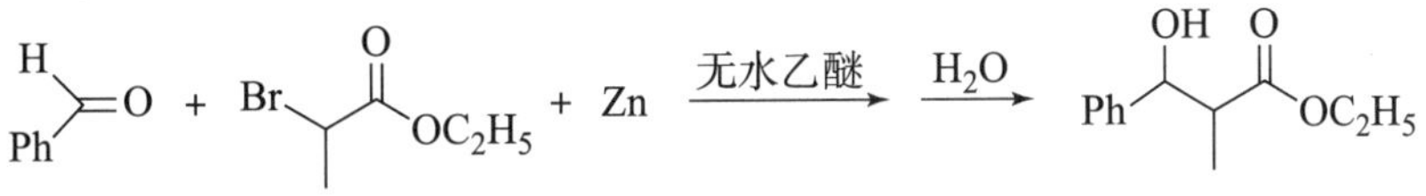

其反应机理如下：

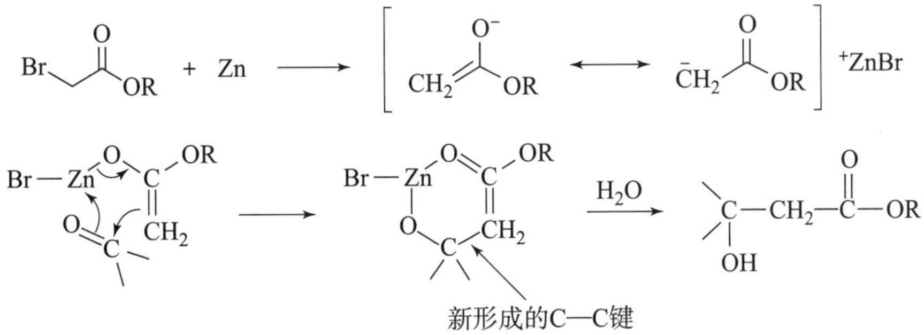

新形成的C—C键

首先是 α-溴代酸酯与锌反应得中间体有机锌试剂（organozine reagent），然后有机锌试剂与羰基进行加成，再水解得产物。α-溴代酸酯的 α-碳上有烷基或芳基均可进行反应，芳香醛、酮亦均可反应，唯有空间位阻太大时，不能反应。

这个反应不能用镁代替锌，这是本反应的特点。原因是镁太活泼，生成的有机镁化合物会立即和未反应的 α-卤代酸酯中的羰基发生反应。有机锌试剂比较稳定，不与酯反应而只与醛、酮反应。

β-羟基酸酯很易失水，生成 α,β-不饱和酯（α,β-unsaturated ester），例如：

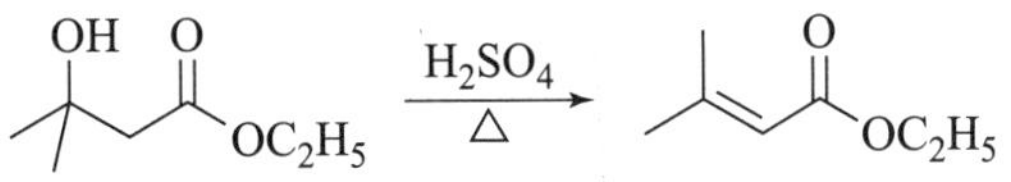

3.3.4.7 Darzen 反应

醛或酮在强碱（如醇钠、氨基钠等）的作用下和一个 α-卤代羧酸酯反应，生成 α,β-环氧羧酸醋（α,β-epoxycarboxylate）的反应称为 Darzen（达参）反应。

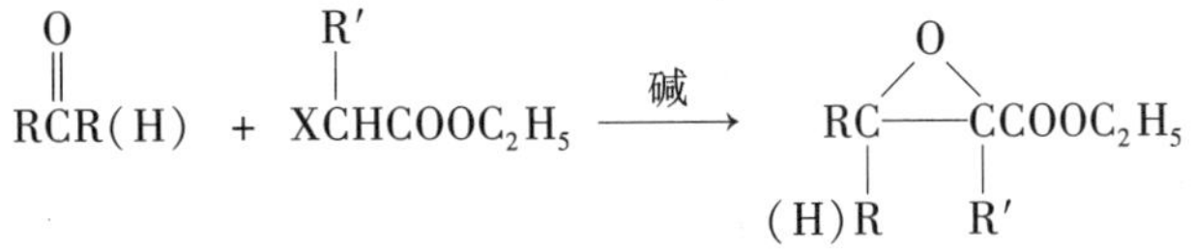

其反应机理如下：

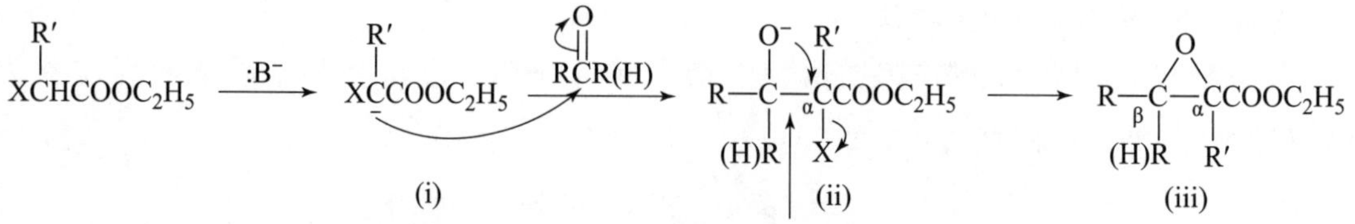

α-卤代羧酸酯在碱的作用下，首先生成碳负离子（i）；（i）与醛或酮的羰基进行亲核加成后，得到一个烷氧负离子（ii）；（ii）氧上的负电荷进攻 α-碳，卤离子离去，生成 α,β-环氧羧酸酯（iii）。

α,β-环氧羧酸酯的用途是制备醛和酮。因为它在很温和的条件下水解，得到游离的酸，游离的酸很不稳定，受热后即失去二氧化碳，变成烯醇，再互变异构为醛或酮。例如下列化合物经水解得到醛：

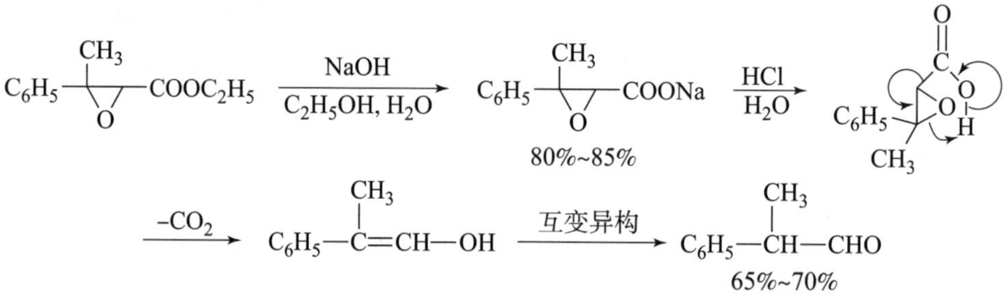

在生产维生素 A 的中间体时，开始的原料就是用 β-紫罗兰酮和氯乙酸甲酯进行 Darzen 反应，生成的环氧羧酸酯经碱性水解、再酸化得到一个 14 碳醛，产率为 78%：

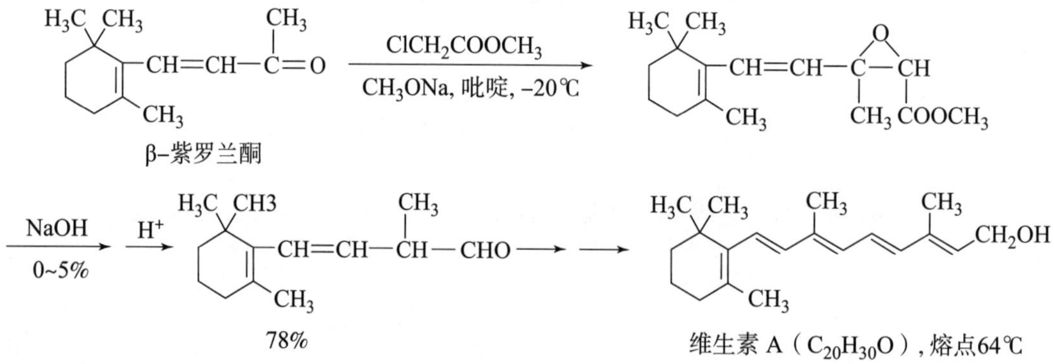

3.3.5　醛、酮的重排反应

3.3.5.1　Baker-Venkataraman 重排反应

1933 年，W. Baker 报道了邻酰氧基苯乙酮在碱性条件下可以重排为 1,3-二羰基化合物：

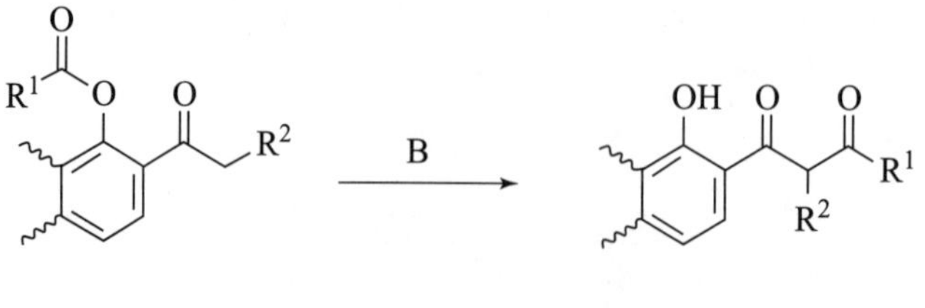

1934 年，K. Venkataraman 也报道了类似的结果。此后，此类反应统称为 Baker – Venkataraman 重排。其具体转换的过程是，先在碱性条件下烯醇负离子对羰基亲核加成，接着发生分子内消除反应：

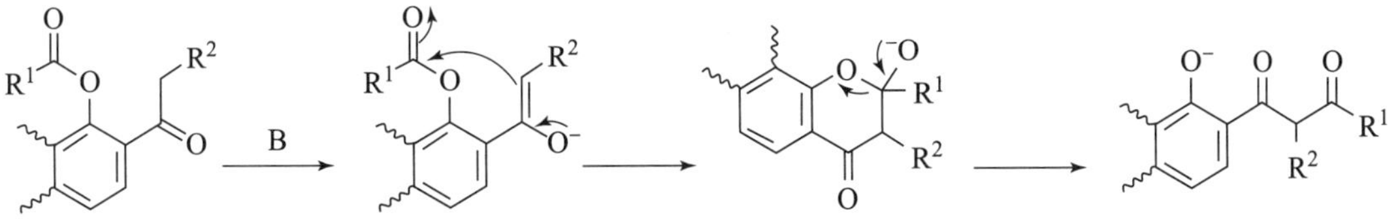

3.3.5.2　Favorskii 重排反应

至少含有一个 α-氢的 α-卤代酮经碱处理后再与亲核试剂（醇、胺或水）反应，生成骨架重排的羧酸或羧酸衍生物，这类反应称为 Favorskii 重排。这是合成高度支化羧酸和羧酸衍生物的好方法。

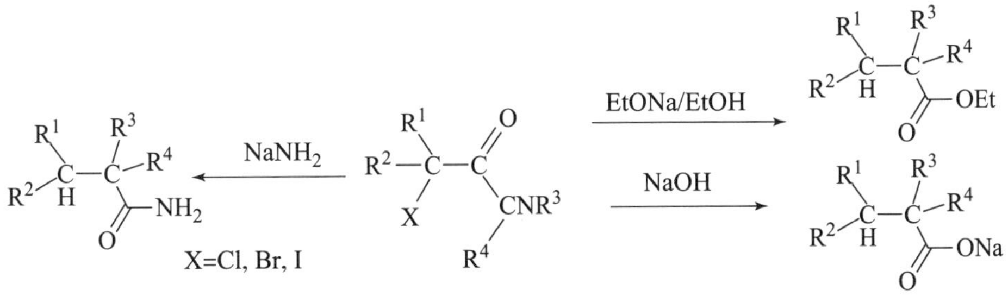

这个反应首先是羰基 α 位去质子化生成烯醇负离子，接着经过分子内的亲核取代反应生成环丙酮三元环体系，三元环的酮羰基被亲核进攻区域选择性开环生成更稳定的碳负离子，最终生成产物。以 α-卤代环己酮为例：

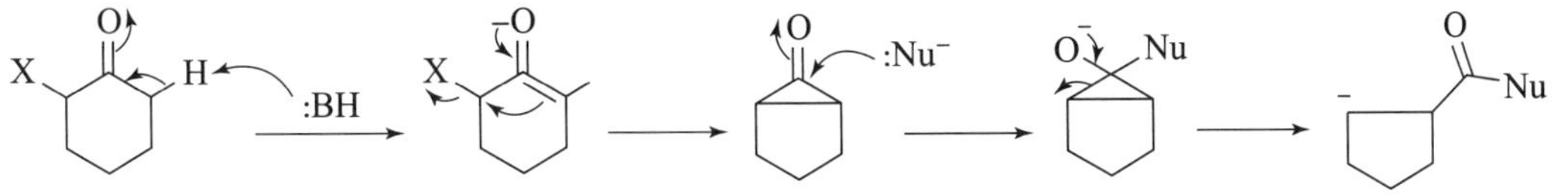

从以上的反应结果可以发现，最终的结果与[1,2]-迁移完全一致。这个反应具有很好的区域选择性和立体选择性。环丙酮三元环开环时的断裂具有很高的区域选择性，通常生成热力学稳定的碳负离子。除了 α-卤代酮外，α-羟基酮、α-磺酸酯基酮、α,β-环氧酮也可以发生 Favorskii 重排。α,α'-双卤代酮的重排产物为 α,β-不饱和羧酸衍生物。随着对此反应的研究深入，还发现类似于此反应的 homo-Favor-skii 重排和 quasi-Favorskii 重排。

homo-Favorskii 重排：

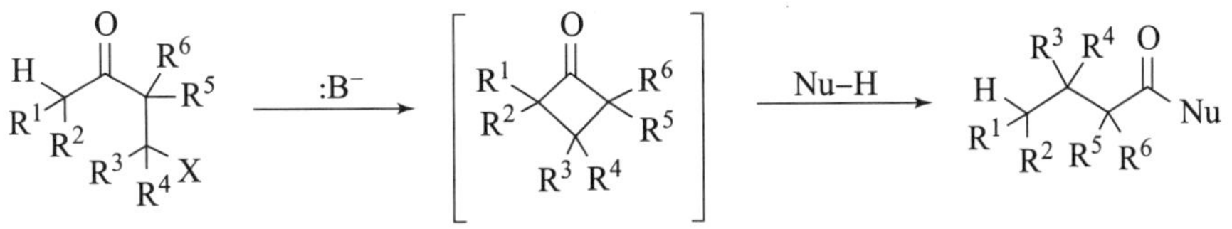

1939 年，B. Tchoubar 在醚溶液中用粉末状 NaOH 处理 α-卤代环己基苯基酮，结果得到了 1-苯基环己基羧酸：

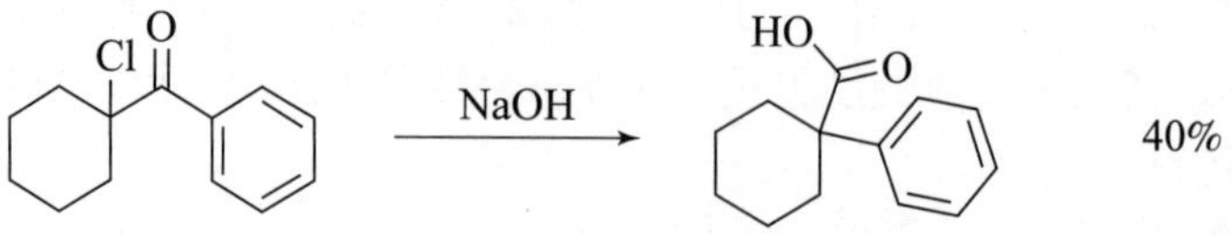

（结构图：α-氯代苯甲酰基环己烷 在 NaOH 作用下生成 1-苯基环己基甲酸，产率 40%）

1952 年，C. L. Stevens 和 E. Farkas 发现在甲苯中回流反应，可以大幅提高此反应的产率。他们预测在重排过程中，卤代的碳原子会发生构型翻转。随后发现，在特定的亲核试剂作用下，两个 α 位均没有氢原子的 α-卤代酮或其中一个 α 位有氢原子的双环 α-卤代酮均可以发生类似的重排反应，称为 quasi-Favorskii 重排。

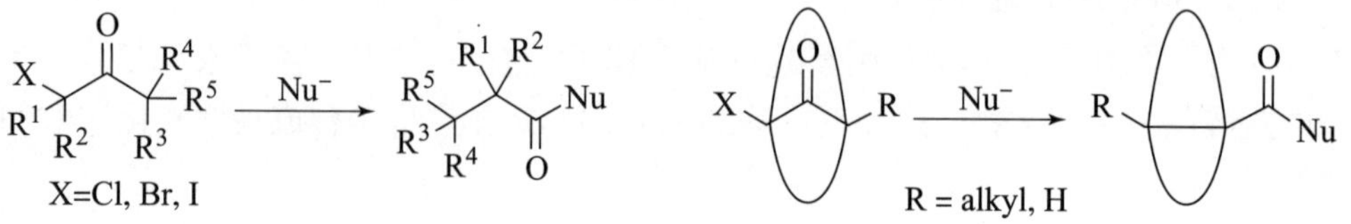

（反应式：X=Cl, Br, I，在 Nu⁻ 作用下发生重排；R = alkyl, H）

此反应的机理本质上是碱催化下的 pinacol 重排机理，包含两个过程：亲核试剂对羰基的亲核加成以及负离子中间体的[1,2]-烷基迁移。

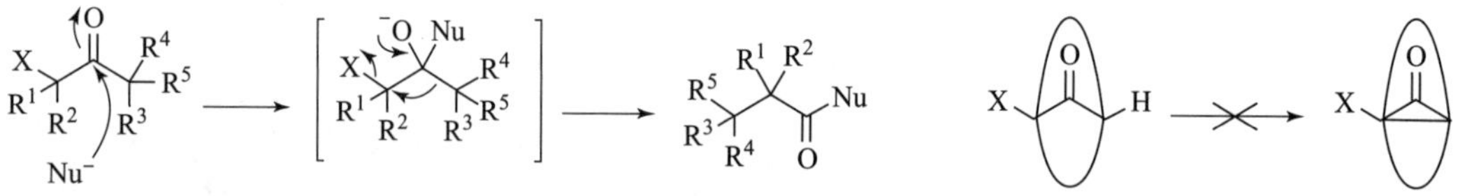

（机理反应式）

而迁移终点的碳构型翻转的事实也证明了机理的正确性。

3.3.5.3 二苯乙醇酸重排反应

在碱的作用下，α-二酮可以重排成 α-羟基羧酸盐。烷基或芳基的 α-二酮或 α-二酮羧基醛均可以发生此反应。芳基的二酮转化产率高，而烷基取代的二酮由于易烯醇化，使得产率低（易发生羟醛缩合反应）。环状 α-二酮会发生缩环反马氏加成。在醇负离子或氨基负离子作用下可以得到酯或酰胺。

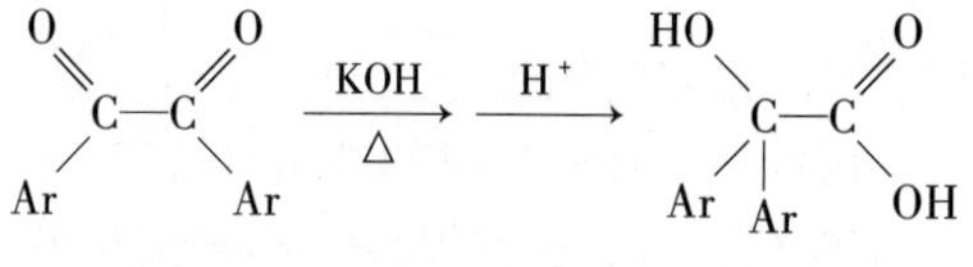

（反应式：Ar—C(=O)—C(=O)—Ar 在 KOH、Δ，然后 H⁺ 作用下生成 α-羟基羧酸）

当使用无机碱时，产物为 α-羟基羧酸盐溶液；使用烷氧基负离子作碱时，产物为 α-羟基酯。芳基的迁移速率要比烷基的快，带更多吸电子基团的芳基更快。

3.3.5.4 Baeyer-Villiger 氧化及相关反应

从碳原子到氧原子的 1,2-重排反应在前面的章节中已经讨论了很多，如 Baeyer-Villiger 氧化重排和 Dakin 反应等。在这些过程中，需要了解的是 Criegee 中间体：

（Criegee 中间体结构式）

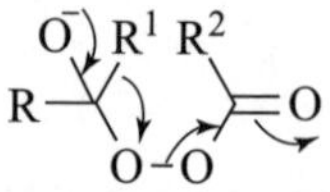

研究结果表明，Baeyer-Villiger 重排过程受一级和二级立体电子效应控制。首先，立体

电子效应是指过氧基团中的 O—O 键必须与迁移基团处在反式共平面上，这种取向可以使迁移基团的 σ 成键轨道与过氧基团的 σ 反键轨道在最大限度上重叠。二级立体电子效应是指羟基上氧原子或氧负离子的孤对电子必须与迁移基团处在反式共平面上，这将使氧原子的非成键轨道与迁移基团的 σ 反键轨道可以在最大限度上重叠：

当迁移基团具有手性时，重排后其构型保持不变。对于不对称酮，羰基两旁的基团不同，两个基团均可以迁移，但有一定的选择性，迁移能力的顺序为：

$$R_3C— \; > \; R_2HC—, \; \text{环己基} — \; > \; PhH_2C— \; > \; Ph— \; > \; RH_2C— \; > \; H_3C—$$

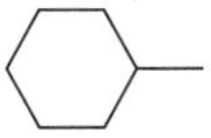

烯丙基的迁移顺序与二级烷基一致。

将各种氧化重排的特点总结于表 3 – 2 中。

表 3 – 2 氧化重排的总结

底物	试剂	产物	反应名称
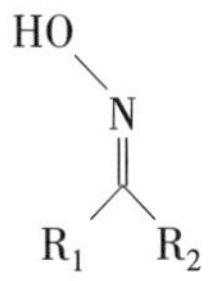	H_2SO_4；H_3PO_4 等	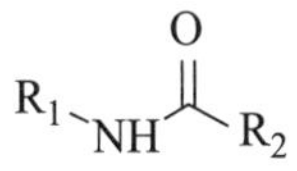	Beckmann 重排
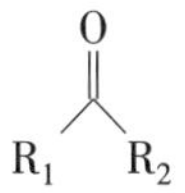	NH_3 等	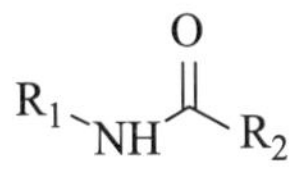	Schmidt 重排
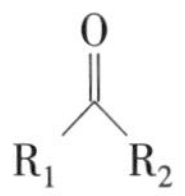	RCO_3H；H_2O_2 等	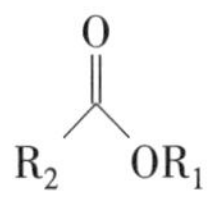	Baeyer-Villiger 氧化
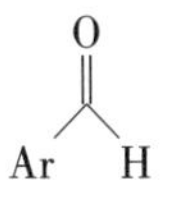	RCO_3H；H_2O_2 等	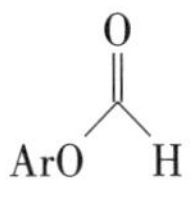	Dakin 氧化
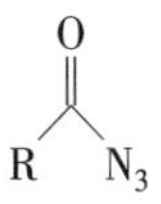	△或 $h\nu$	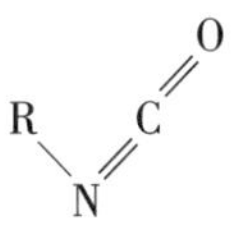	Curtius 重排

底物	试剂	产物	反应名称
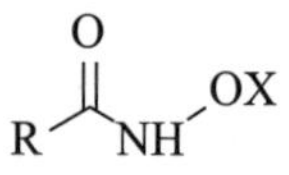	$X = H$；H_2SO_4；$TsCl$ 等	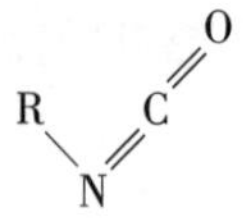	Lossen 重排
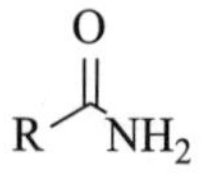	Br_2，$NaOH$	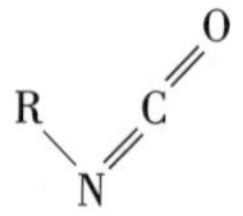	Hofmann 重排

3.3.5.5 基于酰基卡宾的重排反应 Wolff 重排反应和 Arndt-Eistert 重排反应

从以上的重排过程可以发现：无论是在酸性还是在碱性条件下，C2 位存在离去基团是重排反应发生的前提条件。常见的离去基团通常为卤素、磺酸根负离子、羧酸根负离子或水。实际上，重氮盐或叠氮基可以氮气的方式离去，也是一类非常重要的离去基团。

α-重氮酮重排成乙烯酮衍生物，随后在亲核试剂作用下生成各类衍生物的反应称为 Wolff 重排。其具体的反应转换过程如下：

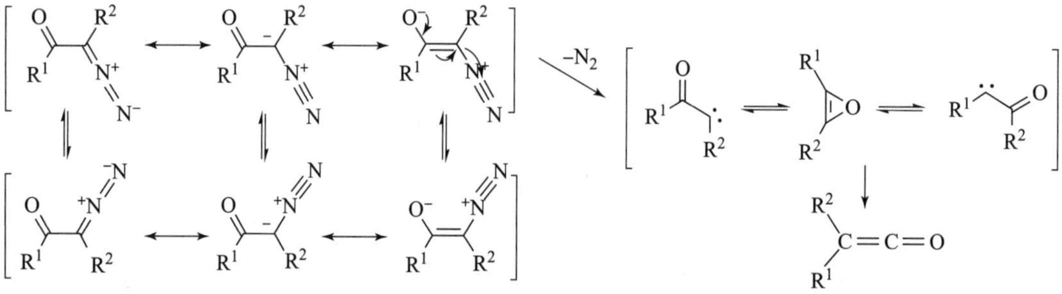

反应的关键中间体为乙烯酮。机理研究发现：加热的条件下，Wolff 重排是按照协同机理进行的，反应过程中没有捕捉到酰基卡宾中间体的存在；光照的条件下，Wolff 重排是按照酰基卡宾机理进行的。对于酰基卡宾中间体，容易发生以环氧乙烯为中间体的"卡宾－卡宾"重排：

协同机理：

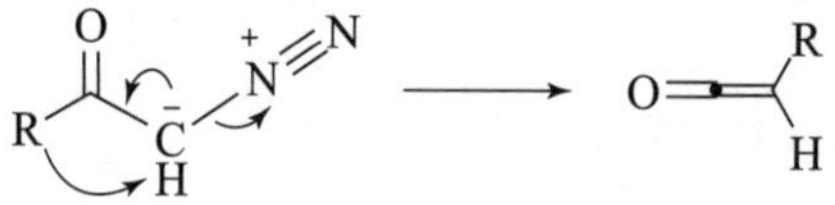

卡宾机理：

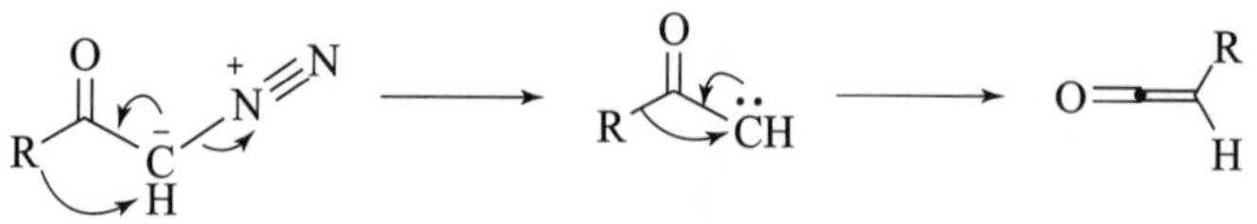

但是，在当时的条件下，α-重氮酮很难制备，常需要通过其他重排反应才能得到：

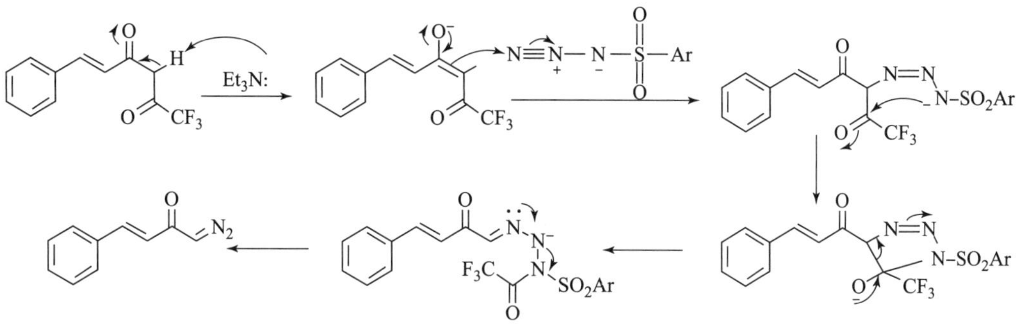

1935 年，F. Arndt 和 B. Eistert 发展了制备 α-重氮酮的简捷方法，使此重排反应得以快速推广，并在此基础上发展了亚甲基插入反应：

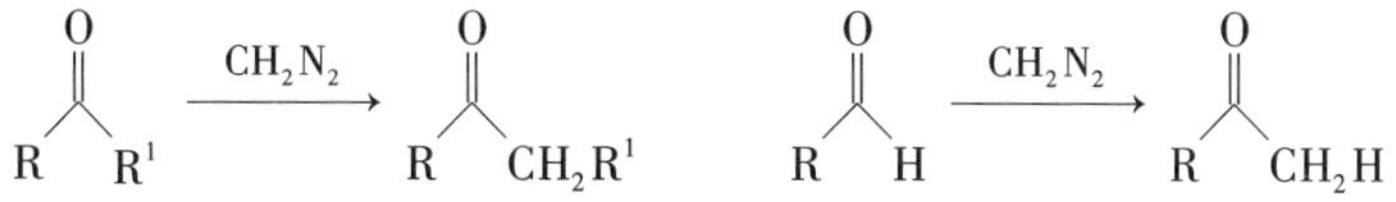

这个反应的转换过程主要还是烷基或氢的[1,2]-迁移：

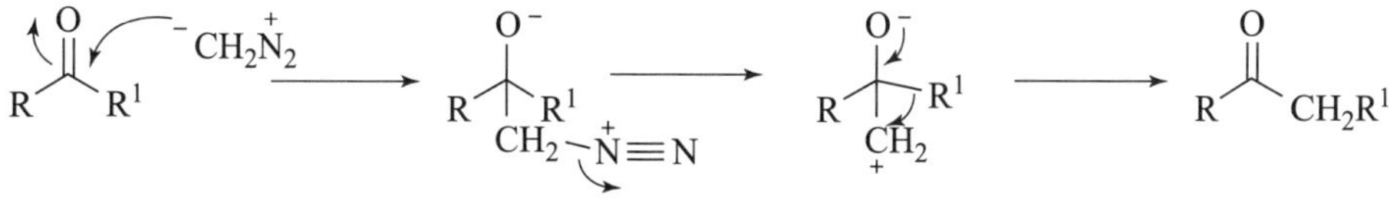

3.3.5.6 从碳原子到氮原子的 1,2-重排反应

在这一类反应中，亲核基团将通过[1,2]-迁移从碳原子重排至氮原子上，因此要求氮原子为六隅体，才能使此反应顺利进行。Hofmann 重排、Curtius 重排、Lossen 重排以及 Schmidt 重排等反应均属于此类反应。

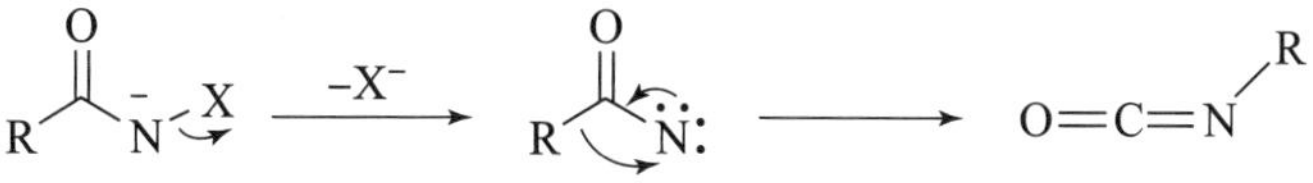

X=Br: Hofmann; X=N$_2$: Curtius, Schmidt; X=OCOR^1: Lossen

此外，还有 Beckmann 重排反应：

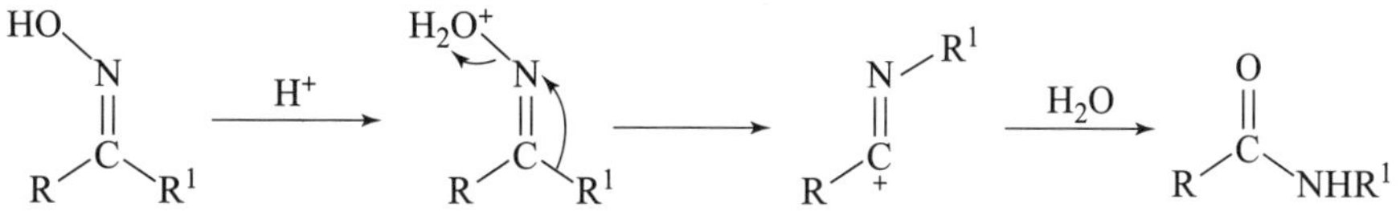

为了使羟基成为易离去基团，反应通常需要在强酸性条件下进行，如浓硫酸、甲酸、PCl$_5$ 或一些路易斯酸。迁移基团通常处于离去基团的反位，但是由于肟在强酸性条件下经常会发生异构化反应，因此有时处在与离去基团顺式位置的基团也可以迁移。

将肟的羟基转化为磺酸酯，可以使此反应在弱酸性或在碱性条件下进行：

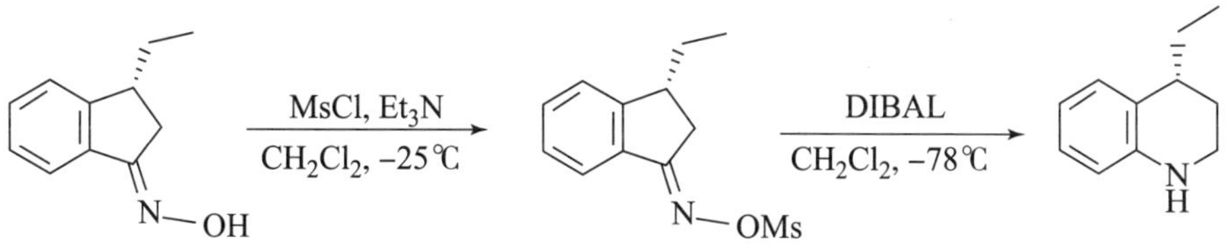

在某些氮杂的双环体系中，当氮原子带有一些离去基团的情况下，也可以发生[1,2]-迁移重排反应。

3.4 碳-杂原子双键的亲核取代反应

3.4.1 羧酸的亲核取代反应

3.4.1.1 羧酸 α-H 的反应——Hell-Volhard-Zelinski 反应

Hell-Volhard-Zelinski 反应是在催化量的三氯氧磷、三溴化磷等作用下，卤素取代羧酸 α-H 的反应。反应进行很顺利，控制卤素用量，可分别得到一元或多卤代酸：

$$CH_3CH_2CH_2CH_2COOH + Br_2 \xrightarrow[70\ ℃]{PBr_3} CH_3CH_2CH_2CHCOOH + HBr$$

$$\underset{80\%}{\overset{|}{Br}}$$

反应机理如下：

$$RCH_2COOH + PBr_3 \longrightarrow RCH_2COBr + H_3PO_3$$

$$\underset{RH_2CC-Br}{\overset{O}{\parallel}} \Longleftrightarrow RCH=CBr \xrightarrow{Br-Br} \underset{RHC-CBr}{\overset{Br\ OH}{\parallel}} + Br^-$$

$$\underset{RHC-C-Br}{\overset{Br\ O}{\parallel}}$$

$$\underset{RHC-C-Br}{\overset{Br\ O}{\parallel}} + RCH_2COOH \longrightarrow \underset{RHCCOOH}{\overset{Br}{|}} + \underset{RH_2CC-Br}{\overset{O}{\parallel}}$$

三卤化磷的作用是将羧酸转化为酰卤，因为酰卤的 α-H 比羧酸的 α-H 活泼，更容易生成烯醇而加快了卤化反应，然后烯醇化的酰卤与卤素反应生成 α-卤代酰卤。后者与羧酸进行交换反应就得到了 α-卤代羧酸，在反应时，也可以用少量的红磷代替三卤化磷，因为红磷与卤素相遇，会立即生成三卤化磷。

由于使用的红磷（或三卤化磷）是催化量的，因此产生的 α-卤代酰卤也是少量的，但它在与羧酸进行交换反应时会重新转变为酰卤，因此酰卤可以循环使用，直到反应完成。

常用的氯代乙酸就是用乙酸和氯气在微量碘的催化作用下制备的。可以得到一氯代、二氯代和三氯代乙酸。

3.4.1.2 羧酸生成酯的反应

羧酸可以两种不同方式转化为酯。羧酸氧与合适的亲电试剂的烷基化将产生酯。在这种情况下，羧酸中的两个氧原子都保留在所生成的酯中，这种转化类型在前面章节中曾介绍过。补充方法是在合适的催化剂或活化剂存在下，用氧亲核试剂处理酸。来自亲核试剂的氧原子被并入生成的酯中，这一部分涵盖了这种类型的转化。

1. Fisher 酯化

在质子酸催化剂的存在下，通过用醇处理将羧酸转化为酯称为 Fisher 酯化反应。这本质上是一个平衡反应，通常通过过量使用一种试剂或除去水（通过蒸馏或使用合适的干燥剂/脱水剂）来驱使正确的反应：

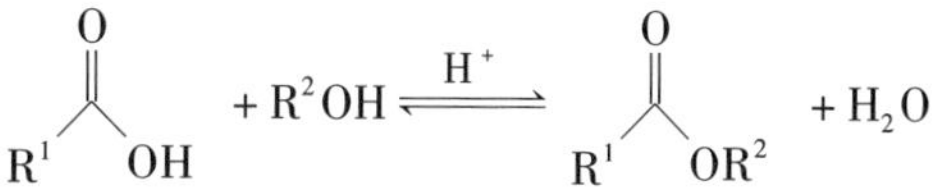

在酯化反应生成简单的酯（例如甲酯和乙酯）的情况下，通常以过量使用醇作为溶剂。注意在下面的第二示例中，强酸性条件也导致 Boc 保护基的去除。

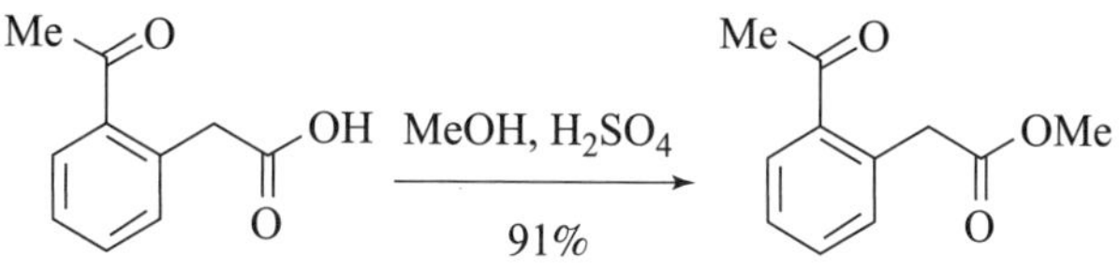

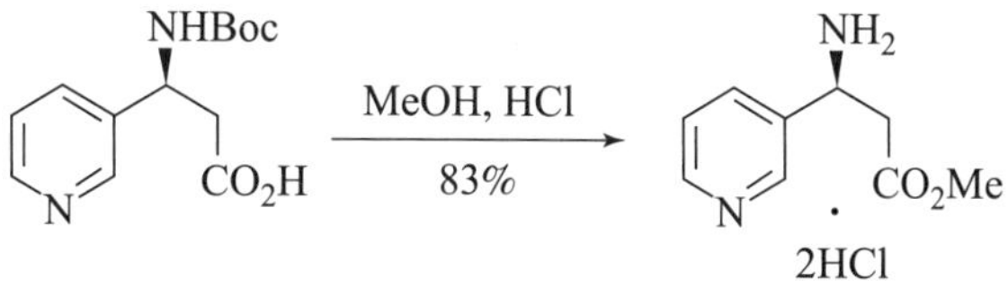

当醇不能用作溶剂时，通常通过共沸除去水来驱动反应完成，如以下示例所示。

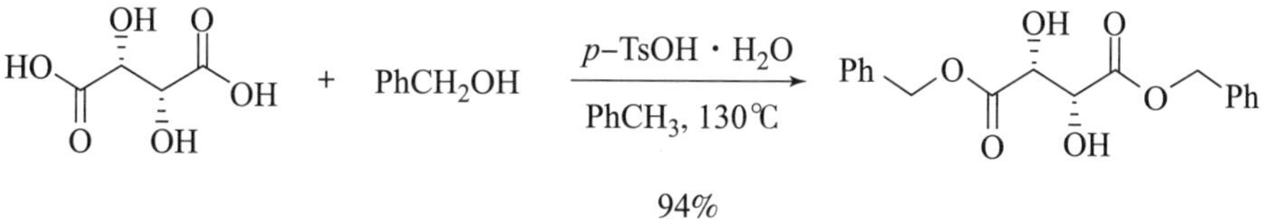

在醇存在下使用催化式 $SOCl_2$ 是制备酯的另一种便捷方法。亚硫酰氯与甲醇反应生成 HCl，因此可作为无水 HCl 的便捷来源。乙酰氯也经常用于此目的。

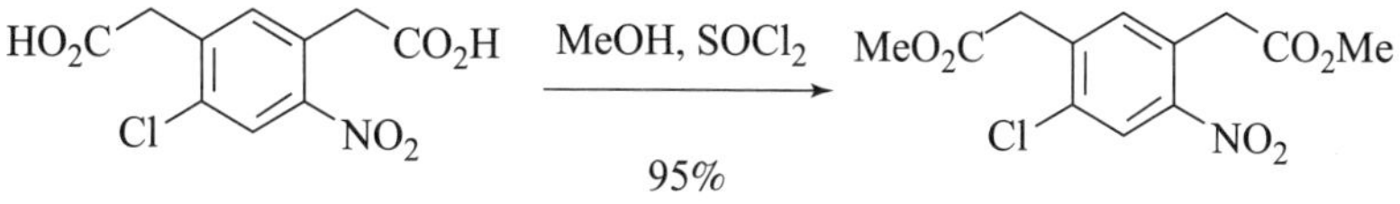

当使用伯或仲醇时，Fisher 酯化方案是有效的。通常在这些条件下消除叔醇，因此很少使用这种方法制备叔醇的酯。尽管此过程操作简单，但当分子中存在酸不稳定的官能团时，对强酸的需求将受到限制。

2. Widmer 的叔丁基酯合成方法

生成叔丁酯的一种特别方便的方法是 Widmer 方法，其中用 N,N-二甲基甲酰胺二叔丁基缩醛处理羧酸。尽管最初的方法使用苯作为反应溶剂，但已发现使用甲苯作为反应溶剂是可接受的替代方法。

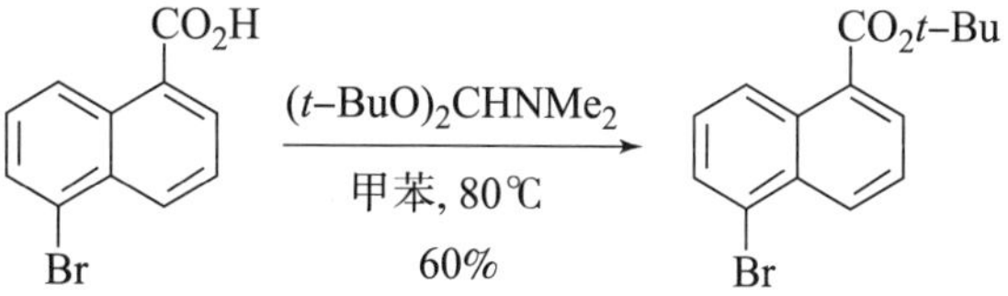

羧酸可以容易地通过酰氯转化为相应的酯。与酰胺化反应一样，通过酰氯进行的酯化反应会生成等量的 HCl，因此需要等量的碱才能完成反应。这些反应通常通过添加少量的 DMAP 来催化。

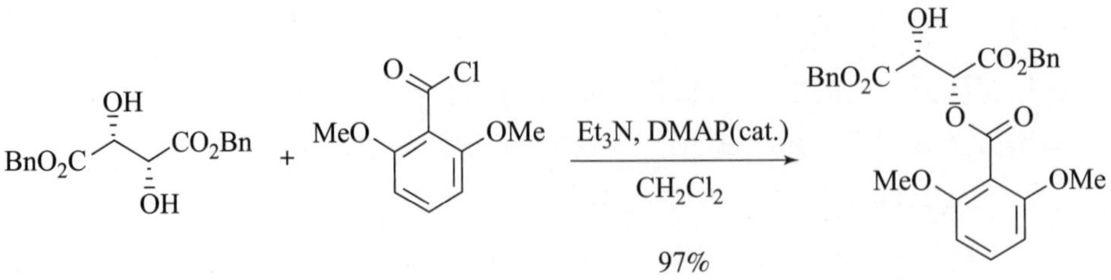

3. 通过酰基咪唑（咪唑化物）

羧酸可以通过两步序列转化为相应的酯，该过程通过酰基咪唑进行。在一个典型的反应中，将酸用 N,N-羰基二咪唑（CDI）活化，得到酰基咪唑，然后将其用醇处理以提供酯。由于该转化过程中的副产物是咪唑，因此不需要额外的碱。

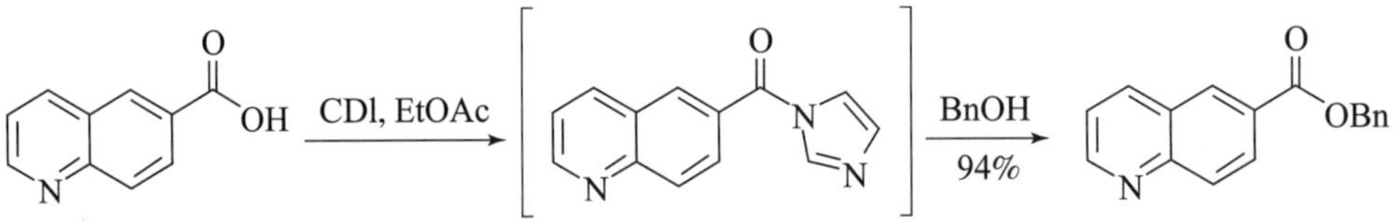

4. 使用碳二亚胺

碳二亚胺的使用是从酸合成酯的便利方法。最常用的碳二亚胺是 DCC 和 EDC，在这些条件下，对空间要求苛刻的底物以及弱亲核性醇（如苯酚）反应生成相应的酯。但是，由于大部分由碳二亚胺产生的脲副产物只能通过色谱法分离，因此该方法比上面列出的方法更不受欢迎。

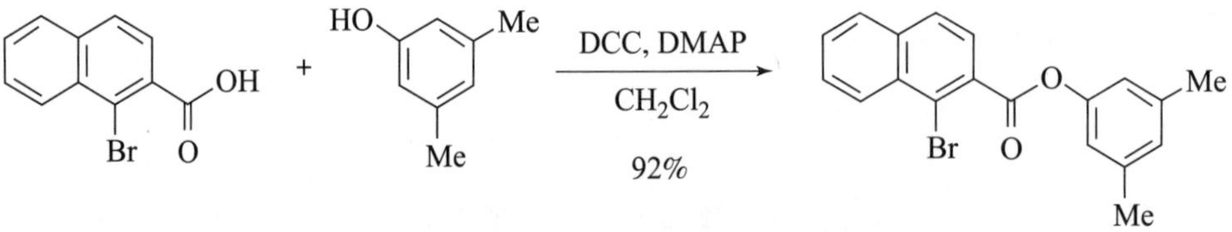

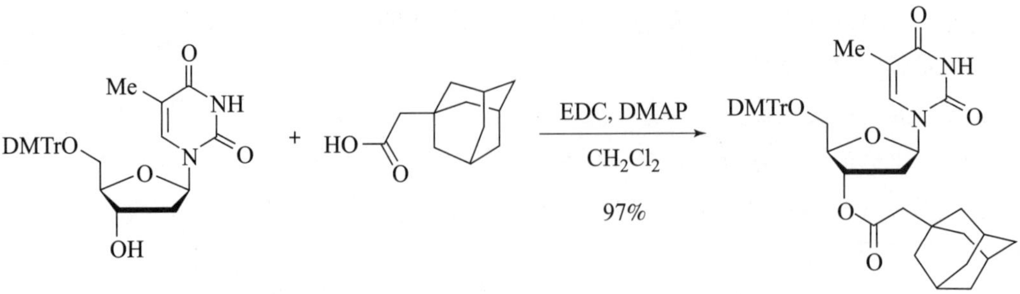

DMTr=二甲氧基

5. 通过酸酐

对称酸酐很少用作酯生成反应中的酰基组分，因为只有一半的酸酐被掺入产物中。对称酸酐的醇解通常仅在酸酐廉价且容易获得时（例如乙酸酐）进行。这种转化通常可用于保护醇类酯类。

最通常地，在碱的存在下用酸酐将醇处理以提供酯。通常添加催化量的 DMAP 以提高反应速率。下面给出了使用四阳离子酸酐和异丁酸酐的两个代表性示例。

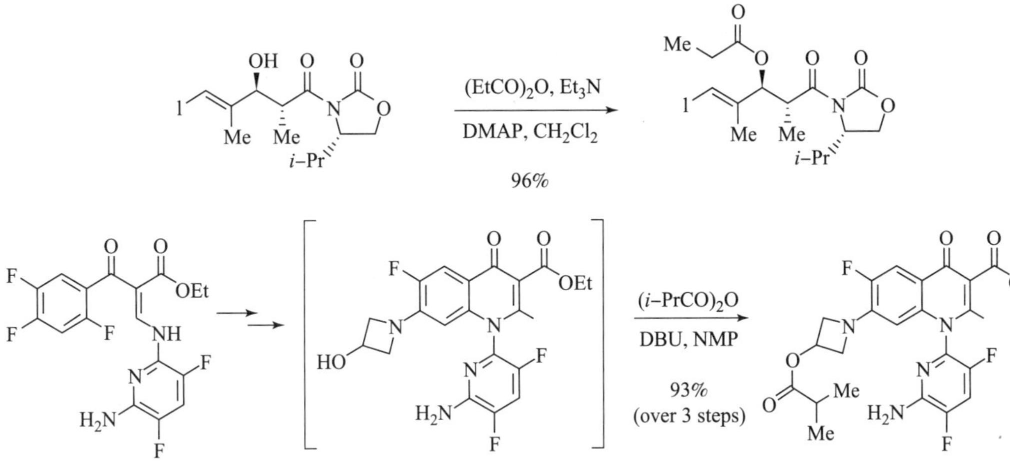

96%

93%
(over 3 steps)

已显示几种路易斯酸催化剂可促进酸酐的醇解。例如，已证明添加非常少量（＜0.01当量）的 Bi（OTf）₃ 是有效的催化剂。在这些条件下，对空间需求量较高的醇可以有效地酰化。类似地，反应性相对较低的酸酐例如新戊酸酐也经历了有效的醇解。

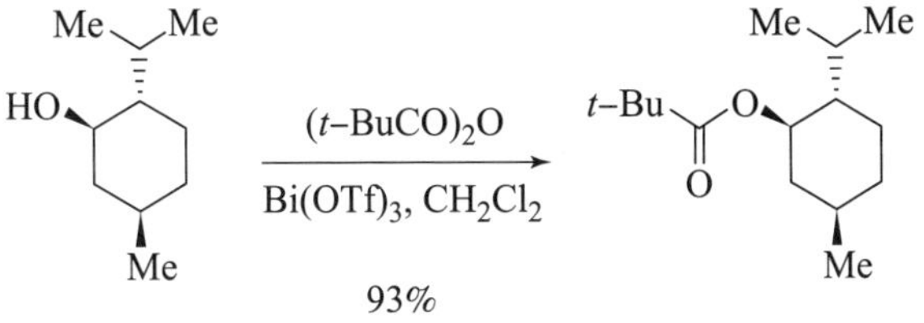

93%

对称二元醇可使用催化剂 Yb（OTf）₃ 与酸酐选择性地单酰基化，例如，在 0.1 mol% Yb（OTf）₃ 存在下，通过乙酸酐处理将内氢苯偶姻选择性地单酰基化。

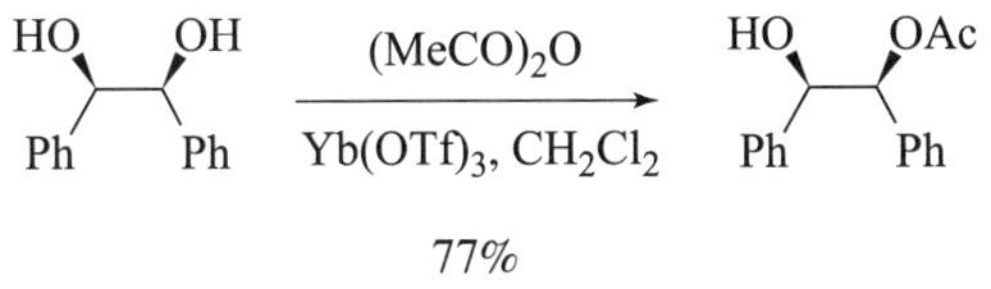

77%

3.4.1.3　生成酰胺的反应

酰胺可通过将羧酸与胺直接偶联（通过原位活化）生成，也可通过两步过程先由羧酸活化，然后使胺与活化的中间体反应来生成。

1. 羧酸和胺的直接偶联

碳二亚胺，例如 DCC（二环己基碳二亚胺）是最直接用于酸和胺偶联的试剂。这些试剂的主要缺点是通常只能通过色谱法分离的尿素副产物生成。通过使用 1-[3-(二甲基氨基)丙基]-3-乙基碳二亚胺盐酸盐（EDC）可以缓解此问题，其中尿素副产物是水溶性的，可以通过萃取后处理或水洗方便地除去。需要由 1-羟基苯并三唑（HOBt）催化。因此，需要使用化学计量的 EDC 以及已知的 HOBt 危害，使得该反应在大规模应用中不太理想。

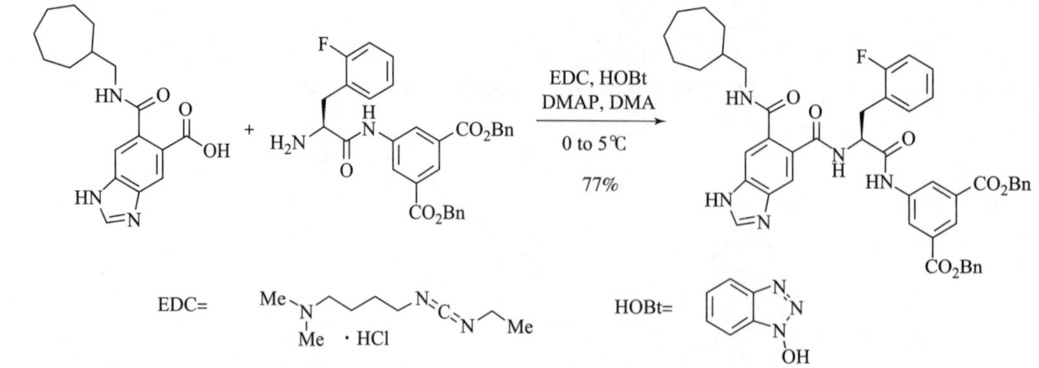

用于酰胺合成的特别方便和"绿色"的方案涉及在催化硼酸的存在下，羧酸和胺的直接反应，共沸去除水。已证明该反应对于多种伯和仲脂族胺以及苯胺都是成功的。

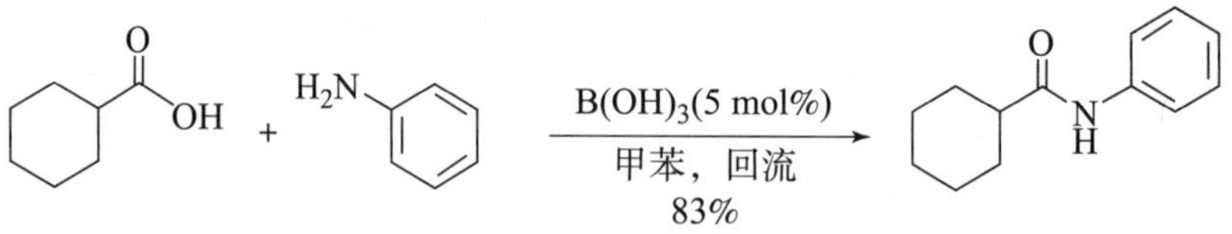

2. 通过酸性氯化物

合成酰胺的常用方法是在碱的存在下使胺与酰氯反应。当使用氢氧化钠作为碱时，这种反应称为 Schotten-Baumann 反应。有机碱如三乙胺也已用于该转化中。在某些情况下，通过添加少量的 4-(二甲基氨基) 吡啶（DMAP）可以加速反应。当酰氯容易获得时，这是一种方便且相当通用的酰胺生成方法。

尽管它提供了方便和实用性，但这种方法有一些局限性。在偶联反应中，HCl 的共生成会导致不期望的副反应，例如不需要去除某些不耐酸保护基。此外，用于清除 HCl 的碱可导致可烯醇化酸氯化物的外消旋，尤其是当用于具有高度手性的肽合成时。在下面的例子中，使用温和的碱（碳酸氢钠）导致平滑的酰胺化，同时保持立体化学和避免酯功能水解。

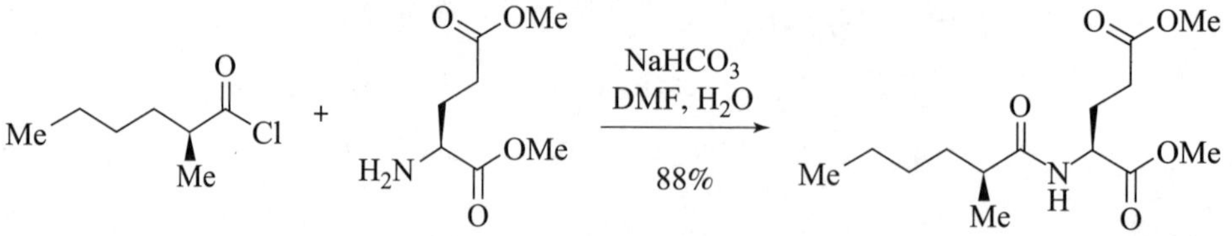

在以下示例中，通过用亚硫酰氯处理羧酸以定量收率生成酰基氯。然后使用咪唑作为碱进行酰胺化反应。使用咪唑可避免自缩合反应和随后的中间体酰氯聚合，使用其他几种碱时会出现此问题。

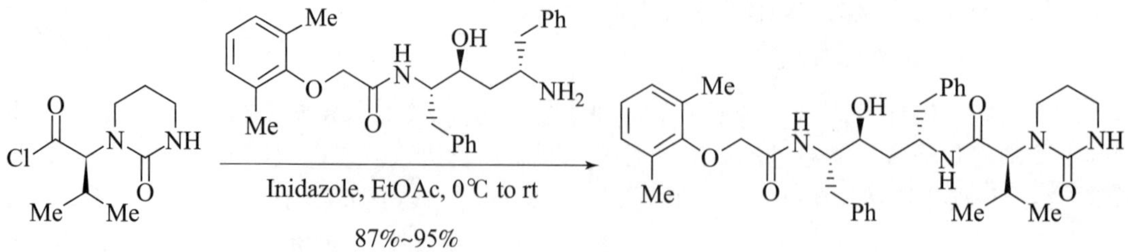

3. 通过酰基咪唑（咪唑化物）

用于生成酰胺的方便且广泛使用的试剂是 N0-羰基二咪唑（CDI）。羧酸用 CDI 活化，生成中间体酰基咪唑，然后在随后的步骤中将其与所需的胺偶联。该方案已成功用于合成西地那非生产中的关键中间体。

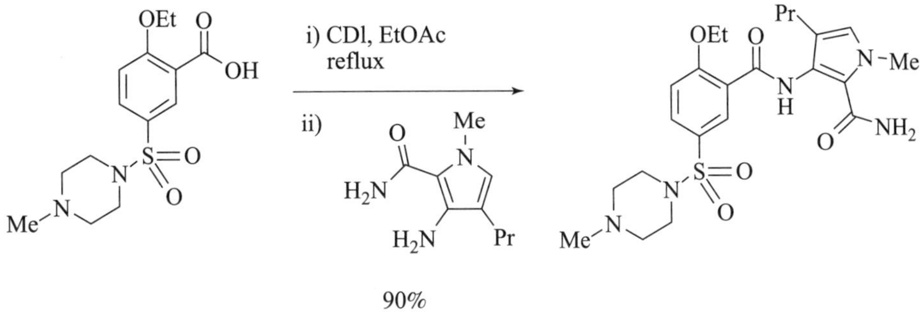

90%

由于咪唑是在该反应顺序中产生的，因此无须使用额外的碱进行偶联反应。而且，可以直接使用胺的盐而无须在反应之前产生游离碱。使用 CDI 进行酰胺化的副产物，即咪唑和二氧化碳，是无害的。已经表明，在活化步骤中放出的 CO_2 催化了随后的酰胺化步骤。

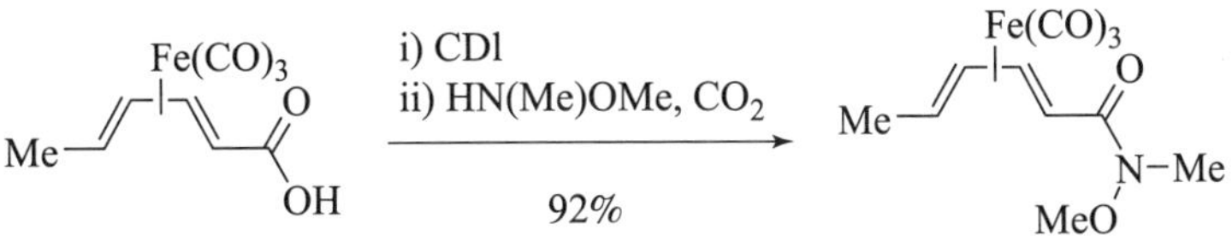

CDI 方案的一个次要缺点是酰基咪唑的反应性比相应的酰氯稍低，因此涉及空间位阻羧酸或弱亲核胺的偶联反应趋于缓慢。该问题可通过使用催化剂例如 2-羟基-5－硝基吡啶来克服。已经对这种催化剂的安全危害和效率进行了深入的研究。

4. 使用酸酐

对称酸酐很少用作酰胺生成反应中的酰基组分，因为只有一半的酸被用于偶联反应，而另一半被"浪费"了。仅当酸酐便宜且可商购时（例如乙酸酐），该方法才具有吸引力。伯胺与环酐的反应生成酰亚胺。邻苯二甲酰亚胺基通常用作胺的保护基，并通过与邻苯二甲酸酐反应而连接。

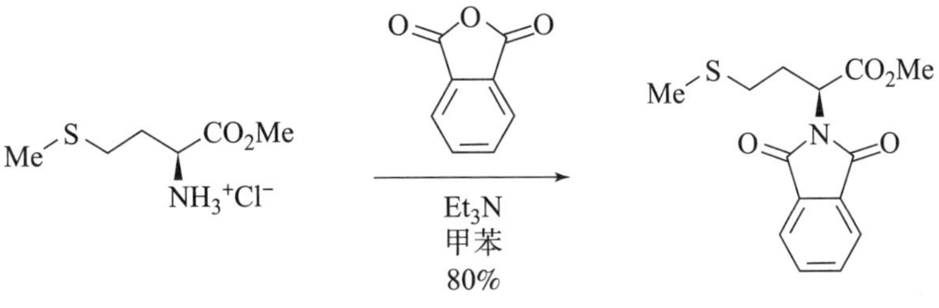

混合酸酐已广泛用于生成酰胺。混合酸酐可分为两类，即混合羧酸酐和混合碳酸酐。

混合羧酸酐使用最广泛的例子是新戊酸酐。在碱（叔胺）存在下，用新戊酰氯（三甲基乙酰氯）处理羧酸，然后在下一步将所得的酸酐与胺偶联。由叔丁基提供的空间位阻迫使胺优先在末端羧基中心反应，因此获得了区域选择性。其他混合羧酸酐困扰着区域选择性问题，因此较不常用。

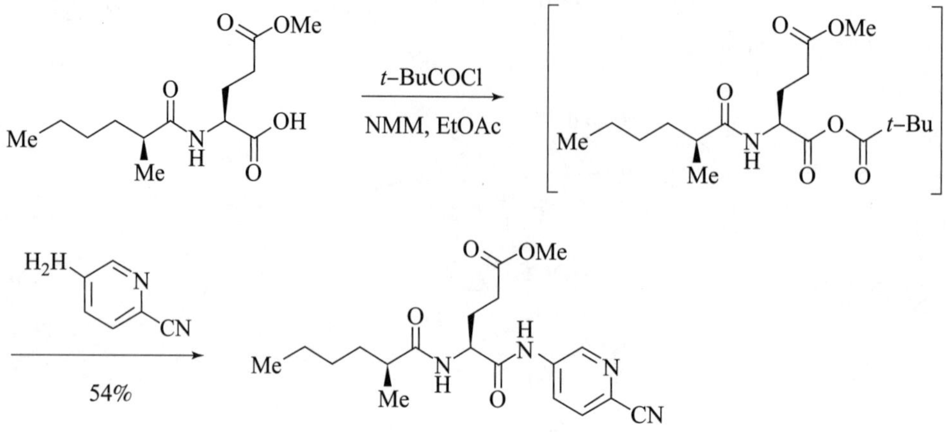

NMM=*N*–methylmorpholine

混合的碳酸酐被广泛用于酰胺的生成。这些化合物可通过在碱（通常是叔胺）存在下用氯甲酸烷基酯处理羧酸来轻松获得。在这些情况下，胺攻击的区域化学作用主要由电子因素决定。该反应优选在更具亲电性的羧酸位点而不是碳酸酯位点发生。这些反应的副产物，即碱的盐酸盐，CO_2 和氯甲酸酯的醇，是相当无害的，因此该方案对大规模应用具有吸引力。

在典型的反应中，将氯甲酸酯加入羧酸和碱的混合物中以生成混合酸酐，将其在下一步中用胺处理以提供酰胺。

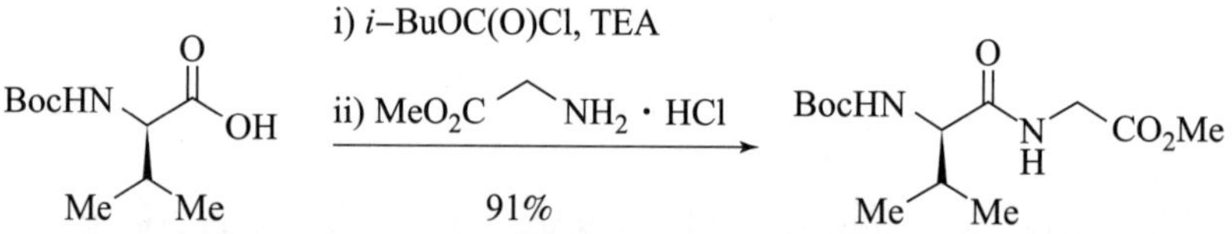

有趣的是，当将相同的方案用于随后的转化时，由于羧酸与活化物质的反应，在活化步骤中生成了大量的对称酸酐。通过改变加料顺序可避免该问题：将羧酸和碱的混合物加至氯甲酸异丁酯的甲苯溶液中。基础的选择值得注意。后处理后，从水层中提取 N,N-二甲基苄基胺，并循环。

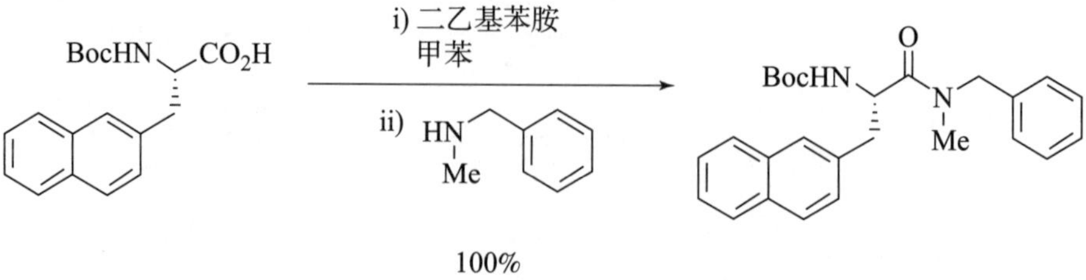

生成混合碳酸酐的另一种方法是用 2-乙氧基-1-乙氧基羰基-1,2-二氢喹啉（EEDQ）处理羧酸。与氯甲酸酯方案相比，该方法的主要缺点是产生化学计量的喹啉作为副产物。

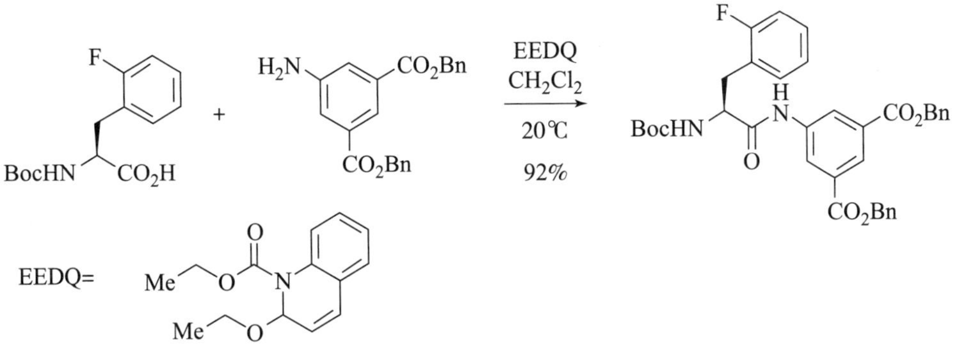

已经开发了用于生成酰胺键的其他几种试剂。这些试剂中的大多数，例如 phospho 盐和铀盐都是非常有效的。然而，由于生成大量副产物，它们对于大规模应用没有吸引力。如果上述方法无法产生期望的结果，则这些方法可能适用于极端情况。

3.4.1.4　生成酰氯的反应

在羧基中心使羧酸发生亲核攻击的最常见方法之一是将其转化为酰基卤化物，通常是酰基氯化物。该反应通常通过使用卤化剂（例如亚硫酰氯或草酸）处理羧酸来进行，使用任意催化量的二甲基甲酰胺。Vilsmeier 试剂（来自亚硫酰氯或草酸与二甲基甲酰胺的反应）也被使用。下面讨论这些方法的代表性示例和相关优点。

1. 没有 DMF 时使用草酰氯的方法

通常可以在有机溶剂中用草酰氯处理羧酸以生成酰氯。使用草酰氯的优点是反应副产物（CO，CO_2 和 HCl）易挥发，可以轻松地从反应混合物中除去。无论如何，它们很少干扰酰基卤的后续反应，从而使草酰氯成为实现该转化的选择的顶级试剂之一。已发现 DBU 是这种转化的有效催化剂。在室温下用 2 当量的草酰氯和 0.06 当量的 DBU 在 THF 中处理羧酸，导致完全转化为酰氯。酰氯与羟胺的后续反应在重结晶后提供 61% 的总产率的异羟肟酸。

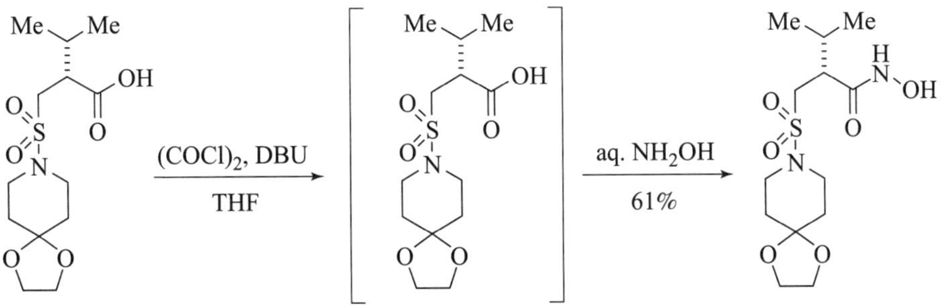

2. 没有 DMF 时使用亚硫酰氯的方法

通常，用亚硫酰氯处理羧酸得到相应的酰氯。该反应的副产物是 SO_2 和 HCl。该反应可以在不存在有机助溶剂的情况下（即在纯亚硫酰氯中）进行。由于其相对较低的沸点（79 ℃），可以通过蒸馏方便地从反应混合物中除去过量的亚硫酰氯，从而避免了后续步骤的复杂性。

该反应还可以在有机溶剂如 THF 中进行，如下例所示。

这种转化也可以在碱的存在下进行。在下面的示例中，通过在甲苯/MTBE 中用亚硫酰氯和三乙胺处理羧酸来合成酰氯。通过 Curtius 重排将酰基氯带到 Bocprotected 胺上，总产率为 73%。

应当指出，在没有碱的情况下在 MTBE 中使用 SOCl$_2$ 是特别危险的，使用 SOCl$_2$ 反应释放出的 HCl 可能导致 MTBE 分解并生成异丁烯气体。

3. 使用卤化剂和 DMF 的方法

少量的 DMF 通常会催化羧酸与氯化剂（例如草酰氯或亚硫酰氯）的反应。据推测这是由于 Vilsmeier 试剂的原位产生。在氯脱羟基反应中利用 DMF 的一个主要缺点是不需要的联产二甲基氨基甲酰氯（DMCC）。该化合物是已知的动物致癌物，也是潜在的人类致癌物。由于这些毒理学方面的考虑，在进行涉及 DMF 和氯化剂的反应时必须采取适当的收容措施，尤其是在制药行业。以下是使用此试剂组合进行反应的一些示例。

在以下示例中，在催化 DMF 的存在下使用草酰氯将酸转化为相应的酰氯。

在下面的示例中，在催化的 DMF 在甲苯中的存在下，使用 SOCl$_2$ 可以实现向酰基氯的完全转化。由于下一步将酰氯在 Schotten－Baumann 条件下（使用 NaOH 水溶液）转化为酰胺，因此在酰氯生成后不必除去过量的亚硫酰氯。

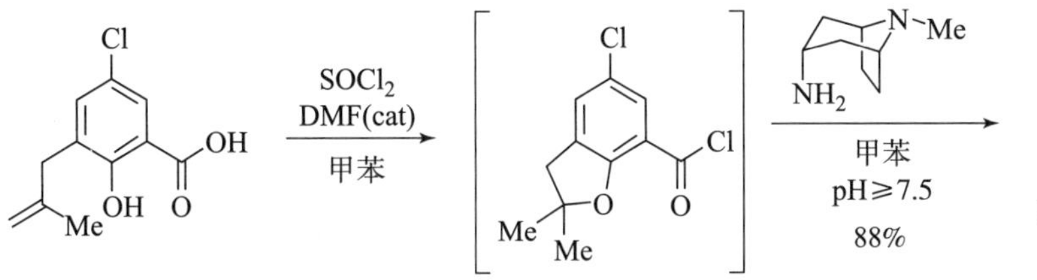

4. 使用 Vilsmeier 试剂的方法

DMF 与卤化剂（如 $SOCl_2$，$POCl_3$ 或草酰氯）的反应导致生成 Vilsmeier 试剂（N,N-二甲基氯亚甲基氯化铵）。该试剂是可商购的，并且已经用于将羧酸转化为酰氯。下面提供了一个代表性示例。

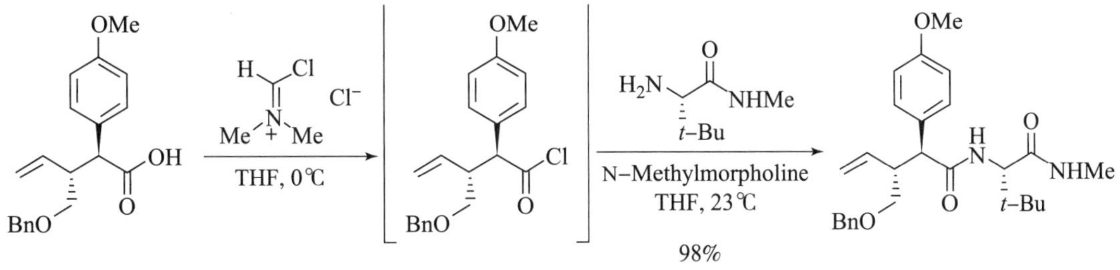

3.4.2 羧酸衍生物的亲核取代反应

羧酸衍生物的亲核取代反应可表达如下：

$$R-\overset{\overset{\displaystyle O}{\|}}{C}-W + :Nu^- \xrightleftharpoons{\text{催化剂}} R-\overset{\overset{\displaystyle O}{\|}}{C}-Nu + {}^-W:$$

反应的结果是酰基碳上的一个基团被亲核试剂所取代，因此这类反应称为酰基碳（acyl carbon）上的亲核取代反应。

此类亲核取代可以在碱催化的条件下进行。碱催化下的反应机理如下：

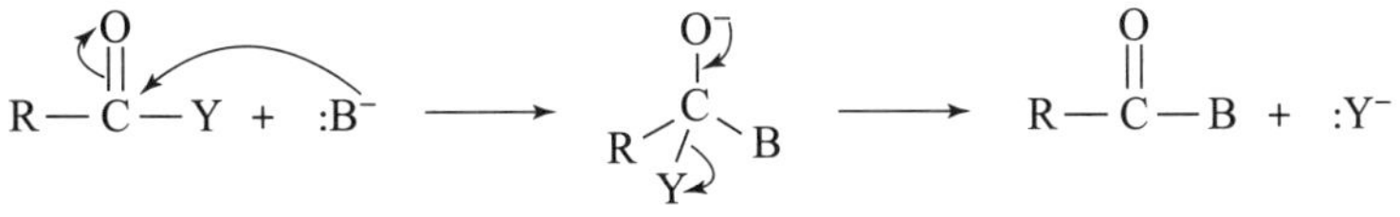

四面体中间体

反应分两步进行，首先是亲核试剂在羰基碳上发生亲核加成，生成四面体中间体（tetrahedral intermediate），然后再消除一个负离子，总的结果是取代。由于第一步反应是亲核加成，而生成的是一个带负电荷的四面体中间体，因此原料中羰基碳的正电性越大，其周围的空间位阻越少，越有利于反应的进行。第二步消除反应取决于离去基团的性质，越易离去的基团，反应越易发生。在羧酸衍生物中，基团离去能力的次序是

$$I^- > Br^- > Cl^- > {}^-OCOOR > {}^-OR > {}^-NH_2$$

此类亲核取代反应也可以在酸催化下进行。酸催化下的反应机理表述如下：

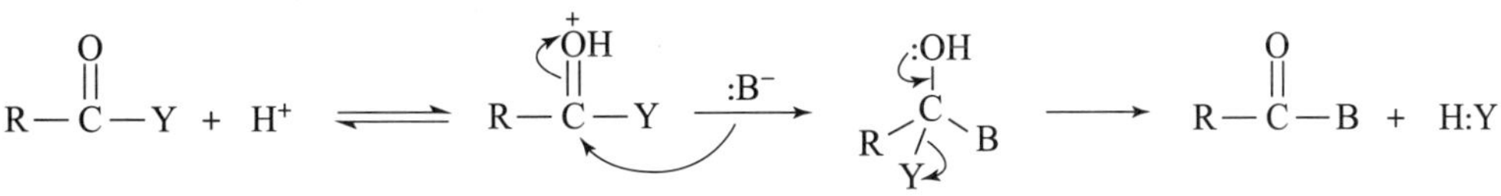

首先是羰基氧的质子化（protonation）。羧酸衍生物的羰基氧具有碱性，酸的作用就是通过羰基氧的质子化，使氧带有正电荷，质子化的氧对碳氧双键上的 σ 电子和 π 电子具有更大的吸引力，从而使碳更具正电性。接着，亲核试剂对活化的羰基进行亲核加成，得到四面体中间体。最后发生消除反应生成产物。

绝大多数羧酸衍生物是按上述机理进行亲核取代反应的。综合亲核加成及消除二步，不管是酸催化还是碱催化的机理，羧酸衍生物亲核取代的反应性顺序是

$$
\underset{R\quad Cl}{\overset{O}{\parallel}} \approx \underset{R\quad Br}{\overset{O}{\parallel}} > \underset{R\quad O\quad R}{\overset{O\quad\quad O}{\parallel\quad\parallel}} > \underset{R\quad OR'}{\overset{O}{\parallel}} > \underset{R\quad NH_2}{\overset{O}{\parallel}}
$$

3.4.2.1　羧酸衍生物的水解反应

羧酸的衍生物和腈都能水解（hydrolysis），它们的水解反应可用下面各式表达：

$$
\underset{CH_3\quad Cl}{\overset{O}{\parallel}} + H_2O \longrightarrow \underset{CH_3\quad OH}{\overset{O}{\parallel}} + HCl
$$

$$
\underset{CH_3\quad O\quad CH_3}{\overset{O\quad\quad O}{\parallel\quad\parallel}} + H_2O \longrightarrow \underset{CH_3\quad OH}{\overset{O}{\parallel}} + \underset{CH_3\quad OH}{\overset{O}{\parallel}}
$$

$$
\underset{CH_3\quad OC_2H_5}{\overset{O}{\parallel}} + H_2O \longrightarrow \underset{CH_3\quad OH}{\overset{O}{\parallel}} + C_2H_5OH
$$

$$
\underset{CH_3\quad NH_2(或R)}{\overset{O}{\parallel}} + H_2O \longrightarrow \underset{CH_3\quad OH}{\overset{O}{\parallel}} + NH_3(或R)
$$

$$
H_3C-C\equiv N + H_2O \longrightarrow \underset{CH_3\quad OH}{\overset{O}{\parallel}} + NH_4^+ （或 NH_3）
$$

1. 酰卤的水解

在羧酸衍生物中，酰卤水解速率很快，小分子酰卤水解很猛烈，如乙酰氯在湿空气中会发烟，这是因为乙酰氯水解产生盐酸之故。相对分子质量较大的酰卤在水中溶解度较小，反应速率很慢，如果加入使酰卤与水都能溶的溶剂，反应就能顺利进行。在多数情况下，酰卤不需催化剂帮助即可发生水解反应，在少数情况下需要碱做催化剂。

2. 酸酐的水解

酸酐可以在中性、酸性、碱性溶液中水解，酸酐不溶于水，在室温水解很慢。如果选择一合适的溶剂使成均相，或加热使成均相，不用酸碱催化，水解也能进行。如甲基丁烯二酸酐用理论量水加热至均相，放置、固化，得 2-甲基顺丁烯二酸：

94%

3. 酰胺的水解

酰胺在酸或碱催化下可以水解为酸和氨（或胺），反应条件比其他羧酸衍生物的强烈，需要强酸或强碱以及比较长时间的加热回流：

$$Ph\text{—}CH_2\text{—}C(=O)\text{—}NH_2 \xrightarrow[\text{回流}]{35\%HCl} Ph\text{—}CH_2\text{—}C(=O)\text{—}OH + NH_4^+ + Cl^-$$
$$80\%$$

$$H_3CO\text{—}C_6H_3(NO_2)\text{—}NHCOCH_3 \xrightarrow[\text{回流}]{KOH, H_2O} H_3CO\text{—}C_6H_3(NO_2)\text{—}NH_2 + CH_3COO^- + K^+$$

酸催化时，酸除使酰胺的羰基质子化外，还可以中和平衡体系中产生的氨或胺，使它们成为铵盐，这样可使平衡向水解方向移动。碱催化时，碱 OH^- 进攻羰基碳，同时将生成的羧酸中和成盐。

有些酰胺有空间位阻，较难水解，如果用亚硝酸处理，可以在室温水解得到羧酸，产率较高：

$$(CH_3)_3C\text{—}C(=O)\text{—}NH_2 + HNO_2 \xrightarrow[35℃]{H_2SO_4, H_2O} (CH_3)_3C\text{—}C(=O)\text{—}OH$$
$$80\%$$

反应过程是，首先由 HONO 中的 ^+NO 与—NH_2 反应得 —$N^+{\equiv}N$，然后 N_2 离去，酰基正离子与 H_2O 结合，再失去质子得羧酸：

$$R\text{—}C(=O)\text{—}NH_2 \xrightleftharpoons{HNO_2} R\text{—}C(=O)\text{—}N^+{\equiv}N \xrightarrow[N_2O]{-N_2} R\text{—}C(=O)\text{—}\overset{+}{O}H_2 \rightleftharpoons R\text{—}C(=O)\text{—}OH + H^+$$

4. 腈的水解

腈（nitrile）在酸或碱作用下加热，先生成酰胺，酰胺再进一步水解生成羧酸。它们的转换关系为

$$RCN \xrightleftharpoons[-H_2O]{H_2O} R\text{—}\overset{O}{\overset{\|}{C}}\text{—}NH_2 \xrightleftharpoons[-H_2O]{H_2O} RCOOH$$

小心控制反应条件，可使腈水解为酰胺。

5. 酯的水解

酯水解产生一分子羧酸和一分子醇：

$$C_6H_5\text{—}C(=O)\text{—}OC_2H_5 + H_2O \rightleftharpoons C_6H_5\text{—}C(=O)\text{—}OH + C_2H_5OH$$

这是酯化反应的逆反应，因此酯水解反应最后也达到平衡。酯的水解比酰氯、酸酐困

难，故需要酸或碱催化，一般常用碱做催化剂。因为 OH⁻ 是较强的亲核试剂，容易与酯羰基碳发生亲核反应，而且产生的酸可以与碱作用生成盐，有利于平衡反应的正向移动。因此碱催化时，碱的用量要比 1 mol 多，碱实际上不仅是催化剂，也是试剂。

6. 酯水解的反应机理

酰卤、酸酐、酯、酰胺的水解、醇解、氨（胺）解的反应机理很多是类似的，对酯水解的反应机理研究得比较深入，故用它加以说明，其他类推。

（1）酯的碱性水解机理酯可以在碱催化作用下发生水解，生成羧酸盐和醇。

$$CH_3COOC_2H_5 + NaOH \longrightarrow CH_3COONa + C_2H_5OH$$

酯的碱性水解是通过亲核加成-消除机理（nucleophilic addition – elimination mechanism）完成的，具体过程如下：

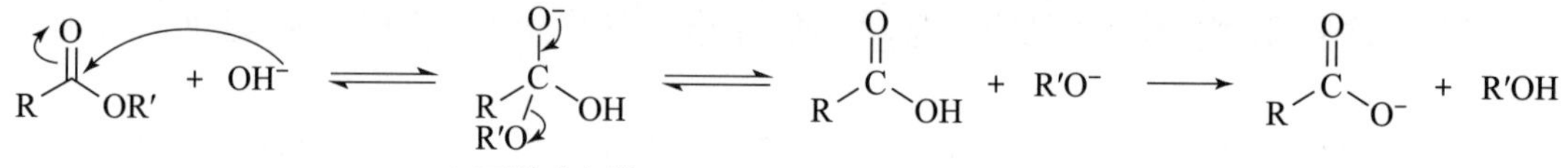

OH⁻ 先进攻酯羰基碳发生亲核加成，生成四面体中间体，然后消除 ⁻OR′，这两步反应均是可逆的，在四面体中间体上消除 OH⁻，得回原来的酯。消除 ⁻OR′，可以得羧酸，但由于此反应是在碱性条件下进行的，生成的羧酸可以和碱发生中和反应，从而移动了平衡。

上述反应机理表明，酯在碱性水解时，发生了酰氧键（acyloxygen bond）断裂，这一点已被同位素标记实验（isotope labeling experiment）证明。乙酸戊酯用 $H_2^{18}O$ 在碱性条件下水解，结果得到的羧酸负离子中有 ^{18}O，这说明水解是酰氧键断裂：

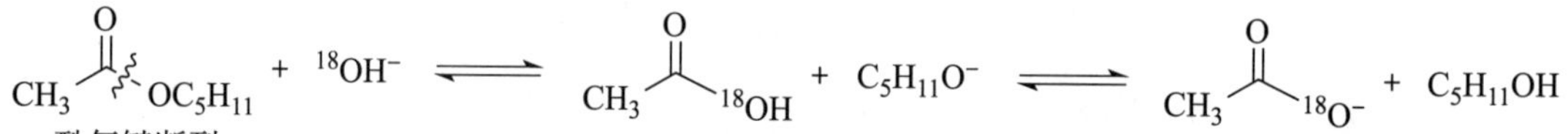

酯的碱性水解也是按四面体中间体机理进行的，这一点已被很多实验证明。其中一个证据是三氟代乙酸乙酯与乙氧基负离子在正丁醚中生成一个结构如下的四面体化合物，这已从红外光谱中得到了证实。

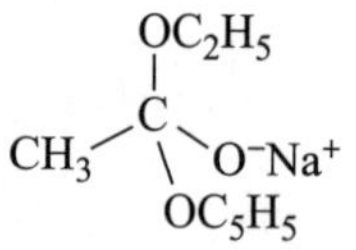

另外一个证据是用 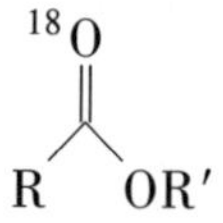 在普通水中部分水解，然后测定未水解酯中 ^{18}O 的含量，发现酯中 ^{18}O 含量减少，即存在没有 ^{18}O 的酯。这个现象，可以从生成四面体中间体来解释：

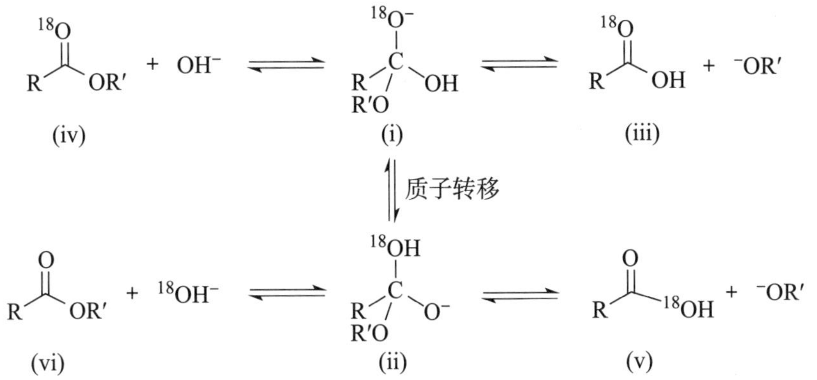

中间体（i）既可消除 −OR′ 得到羧酸（iii），又可消除 OH⁻ 恢复为原来的酯（iv），同时中间体（i）的 OH 上的质子可以转移到另一个氧上得到（ii），这是一个交换反应（exchange reaction）。（ii）与（i）一样，可以同样的速率消除 ⁻OR′，既得到羧酸（v），又可消除 $^{18}OH^-$ 得到酯（vi），（ii）^{18}OH 上的质子也可以转移得到（i）。由于存在这些可逆反应及交换反应，因此在未水解的酯中存在两种酯即（iv）与（vi），在（vi）中已没有 ^{18}O，故在分析未水解酯中发现 ^{18}O 的含量降低，这是由于生成四面体中间体进行质子转移的结果。

碱性水解反应过程中生成一个四面体中间体的负离子，因此可以预见，羰基附近的碳上有吸电子基团，既有利于增加羰基碳的正电性，又可使生成的负离子稳定而促进反应；空间位阻越小，越有利于四面体中间体的生成而促进水解反应，这些均已被大量实验事实证明。

（2）酯的酸性水解机理酯水解亦可在酸性条件下进行：

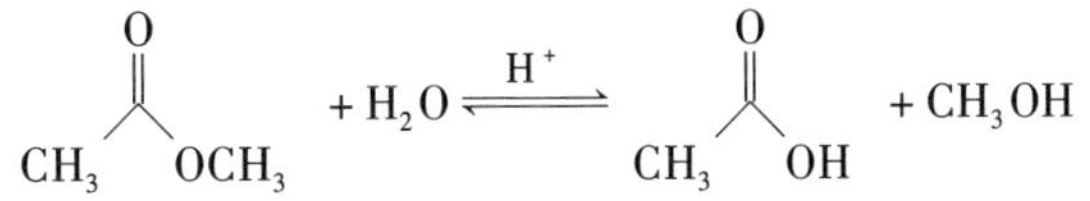

经同位素方法证明，酸催化水解也是酰氧键断裂，反应是按下列机理进行的：

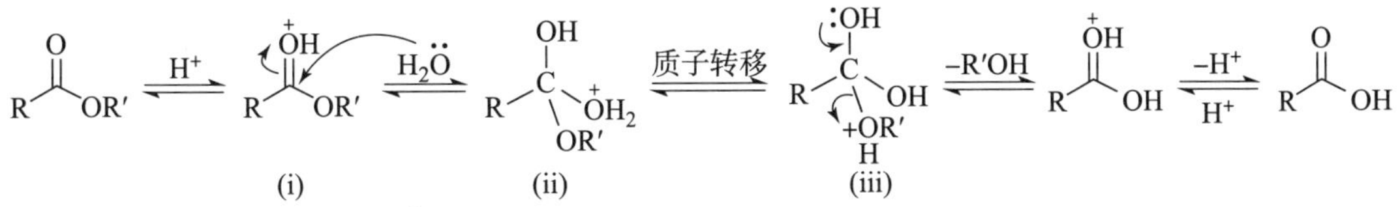

反应关键一步是水分子进攻质子化的酯（i），质子化后的酯亲电能力非常强，它与亲核能力不太强的水反应较未质子化的酯快，生成了四面体正离子（tetrahedral cation）的中间体（ii），（ii）经质子转移成为消除醇，再消除质子得到羧酸。这是一个可逆反应，由于在反应中存在大量水，因此可以使反应趋向完成。

由酯的酸性水解反应机理可以推断：空间位阻对碱性水解和酸性水解的影响是一致的，但羰基附近碳上所连的极性基团对两种水解的影响是有所不同的。若 α 碳上连有吸电子基团，对碱性水解是有利的，而对酸性水解存在两种相反的影响，一方面它降低了酯羰基氧的电子云密度，对酯的质子化不利，另一方面它增加了羰基碳的正电性，有利于亲核试剂的进攻。总的来说，极性基团对碱性水解的影响要大于酸性水解的影响。

（3）三级醇酯的酸性水解机理同位素示踪实验证明，三级醇酯在酸催化下水解是经烷氧键（alkyl-oxygen bond）断裂的机理进行的，得到的是没有 ^{18}O 的三级醇。

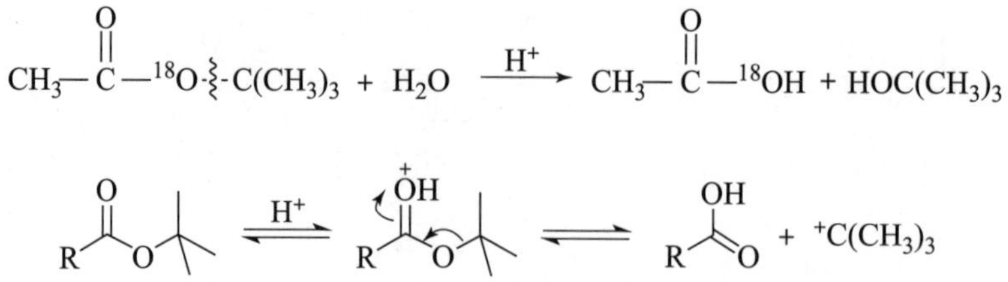

$$CH_3-\overset{O}{\overset{\|}{C}}-^{18}O\!\cdot\!\xi\!\cdot\!C(CH_3)_3 + H_2O \xrightarrow{H^+} CH_3-\overset{O}{\overset{\|}{C}}-^{18}OH + HOC(CH_3)_3$$

$$R-\overset{O}{\overset{\|}{C}}-O \rightleftharpoons^{H^+} R-\overset{+OH}{\overset{\|}{C}}-O \rightleftharpoons R-\overset{OH}{\overset{\|}{C}}-O + {^+}C(CH_3)_3$$

$$(CH_3)_3C^+ + H_2O \rightleftharpoons (CH_3)_3C\overset{+}{O}H_2 \xrightarrow{-H^+} H^+ + (CH_3)_3COH$$

这是一个酸催化后的 S_N1 过程，中间首先生成碳正离子而产生羧酸，碳正离子再与水结合成醇。三级醇的酯化是它的逆向反应。由于（CH_3）$_3C^+$ 易与碱性较强的水结合，而不易与羧酸结合，故易于生成三级醇而不利于生成酯，因而三级醇的酯化产率很低。

3.4.2.2 羧酸衍生物和腈的醇解反应

羧酸衍生物的醇解（alcoholysis）是合成酯的重要方法。

1. 酰卤的醇解

酰卤很容易醇解。但对于反应性弱的芳香酰卤或有空间位阻的脂肪酰卤，及对于三级醇或酚，促进反应进行的方法是在氢氧化钠或三级胺如吡啶、三乙胺、二甲苯胺等存在下反应，能得到较好的结果。碱的功能一方面是中和产生的酸，另一方面可能也起了催化作用：

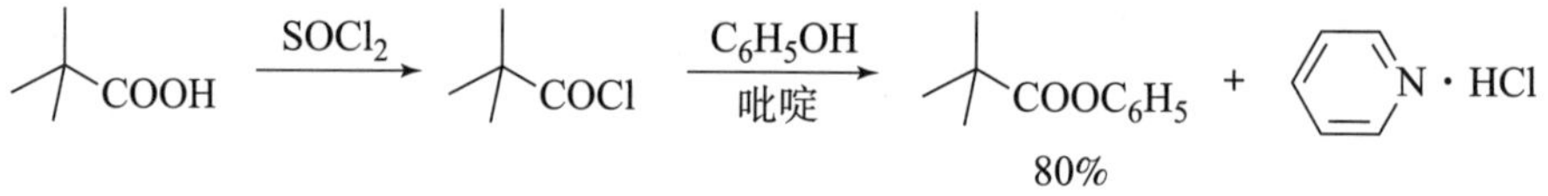

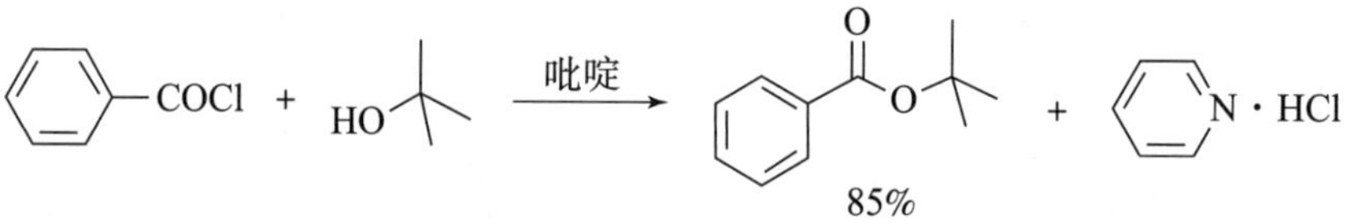

2. 酸酐的醇解

酸酐和酰卤一样，也很容易醇解。酸酐醇解产生一分子酯和一分子酸，因此是常用的酰化试剂（acylation reagen）。

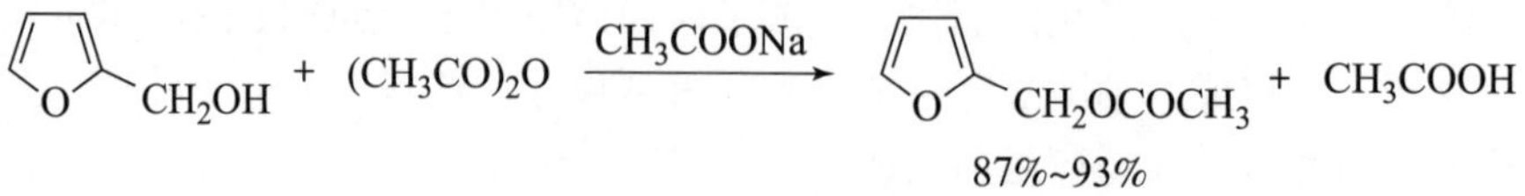

环状酸酐（cyclic acid anhydride）醇解，可以得到二元羧酸一某酯。二元羧酸一元酯若欲进一步酯化成二酯，需用一般酯化条件，即用酸催化才能进行。例如：

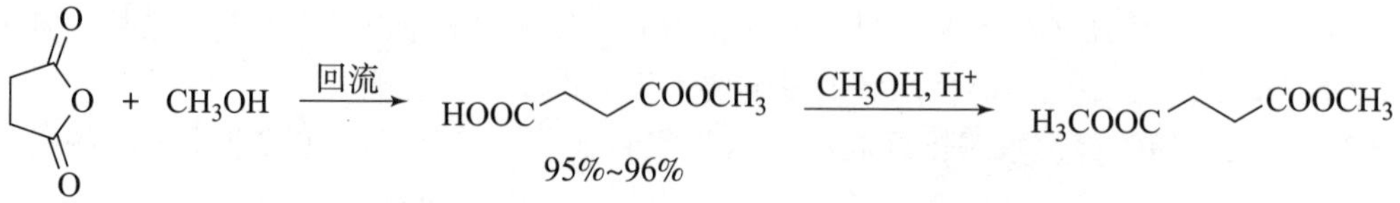

3. 酯的醇解

酯中的 OR′ 被另一个醇的 OR″ 置换，称为酯的醇解。反应需在酸（盐酸、硫酸或对甲苯磺酸等）或碱（烷氧负离子）催化下进行：

$$RCOOR' + R''OH \underset{}{\overset{H^+ \text{ 或 } ^-OR''}{\rightleftharpoons}} RCOOR'' + R'OH$$

这是从一个酯转变为另外一个酯的反应，因此也称为酯交换反应（ester exchange reaction）。这是一个可逆反应，为使反应向右方进行，常用过量的所希望生成酯的醇，或将反应中产生的醇除掉。反应机理与酯的酸催化或碱催化水解机理类似。酯交换反应常用于将一种低沸点醇的酯转为一种高沸点醇的酯，例如：

$$CH_2{=}CHCOOCH_3 + n\text{-}C_4H_9OH \xrightarrow{CH_3\text{-}C_6H_4\text{-}SO_3H} CH_2{=}CHCOOC_4H_9\text{-}n + CH_3OH$$

在反应过程中应尽快把产生的甲醇除掉，使反应顺利进行。

酯交换反应可用于二酯化合物的选择性水解。例如一个二酯化合物，要水解掉一个酯基而保存另一个酯基，用一般方法不易办到，而用酯交换方法，就可顺利达到目的：

$$H_3COC(O)\text{-}C_6H_4\text{-}OAc + CH_3OH \underset{}{\overset{NaOCH_3}{\rightleftharpoons}} H_3COC(O)\text{-}C_6H_4\text{-}OH + CH_3COOCH_3$$

(i)

上面的反应要去掉乙酰基而保存甲酯基，可用小量甲醇钠作催化剂，且使用大量甲醇进行交换反应。甲酯在交换反应中仍得到甲酯，而（i）可以被甲醇交换下来。由于使用大量的甲醇，可以使反应接近于完全。

又如维尼纶（vinylon）的中间产物聚乙酸乙烯酯（或称聚醋酸乙烯酯）不溶于水，因此不能在水溶液中进行水解，可以用过量甲醇在碱催化下进行交换反应：

$$\left[-CH{-}CH_2-\right]_n \overset{OCOCH_3}{} \xrightarrow[OH^-]{CH_3OH} \left[-CH{-}CH_2-\right]_n \overset{OH}{} + nCH_3COOCH_3$$

乙酰基变为乙酸甲酯，而聚乙烯醇就游离出来。

酯交换反应在工业上的另一个重要应用是涤纶（terylene）的合成。涤纶是由对苯二甲酸与乙二醇缩聚（condensation polymerization）制得，但这个反应对于对苯二甲酸纯度要求很高，而合成的对苯二甲酸不能达到要求，且很难提纯，因此通过制成它的甲酯再分馏提纯。提纯后的对苯二甲酸二甲酯与乙二醇共熔，然后在催化剂作用下通过酯交换反应而得到聚酯（polyester）——涤纶：

$$n\,CH_3OC(O)\text{-}C_6H_4\text{-}C(O)OCH_3 + n\,HOCH_2CH_2OH \xrightarrow[\triangle]{Zn(OAc)_2,\, Sb_2S_3} \left[-C(O)\text{-}C_6H_4\text{-}C(O)OCH_2CH_2O-\right]_n$$

涤纶

4. 酰胺的醇解

酰胺在酸性条件下醇解为酯：

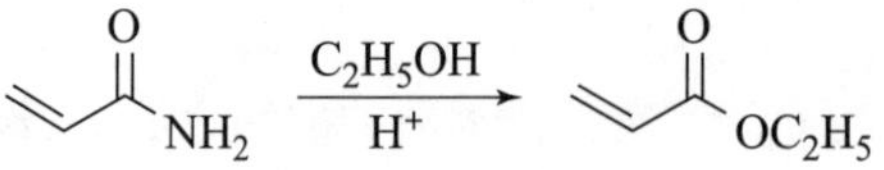

也可用少量醇钠在碱性条件下催化醇解。

5. 腈的醇解

腈在酸性条件下（如盐酸、硫酸）用醇处理，也可得到羧酸酯，例如：

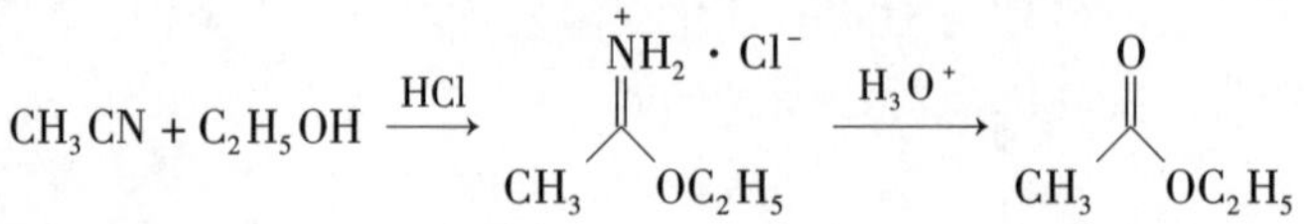

中间先生成亚胺酯的盐，若在无水条件下，可以分离得到；若有水存在，则可以直接得到酯。

3.4.3 碳氮双键的水解反应

底物在水的酸性、碱性或氧化条件下的反应可将 C ═ N 双键水解为 C ═ O 双键。氧化方法不在此列；例如使用 PDC（重铬酸吡啶鎓），IBX（邻碘氧基苯甲酸），Dess-Martin 高碘烷和臭氧。水解的难易程度随氮上的取代以及底物耐受 pH 变化的能力而变化。通常，与亚胺相比，将和肟转化回相应的醛和酮更困难。在第一个示例中，在 Friedel-Craft 与芝麻酚的腈反应后，通过加热酸性水溶液数小时，将所得的亚胺转化为酮。

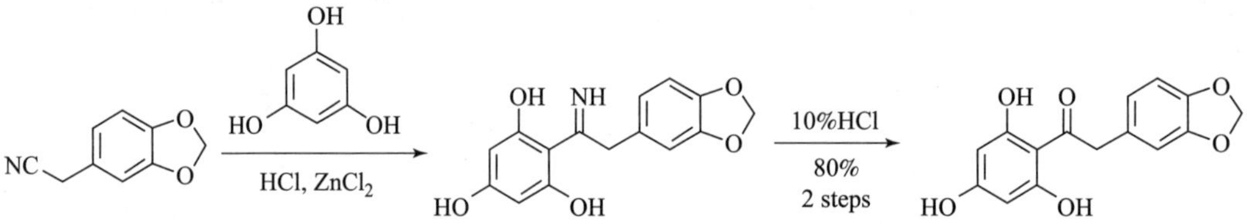

除非严格注意保持无水环境，否则难以维持亚胺功能。与其他通常敏感的功能（例如酰基氯）一样，此类中的某些化合物在水解方面更稳定，甚至可以进行色谱分离。

或肟水解的常用方法包括使用转移剂。在下面的示例中，当丙酮和甲醛从感兴趣的底物中释放出来时，它们用来捕获肼或羟胺。当存在两个因素时，此方法效果很好：①底物可以耐受大量牺牲性醛或酮（在这种情况下为甲醛或丙酮）暴露而没有有害的副反应；②有一种简便的分离方法，反应后乙酰或甲酰基副产物的含量。

在第一实例中，Fuchs 基团使用三氟化硼醚化物和丙酮来实现甲苯磺酰的水解。通过用己烷沉淀或通过与碱性水洗液一起搅拌进行降解和分离，可以容易地除去甲苯磺酰副产物。

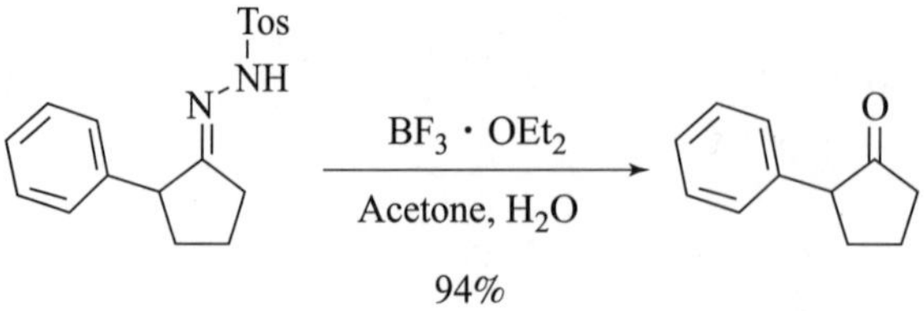

另一种选择是在二元盐酸/四氢呋喃水溶液中使用甲醛捕集器。在室温下将反应混合物与 35% HCl 溶液搅拌直至完成。然后可以通过萃取分离产物。

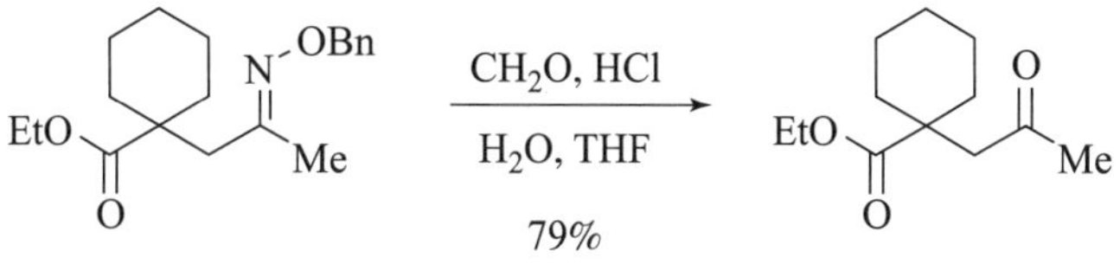

当存在对强酸性或碱性试剂敏感的官能团时，肟或腙水解反应是可选择的。在下面的例子中，温和的酸性试剂（即 pH = 4 ~ 7）用于水解。齐格勒利用醋酸铜在四氢呋喃和水溶液中成功地降解了 Enders RAMP，并在蒸馏后以中等收率分离出酮。在下面的第二个例子中，通过用 CuCl₂ 处理，腙以优异的产率转化为醛。

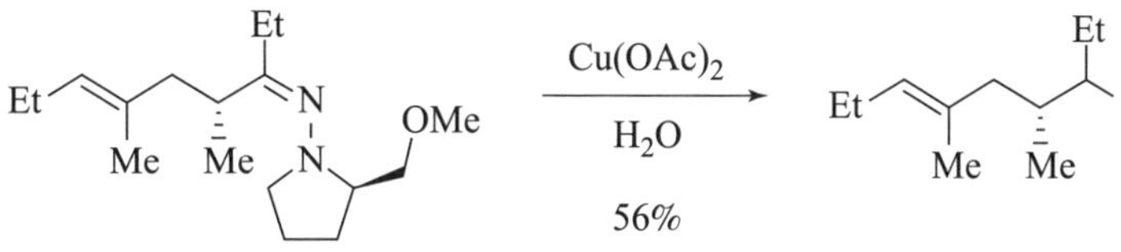

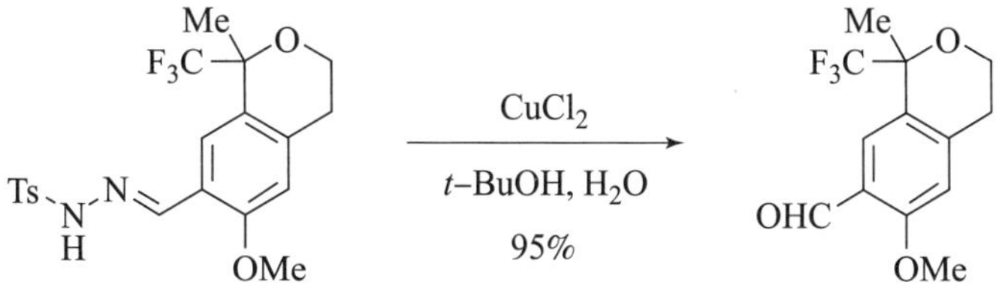

同样，Mitra 也能 Mitra 指出烯基腙中存在的潜在酮。该底物和其他具有 THP 和缩醛功能的底物在室温下用硅胶在 THF/水（10/1/1）中搅拌。然后将反应浓缩至干燥，并对产物（吸附在硅胶上）进行色谱分析，得到所需产物

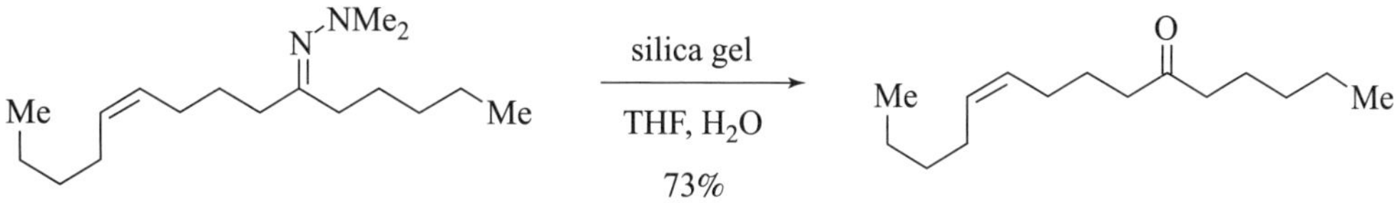

最后一个例子显示了使用 dichloroamine-T（N, N-dichloro- 4-toluenesulfonamide，DCT）。该微酸性溶液允许除去肟，而不会使 (E)-α, β 不饱和体系干扰。

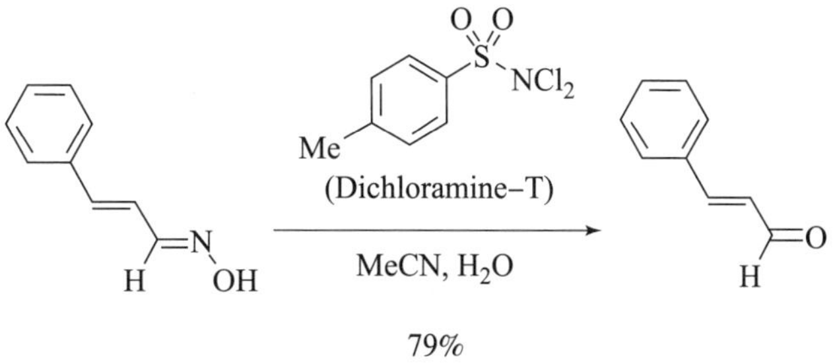

参考文献

［1］Kaiser E W, Westbrook C K, Pitz W J. Acetaldehyde oxidation in the negative temperature coefficient regime：Experimental and modeling results［J］. International journal of chemical kinetics, 1986, 18（6）：655 −688.

［2］Bankston D. Conversion of benzal halides to benzaldehydes in the presence of aqueous dimethylamine［J］. Synthesis, 2004, 2004（02）：283 −289.

［3］Lee, B. T. ; Schrader, T. O. ; Martin − Matute, B. ; Kauffman, C. R. ; Zhang, P. ; Snapper, M. L.（PCy3）2Cl2Ru − CHPh Catalyzed Kharasch additions. Application in a formal olefin carbonylation［J］. Tetrahedron, 2004, 60（34）：7391 −7396.

［4］Martins,M. A. P. ; Pereira, C. M. P. ; Zimmermann, N. E. K. ; Moura, S. ; Sinhorin, A. P. ; Cunico, W. ; Zanatta, N. ; Bonacorso, H. G. ; Flores, A. C. F. 1 − Trichloro − 4,4 − diethoxy − 3 − buten − 2 − one and its Trichloroacetylacetate Derivatives：Synthesis and Applications in Regiospecific Preparation of Azoles［J］. Synthesis, 2003, 2003（15）：2353 −2357.

［5］Bourke, D. G. ; Collins, D. J. Conversion of 7 − methoxy − 3,4 − dihydro − 2H − 1 − benzopyran − 2 − one into the corresponding dimethyl ortho ester［J］. Tetrahedron, 1997, 53（11）：3863 −3878.

［6］Henegar, K. E. ; Ball, C. T. ; Horvath, C. M. ; Maisto, K. D. ; Mancini, S. E. Development of practical rhodium phosphine catalysts for the hydrogenation of β − dehydroamino acid derivatives［J］. Organic process research & development, 2007, 11（3）：568 −577.

［7］Tundo, P. ; Rossi, L. ; Loris, A. Dimethyl carbonate as an ambident electrophile［J］. The Journal of organic chemistry, 2005, 70（6）：2219 −2224.

［8］Ouk, S. ; Thiebaud, S. ; Borredon, E. ; Le Gars, P. Dimethyl carbonate and phenols to alkyl aryl ethers via clean synthesis［J］. Green Chemistry, 2002, 4（5）：431 −435.

［9］Rothenberg, M. E. ; Richard, J. P. ; Jencks, W. P. Equilibrium constants for the interconversion of substituted 1 − phenylethyl alcohols and ethers. A measurement of intramolecular electrostatic interactions［J］. Journal of the American Chemical Society, 1985, 107（5）：1340 −1346.

［10］Zhu,P. C. ; Lin, J. ; Pittman, C. U. , Jr. , Preparation of monoacetylated diols via cyclic ketene acetals［J］. The Journal of Organic Chemistry, 1995, 60（17）：5729 −5731

［11］Weintraub, P. M. ; King, C. − H. R. Syntheses of Steroidal Vinyl Ethers Using Palladium Acetate? Phenanthroline as Catalyst［J］. The Journal of Organic Chemistry, 1997, 62（5）：1560 −1562.

［12］Elango, S. ; Yan, T. − H. A short synthesis of（ + ）− lycoricidine［J］. Tetrahedron, 2002, 58（36）：7335 −7338.

［13］ Von dem Bussche – Huennefeld, J. L. ; Seebach, D. Enantioselective preparation of sec. Alcohols from aldehydes and dialkyl zinc compounds, generated in situ from Grignard reagents, using substoichiometric amounts of TADDOL – titanates ［J］. Tetrahedron, 1992, 48 (27)：5719 – 5730.

［14］ Chakraborti, A. K. ; Nandi, A. B. ; Grover, V. Chemoselective protection of carboxylic acid as methyl ester：A practical alternative to diazomethane protocol ［J］. The Journal of Organic Chemistry, 1999, 64 (21)：8014 – 8017.

［15］ Cabri, W. ; Roletto, J. ; Olmo, S. ; Fonte, P. ; Ghetti, P. ; Songia, S. ; Mapelli, E. ; Alpegiani, M. ; Paissoni, P. Development of a practical high – yield industrial synthesis of pergolide mesylate ［J］. Organic process research & development, 2006, 10 (2)：198 – 202.

［16］ House, H. O. ; Carlson, R. G. ; Babad, H. Iodolactonization of 3 – (3 – Cyclohexenyl) propionic Acid1a ［J］. The Journal of Organic Chemistry, 1963, 28 (12)：3359 – 3361.

［17］ Smith, A. B. ; Safonov, I. G. ; Corbett, R. M. Total syntheses of (+) – zampanolide and (+) – dactylolide exploiting a unified strategy ［J］. Journal of the American Chemical Society, 2002, 124 (37)：11102 – 11113.

［18］ Ponticello, G. S. ; Freedman, M. B. ; Habecker, C. N. ; Holloway, M. K. ; Amato, J. S. ; Conn, R. S. ; Baldwin, J. J. Utilization of. alpha. , . beta. – unsaturated acids as Michael acceptors for the synthesis of thieno ［2,3 – b］ thiopyrans ［J］. The Journal of Organic Chemistry, 1988, 53 (1)：9 – 13.

［19］ Fache, F. ; Suzan, N. ; Piva, O. Total synthesis of cimiracemate B and analogs ［J］. Tetrahedron, 2005, 61 (22)：5261 – 5266.

［20］ McNamara, L. M. A. ; Andrews, M. J. I. ; Mitzel, F. ; Siligardi, G. ; Tabor, A. B. Peptides constrained by an aliphatic linkage between two C (alpha) sites：design, synthesis, and unexpected conformational properties of an i, (i + 4) – linked peptide ［J］. The Journal of Organic Chemistry, 2001, 66 (13)：4585 – 4594.

［21］ Mermerian, A. H. ; Fu, G. C. Catalytic enantioselective construction of all – carbon quaternary stereocenters：Synthetic and mechanistic studies of the C – acylation of silyl ketene acetals ［J］. Journal of the American Chemical Society, 2005, 127 (15)：5604 – 5607.

［22］ Cacchi, S. ; Morera, E. ; Ortar, G. Palladium – Catalyzed Reduction of Vinyl Trifluoromethanesulfonates to Alkenes：Cholesta-3 ,5-diene ［J］. Organic Syntheses, 2003, 68：138 – 138.

［23］ McMurry, J. E. ; Scott, W. J. A method for the regiospecific synthesis of enol triflates by enolate trapping ［J］. Tetrahedron Letters, 1983, 24 (10)：979 – 982.

［24］ Comins, D. L. ; Dehghani, A. Pyridine – derived triflating reagents：an improved preparation of vinyl triflates from metallo enolates ［J］. Tetrahedron letters, 1992, 33 (42)：6299 – 6302.

［25］ Comins, D. L. ; Dehghani, A. ; Foti, C. J. ; Joseph, S. P. Pyridine – Derived

Triflating Reagents: N-(2-Pyridyl)-Triflimide and N-(5-Chloro-2-Pyridyl) Triflimide: Methanesulfonamide, 1, 1, 1-trifluoro-N-2-pyridinyl-N-[(trifluoromethyl) sulfonyl]-] and Methanesulfonamide, N-(5-chloro-2-pyridinyl) -1, 1, 1-trifluoro-N-[(trifluoromethyl) sulfonyl] - [J]. Organic syntheses, 2003, 74: 77 – 77.

[26] Scott, W. J. ; Crisp, G. T. ; Stille, J. K. Palladium – Catalyzed Coupling of Vinyl Triflates with Organostannanes: 4-tert-Butyl-1-Vinylcyclohexene and 1-(4-tert-Butylcyclohexen-1-yl)-2-Propen-1-one: Cyclohexene, 4-(1, 1-dimethylethyl)-1-ethenyl-and 2-propen-1-one, 1-[4-(1, 1-dimethylethyl) -1-cyclohexen-1-yl] [J]. Organic Syntheses, 2003, 68: 116 – 116.

[27] Nicolaou, K. C. ; Boddy, C. N. C. ; Brase, S. ; Winssinger, N. Chemistry, biology, and medicine of the glycopeptide antibiotics [J]. Angewandte Chemie International Edition, 1999, 38 (15): 2096 – 2152.

[28] Burgess, K. ; Lim, D. ; Martinez, C. I. Nucleophilic Aromatic Substitution – A Possible Key Step in Total Syntheses of Vancomycin [J]. Angewandte Chemie International Edition in English, 1996, 35 (10): 1077 – 1078.

[29] Bois – Choussy, M. ; Beugelmans, R. ; Bouillon, J. – P. ; Zhu, J. Synthesis of a modified carboxylate – binding pocket of vancomycin [J]. Tetrahedron letters, 1995, 36 (27): 4781 – 4784.

[30] Boger, D. L. ; Zhou, J. Alternative Synthesis of the Cycloisodityrosine Subunit of Deoxybouvardin, RA – VII, and Related Agents: Reassignment of the Stereochemistry of Prior Intermediates [J]. The Journal of organic chemistry, 1996, 61 (12): 3938 – 3939.

[31] Evans, D. A. ; Barrow, J. C. ; Watson, P. S. ; Ratz, A. M. ; Dinsmore, C. J. ; Evrard, D. A. ; DeVries, K. M. ; Ellman, J. A. ; Rychnovsky, S. D. ; Lacour, J. Approaches to the synthesis of the vancomycin antibiotics. Synthesis of orienticin C (bis – dechlorovancomycin) aglycon [J]. Journal of the American Chemical Society, 1997, 119 (14): 3419 – 3420.

[32] Hankovszky, H. O. ; Hideg, K. ; Lovas, M. J. ; Jerkovich, G. ; Rockenbauer, A. ; Gyor, M. ; Sohar, P. Can. Synthesis and reaction of ortho – fluoronitroaryl nitroxides. Novel versatile synthons and reagents for spin – labelling studies [J]. Canadian Journal of Chemistry, 1989, 67 (9): 1392 – 1400.

第四章　金属有机试剂参与的有机反应

金属有机化合物的反应主要包括中心金属上的反应、配体上的反应以及金属—碳键之间发生的反应。鉴于金属原子、配体以及金属—碳键的多样性，金属有机化合物所发生的反应也多种多样、新颖独特，其中包括很多以前无法想象的反应（如 CO 和 H_2 直接反应生成 CH_3OH 等）。

在有机化学的发展过程中，过渡金属越来越多地参与到有机反应中，因此，也产生了许多高效的过渡金属催化的新反应。2005 年的诺贝尔化学奖是关于过渡金属催化的烯烃复分解反应，2010 年的诺贝尔化学奖是关于过渡金属催化的偶联反应。本章将主要向读者介绍过渡金属催化反应在近些年的发展，希望从中能够反映出金属有机化学的重要性，不仅在于它对基础理论研究的科学意义，也在于它对推动我们人类社会、经济的发展以及日常生活所起到的积极作用。

4.1　金属有机试剂的发展史

1760 年，巴黎的一家军方药房合成的胂类有机化合物被认为是金属有机化合物和元素有机化合物的起源。1827 年，W. C. Zeise 合成了第一个金属烯烃配合物 Zeise 盐，这标志着过渡金属有机化学的发展起步：

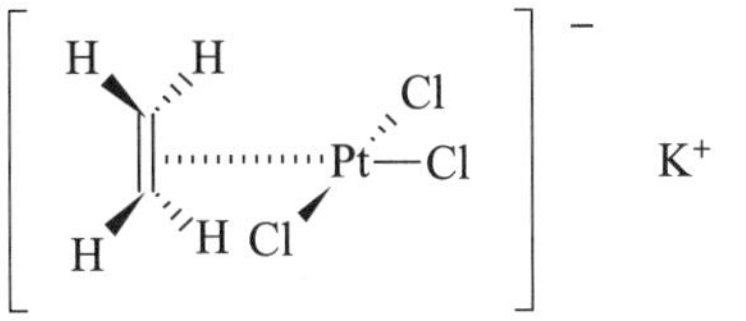

这是一个在空气中可以稳定存在的水合黄色配合物，可以在真空下加热脱水。1890 年，L. Mond 利用金属镍直接与 CO 反应，制备了第一个过渡金属羰基配合物——四羰基合镍。这个开拓性的工作标志着更多过渡金属羰基配合物的出现。在 19 世纪后期，此方法在工业上也被用于金属镍的纯化。

1899 年，被公认为现代金属有机化学之父的 P. A. F. Barbier 制备了金属有机镁试剂，并原位研究了其与酮类化合物的反应：

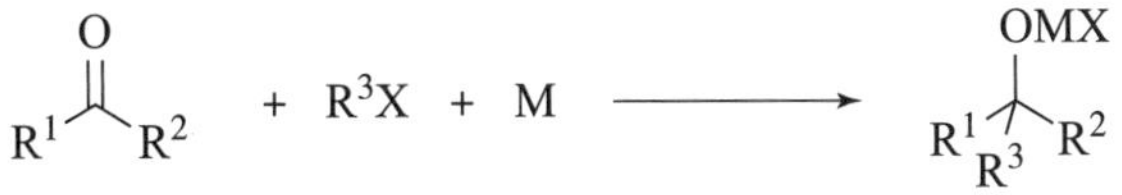

随后，他的学生 F. A. V. Grignard 在此基础上发展了著名的 Grignard 反应。

1923 年，德国化学家 F. Fischer 和 H. Tmpsch 开发了以钴为催化剂、以合成气（CO 和

H$_2$）为原料，在适当反应条件下合成以烷烃为主的液体燃料的费－托合成法。第二次世界大战后，金属有机化学得到了飞速的发展，二茂铁的发现以及 Ziegler-Natta 催化剂在烯烃聚合中的应用标志着金属有机化学理论上的突破以及金属有机化合物在工业生产中的巨大影响，并兴起了新一波金属有机化学的研究热。许多具有重大理论研究意义以及实际应用价值的金属有机化合物，如 Vaska 配合物、金属卡宾和卡拜化合物、Wilkinson 催化剂、双氮配合物以及 f 区金属夹心配合物等等，均被合成并进行了认真的研究。1961 年，D. C. Hodgkin 利用 X 射线衍射证明了维生素 B$_{12}$辅酶中含有 Co-C 键，也属于金属有机化合物。

1972 年，R. F. Heck 发现了在过渡金属催化下的芳香或苄基卤代物与烯烃的偶联反应，为后续过渡金属催化的 C—C 键偶联反应开辟了新的研究方法。随后，许多偶联反应，如 Sonogashira 偶联、Negishi 偶联、Stille 偶联、Suzuki 偶联等，以及金属有机化学理论的后续发展不仅解决了金属有机化学所关注的一些重要科学问题，也证明了金属有机化学在生命科学、材料科学、环境科学等交叉领域的应用价值。

21 世纪以来，金属有机化学作为有机化学的重要组成部分，越来越体现出了其重要性。2001 年，W. S. Knowles、R. Noyori 以及 K. B. Sharpless 因他们在不对称催化领域的杰出成就而获得了诺贝尔化学奖；2005 年，Y. Chauvin，R. H. Grubbs 以及 R. R. Schrock 因在烯烃复分解反应方面的杰出贡献而获得了诺贝尔化学奖；2010 年，R. Heck、E. -i. Negishi 以及 A. Suzuki 因在偶联反应中的杰出贡献而获得了诺贝尔化学奖。这些杰出贡献均与金属有机化学紧密相关。

4.2　金属有机试剂基本结构和性质

游离的金属原子或离子处于高度的配位不饱和状态，容易与各种配体发生配位反应。在金属有机化合物中，配合物是指由中心金属（原子或离子）与配体（通常是带有孤对电子的分子、原子或离子）所生成的化合物。其中，中心金属可以是主族金属元素，也可以是过渡金属元素。

4.2.1　中心金属的氧化态及配位数

金属有机化合物中金属的氧化态是指金属与配体 L 所生成的键发生异裂（配体 L 以满壳层离去）时，中心金属所保留的价态。如表 4 - 1 所示。

表 4 - 1　金属有机物氧化态

PhMgBr	MeLi	Mc$_2$CuLi	[Ir（PPh$_3$）$_2$CO]$^+$	[Mn（CO）$_5$]$^-$
Mg：+2	Li：+1	Cu：+1；Li：+1	Ir：+1	Mn：0

金属有机化合物中，主族金属的氧化态与价层 s、p 轨道内的电子数紧密相关；而过渡金属的氧化态与价层 d 轨道的电子数相关。通常用 d^n 表示过渡金属在配合物中 d 轨道的电子数，d^n 又称为中心金属的价电子组态。

中心金属的配位数可以认为是金属原子与配体生成的配位键的数量。通常金属的配位数为 1~6，比如四三苯基膦钯 Pd(PPh$_3$)$_4$ 中金属钯的配位数为 4；烷基锂中金属锂的配位数为 1 等。但需要注意的是，有些情况下金属有机化合物容易发生多聚，例如 MeLi 无论在固态还是溶液中都以低聚态形式存在，最常见的是甲基锂的四聚体 Me_4Li_4，它属于 T_d 点群，可以看作扭曲的立方烷结构，此时金属锂的配位数就不再是 1 了。当烷基锂试剂中烷基的体积增大时，原子簇间的相互作用被空间位阻效应削弱，很难以聚集态形式存在。

4.2.2　18 电子规则

在具有热力学稳定性的主族金属有机化合物中，中心金属的价电子数与配体所提供的电子数总和为 8 个，也就是满足八隅律。对于 IA、IIA、IIIA 主族的金属有机化合物，通常以与溶剂分子配位或分子间自配位的形式达到八隅律的要求。如格氏试剂苯基溴化镁可以与溶剂分子乙醚生成配合物；二甲基氯化铝可以通过自身的相互配位生成配合物：

20 世纪 30 年代，人们在研究过渡金属的羰基化合物时发现，热力学稳定的过渡金属羰基化合物中每个金属原子的价电子数和它周围的配体提供的电子数加在一起等于 18，或等于最邻近的下一个稀有气体原子的价电子数，这种现象称为 18 电子规则。满足 18 电子规则的金属有机化合物叫作配位饱和化合物，不满足的称为配位不饱和化合物。

18 电子规则实际上是中心金属与配体成键时倾向于尽可能完全使用它的 9 条价层轨道 [1 个 ns、3 个 np 和 5 个（$n-1$）d 轨道] 的表现。当这 9 条价层轨道都填满电子时，中心金属周围的电子总数就等于该金属所在周期中稀有气体原子的原子序数，使得过渡金属配合物能够稳定存在。表 4-2 列出了过渡金属的 d 轨道电子数。

表 4-2　常见过渡金属的 d 轨道电子数

族数	IVB	VB	VIB	VIIB	VIII			IB
价电子数	4	5	6	7	8	9	10	11
3d	Ti	V	Cr	Mn	Fe	Co	Ni	Cu
4d	Zr	Nb	Mo	Tc	Ru	Rh	Pd	Ag
5d	Hf	Ta	W	Re	Os	Ir	Pt	Au

18 电子规则的计算方法可以分为两种：第一种将中心金属视为离子，配体作为阴离子配体或中性配体提供电子对；第二种是将中心金属视为中性原子，配体也视为中性，提供的是 1 个单电子。根据不同的方法，常见的配体提供的电子数有可能一样，也有可能不同（表 4-3）。

表 4-3　常见配体提供电子数的两种计算方法

配体	第一种方法提供的电子数	第二种方法提供的电子数
CO	2	2
PRa	2	2
H	2	1

续表

配体	第一种方法提供的电子数	第二种方法提供的电子数
Cl	2	1
H_2	2	2
R	2	1
$CH_2 = CH_2$	2	2
N_2	2	2
RCCR	2	2
$CH_2 = CH—CH = CH_2$	4	4
C_6H_6	6	6
C_5H_5	6	5
CH_2CHCH_2	4	3

以二茂铁为例，以第一种方法计算时，Fe^{2+} 自身的价电子有 6 个，两个环戊二烯负离子 $C_5H_5^-$ 提供 12 个电子，一共 18 个电子；以第二种方法计算时，Fe 原子自身的价电子有 8 个，两个环戊二烯基 C_5H_5 提供 10 个电子，也是一共 18 个电子。两种方法是等价的。

在某些体系中，中心金属周围仅有 16 个电子也同样稳定，甚至稳定性更高，这些金属主要包括 Ti、Zr、Ni、Pd、Pt 等（前过渡金属和后过渡金属）。$Pd(PPh_3)_2Cl_2$ 即为稳定的 16 电子配合物的代表，它也是催化反应中常用的金属有机配合物。在这个 16 电子的配合物中存在一条能量较高的空轨道，为后续的催化反应提供了进一步配位的位点。因此，这类配合物相对比较稳定，但是具有一定的反应活性。

4.3　金属有机试剂中的配体

4.3.1　有机配体的齿合度

不同的配体具有不同的齿合度（hapto number），或称为齿数。齿数是指配体中与金属原子或离子生成配位键的碳原子或杂原子的数目。常见的单齿配体，如 PPh_3、R 等，通常只与一个金属进行配位，有时也可以与两个金属发生桥联。

在由多个中心金属组成分子骨架的配位化合物中，一个配体同时和 n 个中心金属配位结合时，常在配体前加 μ_n - 记号，如铁的羰基化合物 $Fe_3(CO)_{10}(\mu_2 - CO)_2$，表示有 2 个 CO 分别同时和 2 个 Fe 原子结合成桥联结构，其余的 10 个 CO 都分别只与 1 个 Fe 原子结合。若一个配体有 n 个配位点与同一中心金属结合，则在配体前加 η^n - 记号，如 $(\eta^1 - C_5H_5)$ $(\eta^5 - C_5H_5)$，表示与 Be^{2+} 配位的有两种配体，其中一个环戊二烯负离子以一个碳负离子与 Be^{2+} 结合，另一个环戊二烯负离子以五个碳原子同时与 Be^{2+} 成键，其结构式为重要的过渡金属有机化合物二茂铁的系统命名为双（η^5–环戊二烯基）铁，就表明在此配合物中配体环戊二烯基是以 5 个碳原子的形式与亚铁离子配位的。

当配体以不饱和键的形式参与配位时，就需要在 η 的前面表示出参与成键的配位原子在配体结构中的具体位置。如，双（1,2,5,6-η 环辛四烯）镍和三羰基［1,4-η-（l-苯基6 对甲苯基-1,3,5-己三烯）］铁的结构式分别为

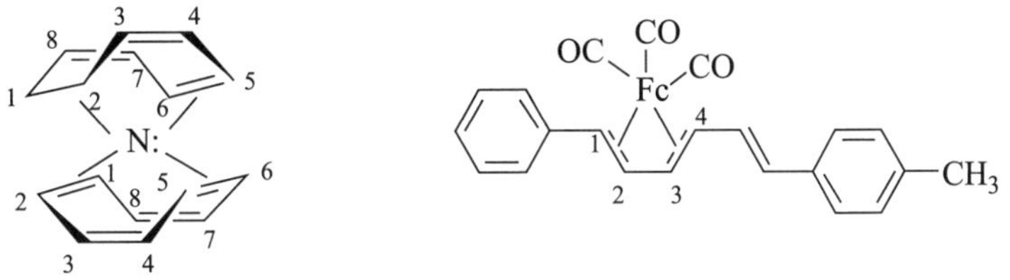

4.3.2　配体的类型与电子数

由于金属有机化合物在有机合成、催化等许多方面具有重要的应用，发展极其迅速，种类极其繁多，所以配体有很多分类方法。从配体与中心金属的成键特征角度分类，可以将配体分为以下三类：

（1）σ 配体：配体大都为有机基团的阴离子，如烷基负离子。主族金属元素大多与 σ 配体生成稳定的配合物，而过渡金属虽然也能生成简单的烷基或芳基化合物，但稳定性比主族金属生成的化合物要差。

（2）π 配体：配体为不饱和烃，如烯烃、炔烃等，或具有离域 π 电子体系的环状化合物（大多为芳香化合物），如苯、环戊二烯负离子等。

（3）π 酸配体（或 σ-π 配体）：此类配体既是 σ 电子给予体，又是 π 接受体。配体一般为中性分子，如 CO、RNC（异腈）等，与中心金属生成反馈 π 键。

在金属有机化合物中，配体通常提供一定数量的电子给中心金属。根据配体所具有的这种可供配位的电子数的性质，就可以将配体分为"几"电子配体。以下为烯烃的两种配位方式：

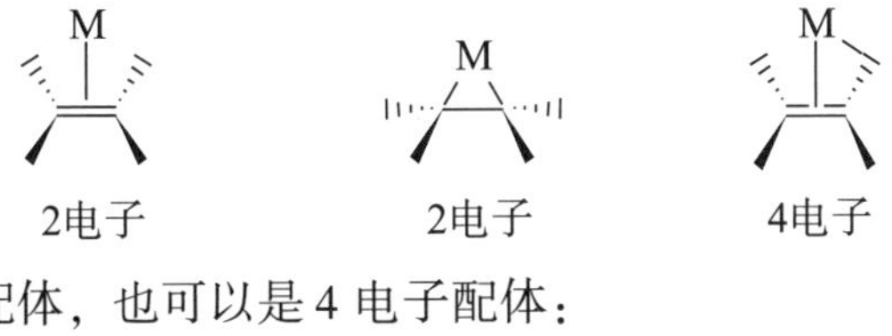

2电子　　　2电子　　　4电子

炔烃可以是 2 电子配体，也可以是 4 电子配体：

2电子　　　2电子　　　4电子

在金属有机化合物中，环戊二烯可以多种形式与金属生成配合物，其配位数也完全不同，可以有以下几种：

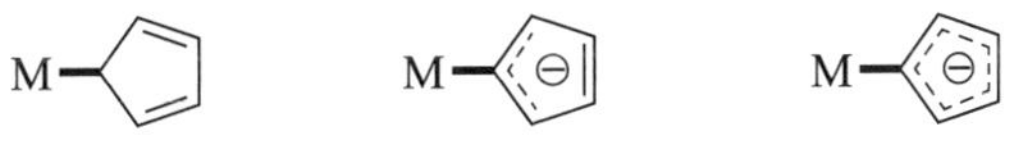

η^1　　　η^3　　　η^5

环辛四烯也存在多种配位方式。它可以以一根碳碳双键（η^2）、两根碳碳双键（η^4）、三根碳碳双键（η^6），以及四根碳碳双键（η^8）的方式进行配位。

表4-4和表4-5对常见的配体及其性质进行了总结。

表4-4 常见的配体

配体	表观电荷	配体电子数
阴离子配体：Cl^-、Br^-、I^-、^-CN、^-OR、H^-、R^-	-1	2
中性 σ 配体：PR_3、NR_3、ROR、RSR、CO、RCN、RNC	0	2

表4-5 常见配体的齿数、表观电荷以及配位数

配体	齿数	表观电荷	配位数
芳基、σ-丙烯基	η^1	-1	1
烯烃	η^2	0	1
π-烯丙基正离子	η^3	+1	1
π-烯丙基负离子	η^3	-1	2
1,3-二烯	η^4	0	2
1,3-二烯负离子、环戊二烯负离子	η^5	-1	3
芳烃、三烯	η^6	0	3
1,3,5-三烯负离子、环庚三烯负离子	η^7	-1	4
环辛四烯	η^8	0	4
卡宾、氮宾	η^1	0	1

4.4 金属有机试剂成键的基本性质

从以上的配体性质分析，配体是以孤对电子与中心金属生成配合物，生成了二中心二电子（2c-2e）的 σ 键。此时，金属提供了空轨道。这个 dsp 空轨道应该是 d、s 以及 p 轨道杂化的结果如图4-1所示。

空的dsp轨道　配体的孤对电子　　　　σ配合物

图4-1 σ 配合物分子轨道

对于 π 配体和 π 酸配体，也存在中心金属的 d 轨道电子和与其对称性基本一致的配体的空轨道生成配位键。这将使金属的电子云密度降低，也称为反馈键（back-bonding）。许多金属可以与 CO 生成羰基配合物（metal carbonyls），此时 CO 提供碳原子上的孤对电子与中心金属的空轨道生成配位键。同时，中心金属也可以提供电子与 CO 的最低能量的反键 π^* 轨道生成配位键，如图4-2所示。

空的d轨道　CO的sp孤对电子　　　d轨道的电子　　CO的π*轨道

图 4 - 2　π 配体和 π 酸配体分子轨道

当不饱和键如双键与中心金属配位生成 π 配合物时，其作用的结果类似于生成一根 σ 键。配体中的 π 轨道的电子与金属空轨道生成配位键。与 CO 类似，金属中 d 轨道的电子也可以反馈到不饱和配体的 π* 空轨道，如图 4 - 3 所示。

空的d轨道　烯烃的π轨道　　　d轨道的电子　烯烃的π*轨道

图 4 - 3　烯烃的分子轨道

4.5　主族金属有机试剂参与的有机反应

主族金属是指周期表中 s 区及 p 区的金属元素，包括碱金属、碱土金属及铝、镓、铟、铊、锡、铅及铋等元素。主族金属容易参加化学反应，其氧化态较低。反应后大都生成离子键化合物。主族金属的氧化物溶于水后大都呈碱性，不过主族金属中的两性元素（如铝），其氧化物同时具有酸性及碱性。

4.5.1　格式试剂参与的有机反应

格氏试剂，又称格林尼亚试剂，是指烃基卤化镁（R-MgX）这一类有机金属化合物，是一种很好的亲核试剂，在有机合成和有机金属化学中有重要用途。此类化合物的发现者法国化学家维克多·格林尼亚（François Auguste Victor Grignard）因此而获得 1912 年诺贝尔化学奖。

格氏试剂一般由卤代烷与金属镁（为了增大表面积，一般为细丝或粉末）在无水乙醚或四氢呋喃（THF）中反应制得。在乙醚中，格氏试剂生成由两个分子乙醚配位的配合物。乙醚可用 100 ℃加热后减压蒸馏的方式除去，得到的格氏试剂可溶于石油醚、苯、或二甲苯溶剂中使用。高温合成时可用丁醚或戊醚代替乙醚。在四氢呋喃中，由于氧更显露，更容易生成错合物，许多不活泼的卤代烃也可发生反应。由于格氏试剂极为活泼，遇水即水解，遇羰基化合物即加成，因此在反应时，反应器皿中不能有水，也不能有二氧化碳。在封闭状态下格氏试剂溶液很稳定，可以制成商品出售。

由于碘代烷价格较高，一般用溴代烷合成。但由于氯、溴甲烷均为气体，使用不便，一般使用碘甲烷合成碘化甲基镁（CH₃MgI）。乙烯型卤代烃要在四氢呋喃中方能生成格氏试剂。而氯代芳烃的生成除 THF 外，还须控制温度与压力。烯丙型及苯甲基型格氏试剂合成后会与尚未反应的卤代烃发生偶合，因而需要严格控制温度。

格氏试剂的制备如果较难引发，可以加一小粒碘引发，碘切不可加多，否则会有较多副产物出现。

由于镁原子直接和碳链相连，极化作用的结果是使邻近镁原子的那个碳原子呈负电性，使得这根 C-Mg 键极具反应活性。为了保证格氏试剂不发生其他反应，反应一般在醚类溶剂里进行，常用的有乙醚或四氢呋喃。格氏试剂实现了由碳正向碳负的转化，具有重要的意义。

格氏试剂在有机合成中能起三种不同的功能。一个是亲核试剂，这是最常见的功能；第二是作为碱使用，普通烷基卤化镁能产生相当于 $pKa \approx 30$ 的碱性，常常作为一种易得的强碱使用，常作为烯胺拔氢用的碱；第三个功能是作为还原剂，这个功能的存在会造成副反应增多，产率下降（指在羰基加成反应里）。

与具有极性的双键反应

格氏试剂可与具有极性的双键发生加成。如格氏试剂与羰基发生加成常用于接长碳链或合成醇类化合物，是有机合成的重要反应。它是通过与羰基化合物（醛、酮、酯）进行亲核加成反应实现的，这种反应又称作格林尼亚反应。以丙酮的格氏反应为例，机理如下：

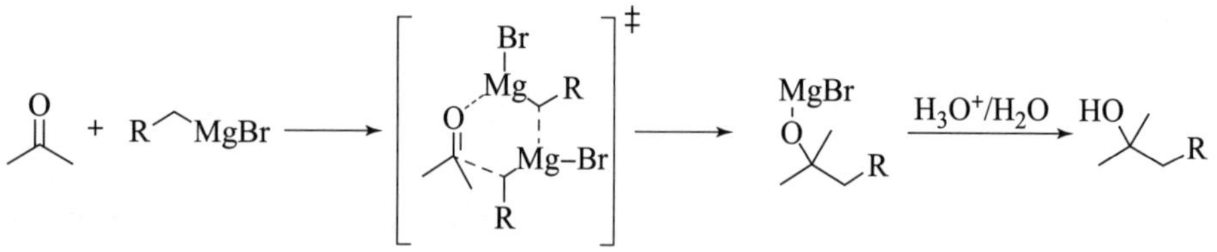

选择不同的反应物可以得到不同的醇，例如：

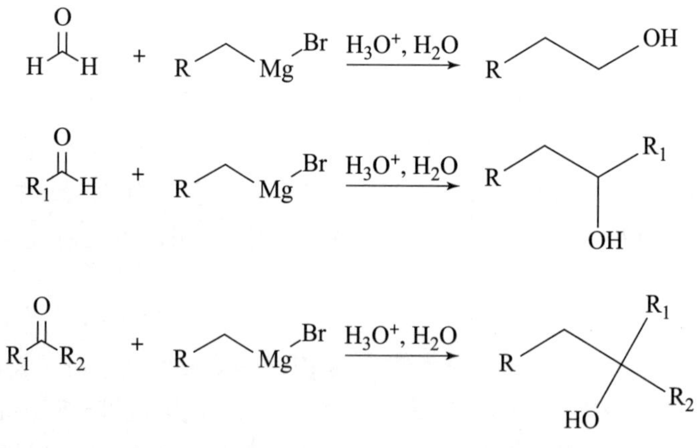

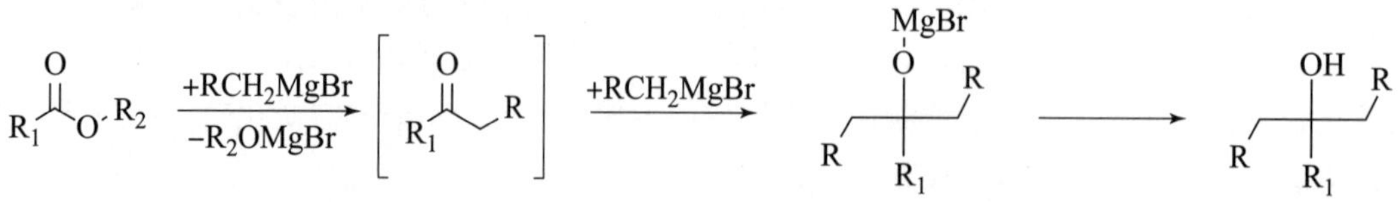

实际上，研发这种试剂的初衷是找一种通过取代反应接长碳链的物质，然而反应速度很慢。后来它在加成反应上的作用被发现，才被广泛使用。格氏试剂也可与 $RC\equiv N$ 等发生加成：

$$R'C \equiv N + RMgX \longrightarrow R'(C = N)R$$

4.5.2 Witting 试剂参与的有机反应

Wittig 反应是醛或酮与三苯基磷鎓内盐（维蒂希试剂）作用生成烯烃和三苯基氧膦的一类有机化学反应：

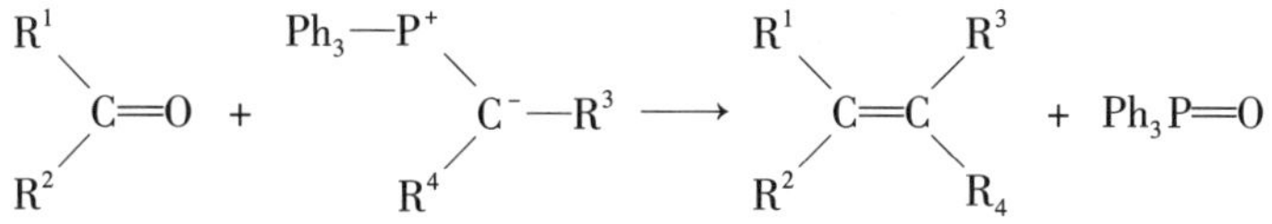

格奥尔格·维蒂希在 1954 年发现该反应，并因此获得 1979 年诺贝尔化学奖。维蒂希反应在烯烃合成中有十分重要的地位。维蒂希反应的反应物一般是醛/酮和单取代的磷膦内盐。使用活泼叶立德时所得产物一般都是 Z 型的，或 Z/E 异构体比例相当；而使用比较稳定的叶立德时，或在 Schlosser 改进的条件下，产物则以 E 型为主。

维蒂希反应的经典机理如图 4-4 所示。

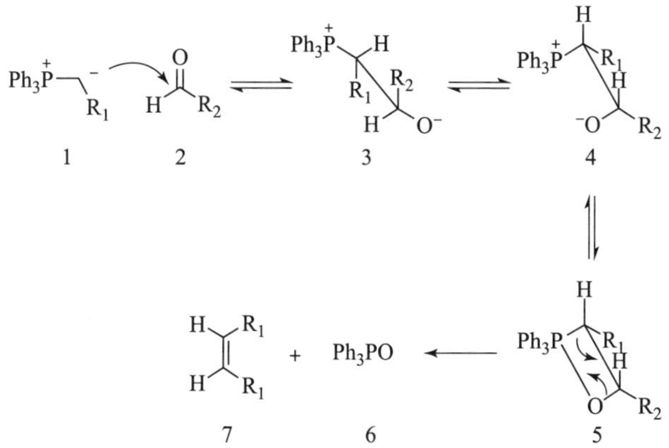

图 4-4 维蒂希反应机理

磷叶立德 1 中的电负性碳进攻与醛酮羰基 2 中的碳原子，发生亲核加成。由于位阻原因，主要生成 $Ph3P^+$ 和 $-O^-$ 处于反式的产物 3。3C-C 键旋转得到偶极中间体 4。4 在 -78 ℃时比较稳定。然后生成含氧四元环过渡态 5。5 发生消除得到顺式烯烃 7 和三苯基氧膦 6。

对于活泼的维蒂希试剂而言，与醛和酮反应时第一步的速率都较快，但第三步成环反应速率较慢，是速控步。但对于稳定的叶立德而言，R_1 基团可以稳定碳上的负电荷，第一步是速控步。因此总体的成烯反应速率减小，而且生成的烯烃中 E 型比例较大。这也是不活泼的维蒂希试剂与有位阻的酮反应很慢的缘故。

由于应用性广泛，维蒂希反应已经成为烯烃合成的重要方法。它与消除反应（例如卤代烃的脱卤化氢反应）不同的是，消除反应得到由扎依采夫规则决定的结构异构体的混合物，而维蒂希反应得到双键固定的烯烃。很多醛和酮都可发生该反应，但羧酸衍生物（如酯）反应性不强。因此大多数情况下，单、二和三取代的烯烃都可以较高产率通过该反应制得。羰基化合物可以带着 -OH、-OR、芳香 -NO2 甚至酯基官能团进行反应。有位阻的酮类反应效果不理想，反应较慢且产率不高，尤其是在与稳定的叶立德反应时。可以用

Horner-Wadsworth-Emmons 反应来弥补这个不足。而且该反应对不稳定的醛类也不是很适合，包括易氧化、聚合或分解的醛。在"Tandem 氧化维蒂希反应"中，维蒂希反应中的醛是由相应的醇在原地氧化获得的。由于以二级卤代烷作原料生成鏻的产率很低，因此维蒂希试剂一般由一级卤代烷反应得到。这意味着四取代的烯烃最好通过其他方法来制取。但维蒂希试剂对很多基团都有很好的耐受性，包括烯烃、芳香环、醚类甚至酯基和与叶立德共轭的 C=O 和氰基。含两个 P=C 键的双叶立德也已成功制得并应用于反应中。此外还有一个与产物立体化学相关的限制。对于简单的叶立德，产物主要是 Z 型，用酮反应时 E 型比例高些。而当反应在 DMF 中和 LiI 或 NaI 存在下进行时，产物却几乎全都是 Z 型的。这种情况下可以通过 Schlosser 改进来获得 E 型产物。对于稳定的叶立德和 Horner-Wadsworth-Emmons 反应，产物主要为 E 型。

最常见的应用，即是用亚甲基三苯基膦（ $Ph_3P=CH_2$ ）向分子中引入亚甲基。在上面的例子中，即便是樟脑这种有位阻的酮，都可通过与甲基三苯基溴化膦和叔丁醇钾共热（产生维蒂希试剂）而被转化为其亚甲基衍生物。在另外一个例子中，以氨基钠作为碱产生叶立德，成功以 62% 的产率将反应物醛转化为烯烃 I。这个反应是在低温下的 THF 溶液中进行的，比较敏感的硝基、偶氮基和酚盐负离子都没有干扰反应。产物可用作聚合物的光稳定剂，防止聚合物被紫外线破坏。

4.5.3　硼氢化试剂参与的有机反应

反应中使用的硼烷为乙硼烷（ B_2H_6 ），常温下以有毒无色气体形式存在。在乙硼烷中，有两个氢原子各以一对电子与两个硼原子成 BHB 氢桥键（三中心两电子键）。电子的离域使硼原子达到八隅体结构，同时降低了硼的亲电性。由于含有空余的 p 轨道，乙硼烷是一个强的路易斯酸。由于迅速的二聚反应，并不存在单独的 BH_3 分子。然而，当乙硼烷溶于醚或胺中时，可以生成稳定的配合物，其中氧原子或氮原子作为路易斯碱提供孤对电子与硼生成配位键。这些物质的性质与硼烷相同。BH_3 的四氢呋喃或乙醚溶液通常比乙硼烷气体使用更方便，因此在实验室中较为常见。

硼烷与烯烃的加成是一个协同反应，双键的断裂与新键的生成同时进行。过渡态理论可以更清楚地显示反应的历程：

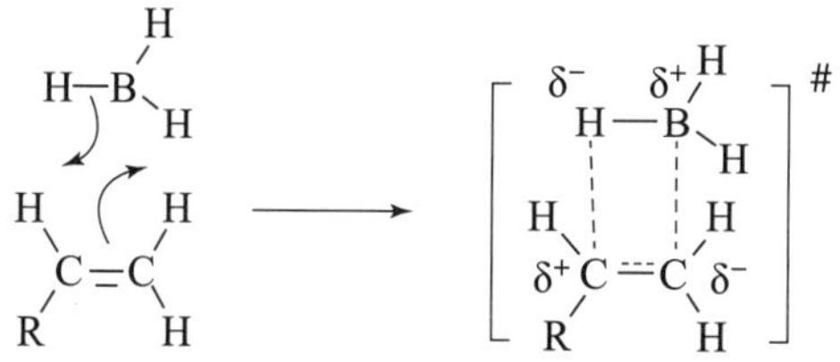

由于该含硼基团将被羟基取代，所以第一步是立体决定的一步。硼将加成在与较少取代基相连的碳上。在过渡态中，多取代的碳上带有少量正电荷，类似碳正离子。一般而言，多取代的碳上带正电荷比少取代的碳稳定。如果硼烷进攻另一个多取代的碳，将是少取代的碳带上正电荷，不利于稳定。但有时在空间位阻的影响下，硼烷也会加成到少取代的碳上。

硼烷将继续进行类似的反应直到所有的三个氢原子被烃基所取代，即一分子硼烷可与三分子烯烃进行反应。所以有时使用只有一个氢原子的硼烷（R_2BH）进行反应，例如一种被广泛用于硼氢化反应的硼氢化试剂 9-BBN，它与烯烃反应有选择性，可以只进攻位阻较小的双键。

硼烷一般与烯烃进行顺式加成，即加到双键的同一边。例如甲基环戊烯与硼烷生成反式产物。

4.6　过渡金属有机试剂参与的有机反应

过渡金属有机化合物实务上会用在化学计量反应及催化程序中，尤其是和一氧化碳及烯烃衍生聚合物有关的程序。世界上所有的聚乙烯及聚丙烯都是借由有机金属催化剂而合成的，通常都是类似齐格勒－纳塔催化剂的非匀相催化剂。在蒙山都法及 Cativa 催化法中，醋酸的制备使用了金属羰基配位催化剂。大部分合成醛类都是由氢甲酰化反应所产生。大部分分子较乙醇大的脂肪醇类合成，是通过氢甲酰化反应产生的醛类再经过氢化反应所产生。而 Wacker 法也用在将乙烯氧化成乙醛的反应中。

三五半导体的制作需要三甲基镓、三甲基铟、及其他含有氮、磷、砷、锑的化合物产生反应。在 LED 制程会使用的金属有机气相磊晶法中，这些挥发性物质会和氨、砷化氢、磷化氢等物质一起释放，在加热的基板上产生反应来生成三五半导体。

有机金属化合物中，有机铅及有机汞的化合物都是有毒性的化合物。

4.7　1963 年诺贝尔化学奖简介—齐格勒-纳塔型催化剂

4.7.1　1963 年齐格勒-纳塔催化剂

聚烯烃工业是在 20 世纪 50 年代由于齐格勒-纳塔催化剂的开发才有了蓬勃的发展。至今已有 70 多年的发展史，形成了齐格勒-纳塔催化剂、茂金属催化剂、非茂金属催化剂等多种催化剂共同发展的格局。然而在实际中应用最为成熟且得到广泛使用的仍为 Ziegler-Natta 催化剂。目前世界上制备的聚烯烃产品 90% 以上的催化剂都是 Ziegler-Natta 催化剂。得益于 Ziegler—Natta 催化剂，全球实现了年产超过 5 000 万吨的聚烯烃产品工业生产，因此 Karl Waldemar Ziegler 和 Giulio Natt 于 1963 年获得诺贝尔化学奖。

齐格勒纳塔催化剂催化机理：

Ziegler-Natta 催化剂是由德国化学家 Karl Waldemar Ziegler 和意大利化学家 Giulio Natta 发明的用于 α 烯烃聚合的催化剂，它主要是由 IV ~ VIII 族元素（如 Ti、Co、Ni 的卤化物）与 I ~ III 族金属（Al、Be、Li）的烷基化合物或烷基卤化物组成，目前得到公认的乙烯聚合机理为：乙烯先在空位上配位，生成 π-络合物，再经过易位插入，留下的空位又可给第二个乙烯配位，如此重复进行链增长，如图 4 – 5 所示。

增长链可以通过自发的分子内氢转移反应而终止，也可以发生向烷基铝、单体、外加氢气的链转移而生成聚乙烯的反应。

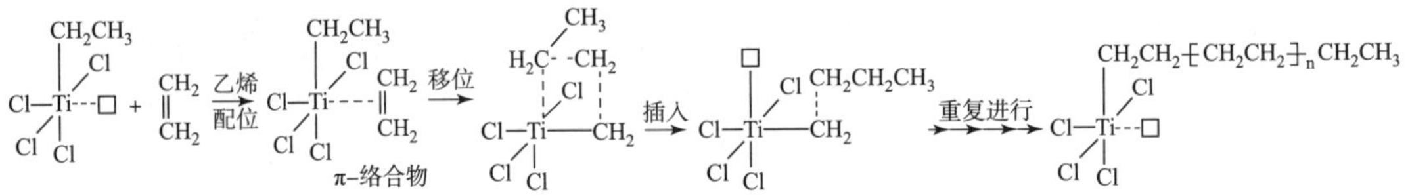

图 4 – 5 乙烯聚合反应机理

4.7.2 齐格勒纳塔催化剂的发展

第一代 Ziegler-Natta 催化剂

1953 年，德国的 Ziegler 和他的研究小组用 $AlEt_3$ 和 $TiCl_4$ 为催化剂，在低压下制得了高密度聚乙烯（HDPE）。该项成果于 1954 年由意大利 Montecatini 公司实现工业化。1954 年 3 月 11 日，意大利的 Natta 改进了 Ziegler 催化剂，用 $AlEt_3$ 和 $EtAlCl$ 为催化剂，在低压下聚合成聚丙烯。确认了聚烯烃的立体异构化学，他成功地区分了高立构规整性结晶聚烯烃、间规聚烯烃以及无规无定型聚烯烃。Natta 统称这种由烷基铝与 IV、V、VI 族过渡金属化合物组成的混合催化体系为 "Ziegler 催化剂"。证明了烯烃聚合的立体选择性与非均相催化剂的表面结构有关。并且经过研究表明，α-晶态 $TiCl_3$ 具有较高活性，β-晶态 $TiCl_3$ 活性较低，不适宜用来进行丙烯聚合，用由 $TiCl_4$ 与烷基铝反应制得的 $TiCl_3$ 为 β 态，需将 β-$TiCl_3$ 经过加热处理，转变为 α-$TiCl_3$。

第一代 Ziegler-Natta 催化剂的特点是催化活性低，所得聚乙烯需用化学试剂（醇、脂肪酸）处理，以除去催化剂残留物，使聚乙烯含钛量低于 10^{-5}，才符合使用要求。聚丙烯等规组分的质量分数仅有 90%，聚合工艺需要复杂的脱灰、脱无规组分的步骤。

第二代 Ziegler-Natta 催化剂

20 世纪 60 年代末，将 Lewis 碱引入催化剂体系，生成第二代 Ziegler-Natta 催化剂。使用 Lewis 碱使 Ziegler-Natta 催化剂得到更大的表面积，催化活性也得到提高。典型第二代 Ziegler-Natta 催化剂制备是在烃类化合物中，在 0 ℃用 $TiCl_4$ 和 $Al(C_2H_5)_2Cl$ 经还原反应制得 $3TiCl_3 \cdot AlCl_3$，所用 Lewis 碱有酯、醚、醇、胺、磷等电子给予体。

第二代 Ziegler-Natta 催化剂特点是，催化活性和立体定向性较上一代有一些提高，但由于催化活性还是比较低，催化剂都残留在聚合物中，需要对聚合物采取脱灰脱无规物工艺。

聚合物热氧化稳定性较差，加工很困难。在淤浆聚合工艺中，还需要对烷烃溶剂进行回收和提纯。

第三代 Ziegler-Natta 催化剂

20 世纪 70 年代末和 80 年代初，Ziegler-Natta 催化剂载体化，是 Ziegler-Natta 催化剂的巨大革新和进步。通常称这类高活性、高结构规整性的载体催化剂为第三代 Ziegler-Natta 催化剂。当时三井石油化学公司成就突出，在 1968 年开发出制备高密度聚乙烯用的、高活性 $MgCl_2$ 载体型 Ziegler-Natta 催化剂（$TiCl_4/MgCl/AlEt_3$）。随后开发了一系列给电子体系的催化剂，使用 $TiCl_4/EB/MgCl_2/AlEt_3/DIBP/DPDMS$ 催化体系在全球首次实现了使用高活性、高有规立构性催化剂的无脱灰、无脱无规 PP 工艺的气相聚合工艺。该工艺不但有成本优势，而且适合生产嵌段 PP。

第三代 Ziegler-Natta 催化剂的出现，使 Ziegler-Natta 催化剂的开发不再以增加催化剂活性为主要目的，从此开始以 Ziegler-Natta 催化剂结构、形态、性能及其烯烃聚合物结构控制的开发为主。

第四代 Ziegler-Natta 催化剂

20 世纪 80 年代中期，出现第四代 Ziegler-Natta 催化剂——球形载体催化剂。这类催化剂的特点是能够控制载体本身的物理化学性能，并能控制活性中心在载体上的分布，具有颗粒反应器性能；催化效率大大提高，催化效率高达数十万至百万克聚乙烯；氢调敏感，能生产不同分子量和分子量分布的聚烯烃；具有优良的乙烯和 α-烯烃共聚性能，可以获得不同相对密度的聚烯烃树脂；具有球形或类球形的颗粒状态，可以制备形态好的、堆密度高的聚烯烃产品，这使得人们期盼已久的无造粒工艺成为可能。

第四代 Ziegler-Natta 催化剂是由 Himont 公司发展起来的。第四代聚烯烃催化剂的出现，标志着聚烯烃催化聚合技术的研究和生产趋于成熟。当前世界上绝大多数低压聚烯烃生产装置，几乎使用的都是第三代和第四代 Ziegler-Natta 催化剂，典型代表有三井油化公司的 TK-II、PZ 催化剂，Himont 公司的 GF-2A、FT-4S、UDC-104 催化剂，Shell 公司的 SHAC 催化剂，Amoco 公司的 CD 催化剂，赫斯特公司 TH、MH 催化剂，联合碳化物公司 S-2、S-9 催化剂，北京化工研究院 BCH、N 型催化剂。

第五代 Ziegler-Natta 催化剂

20 世纪 90 年代，出现第五代聚烯烃催化剂。同属第五代聚烯烃催化剂的茂金属和非茂金属单活性中心聚烯烃催化剂出现，改变了人们开发催化剂的方式。但是齐格勒 - 纳塔催化剂效率高，生产的聚合物综合性能好、成本低，在目前聚烯烃工业生产中仍占据着重要地位。尤其是在目前催化剂开发中，应用了最新催化剂合成理论和聚合技术，齐格勒 - 纳塔催化剂正在不断开发一些性能更好的新产品，与茂金属等单活性中心催化剂之间的性能差距正在不断缩小，逐渐生成第五代齐格勒 - 纳塔催化剂。

4.8　1973 年诺贝尔化学奖简介—二茂铁

二茂铁简介

由 Wilkinson，Woodward 和 Fischer 发现的二茂铁夹心结构 Cp_2Fe，促使有机金属过渡金属 π 配合物蓬勃发展。环戊二烯基（Cp）在该领域中是最重要的，这使得它成为大量 Cp_2M

（茂金属）和 CpMLn 复合物（其中 n = 2 – 4）的可靠的支撑配体。目前，茂金属最重要的应用是烯烃聚合。

Cp 的空间体积可以通过替换而改变，如以下锥角所反映的：$\eta_5 - C_5(i - Pr)_5$，$\theta =$ 167°；$\eta_5 - C_5H(i - Pr)_4$，$\theta = 146°$；$\eta_5 - C_5Me_5$，$\theta = 122°$；$\eta_5 - C_5H_4SiMe_3$，$\theta = 104°$；$\eta_5 - C_5H_4Me$，$\theta = 95°$；$\eta_5 - C_5H_5$，$\theta = 88°$一系列 $Cp_2Zr(CO)$ 配合物中的取代电子效应也已从电化学和计算数据中得到证实。在共配体被足够牢固地结合从而 Cp 不能变成 η_5 的地方也发现 $\eta_1 - Cp$ 结构。$\eta_1 - Cp$ 基团显示长和短的 C – C 距离，适合于未配合的二烯。芳族 η_5 形式具有基本相等的 C = C 距离，并且取代基向金属略微弯曲。$(\eta^5 - Cp)(\eta^3 - Cp)W(CO)_2$ 中的 Trihapto-Cp 基团相当少见。η_3-Cp 折叠，因此未复合的 C = C 组可以弯曲离开金属。η_5Cp 组"滑"到 η_3 或 η_1 的趋势很小。尽管如此，18e 复合物可以进行联合替代，这表明 Cp 可以在反应中滑动。

反磁性 η_5-Cp 配合物在 3.5 ~ 5.5 ppm 处显示[1]HNMR 共振，这是适合于芳烃的位置。伍德沃德首先表明，二茂铁与苯一样进行亲电子酰化。在 η_1-Cp 组中，α 氢出现在 δ：~3.5，而 β 和 γ 氢出现在 δ：5 – 7ppm。正如我们之前看到的那样，$\eta_1 - Cp$ 基团可以是流动的，在这种情况下，金属在环上快速移动，使所有质子都等价。在 M-C$_5$H$_5$ 的图 4 – 6 的 MO 方案中，五个碳 p 轨道导致 C$_5$H$_5$ 基团的五个 MO。图 4 – 6（a）中只显示了节点，图 4 – 6（b）显示了一种情况下的全部轨道。最重要的重叠是 ψ1 与金属 dz^2，ψ2 和 ψ3 与 dxz 和 dyz 轨道，

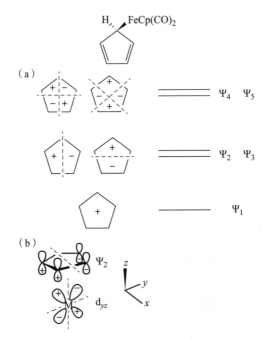

图 4 – 6　环戊二烯基配体的电子结构和可能的 M-Cp 键合组合之一

如图4-6（b）明确显示；ψ4 和 ψ5 不与金属轨道相互作用强烈，因此 Cp 基团不是一个很好的 π 受体。这和阴离子电荷使得 Cp 复合物成为碱性，并且这促使反馈给非 Cp 配体。Cp_2M 茂金属的 MO 图（图 4-7）需要考虑两个 Cp 基团。因此，我们看一下 Cp 轨道对的对称性，看看它们是如何与金属相互作用的。

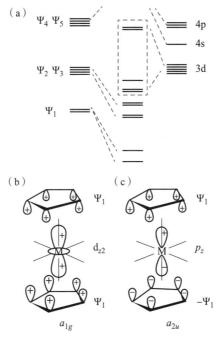

图 4-7　第一行茂金属的定性 MO 图

（a）框内显示晶体场分裂模式，仅在八面体场中的排列稍微变形。因为我们现在有两个 Cp 组，每个 MO 的总和和差必须被考虑。例如 Ψ_1 给出对称性 a_{1g} 的 $\Psi_1 + \Psi_1'$，如图（b）所示，它与金属 d_{z^2} 和与 p_z 相互作用的对称性 a_{2u} 的 $\Psi_1 - \Psi_1'$ 相互作用，如图（c）所示。为了清楚起见，仅显示了 Cp 的 p 轨道的一个波瓣。

例如，一对来自每个环的 ψ_1 轨道［图 4-7（b）］具有 1g 对称性，因此可以与金属 d_{z^2}（也是 a_{1g}）相互作用。ψ_1 轨道（现在是 a_{2u}）的相反组合［图 4-7（c）］与金属 p_z（也是 a_{2u}）相互作用。类似地，ψ_2 和 ψ_3 组合通过与金属 d_{xz}，d_{yz}，p_x 和 p_y 的相互作用而强烈稳定。尽管 Cp_2M 的细节更为复杂，但键合方案既保留了 M→C 直接供给，也保留了我们对 $M(CO)_6$ 看到的 M→L 后供给，以及 d 轨道分裂模式，它们大致类似于一个八面体晶场的特性，并在图 4-7（a）中的一个框中突出显示。在这种情况下，不同的轴选择［图 4-7（c）］使轨道标签（d_{xy}，d_{yz} 等）与以前不同，但这只是一个定义问题。

在 Cp_2Fe 本身的情况下，键合和非键合轨道都被精确填充，使得反键轨道空了，使得第 Ⅷ 族金属茂是该系列中最稳定的。MCp_2 单元的内在稳定性使得许多第一排过渡金属采用相同的结构，即使这导致了顺磁非 18e 复合物（图 4-8）。第 Ⅵ 族和第 Ⅷ 族的金属茂在反键轨道上有一个或两个电子；这使得 $CoCp_2$ 和 $NiCp_2$ 顺磁性比 $FeCp_2$ 更具反应性。19 电子 $CoCp_2$ 也有 18e 阳离子形式，$[Cp_2Co]^+$。如图 4-8 所示，二茂铁和十五碳烯不足 18e，也是顺磁性的。主要是离子 $MnCp_2$ 是非常活泼的，因为高自旋 d_5 Mn 离子不提供晶体场稳定。另一方面，表示为 $Cp*$ 的高场 C_5Me_5 给出了更稳定，低自旋 $MnCp_2*$。

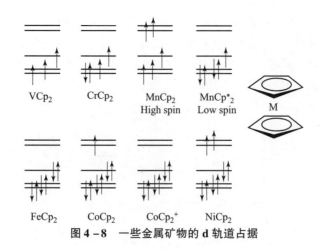

图 4 – 8　一些金属矿物的 d 轨道占据

4.9　2000 年诺贝尔化学奖—导电高分子

2000 年诺贝尔化学奖授予了艾伦·J·希格（美国加州大学圣巴巴拉分校）、艾伦·G麦克迪亚米德（美国宾夕法尼亚大学）和白川秀树（日本 Tsukuba 大学）。奖励的引文——"导电聚合物的发现和发展"。此外，瑞典皇家科学院（Royal Swedish Academy of Sciences）指出，该奖项的贡献是"该领域已经取得的重要科学地位及其在实际应用、化学和物理之间跨学科发展方面的影响"。

传统观点认为聚合物（塑料、橡胶等）能够对电流产生阻力，因此广泛应用于电气绝缘。在通常的碳基聚合物中 sp^3 碳原子生成 σ 键，因此电子就在其中是绑定状态的。因此，在聚合物中几乎没有电流的流动，这种说法一直持续到直到 20 世纪 70 年代末。

导电聚合物（Conductive polymer），更精确的说是本征导电聚合物（intrinsically conductive polymer，ICP）是一种具导电性的高分子聚合物，又称导电塑胶与导电塑料。最简单的例子是聚乙炔。这样的化合物可以具有金属导电性或者可以是半导体。导电聚合物最大的优点是它们的可加工性，主要是由于分散系。导电聚合物通常不是热塑性塑料，也就是说，它们不可以热成型。但是，与绝缘聚合物一样，它们是有机材料。当高分子结构拥有延长共轭双键时，离域 π 键电子不受原子束缚，能在聚合链上自由移动，经过掺杂后，可移走电子生成空穴，或添加电子，使电子或空穴在分子链上自由移动，从而生成导电分子。常见的导电聚合物有聚苯胺、聚吡咯、聚噻吩和聚对苯乙烯，以及它们的衍生物。

4.9.1　导电聚乙炔

1967 年在日本东京工业大学进修的韩国边衡直博士于实验室制作聚乙炔时，加入超量的 1 000 倍催化剂，使得本来该得到黑色粉末聚乙炔（顺式聚乙炔），却变成了银白色的薄膜（反式聚乙炔）。时任池田研究所助理的白川英树博士即据此结果开始研究聚乙炔，分子结构如图 4 – 9 所示。

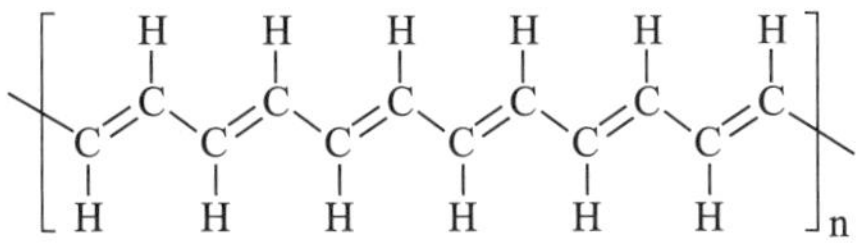

图 4 - 9　反式聚乙炔结构

1976 年，在美国化学家 Alan G. McDiarmid 与物理学家 Alan J. Heeger 的邀请之下，白川到美国宾州大学进行访问。他们利用碘蒸气来氧化聚乙炔，之后在量测掺碘的反式聚乙炔之后发现导电度增高了 10 亿倍。以碘或其他强氧化剂如五氟化砷部分氧化聚乙炔可大大增强其导电性，聚合物会失去电子，生成具有不完全离域的正离子自由基"极化子"，此过程可称为 p 型掺杂。此外氧化作用亦可令聚乙炔生成"双极化子"（只能在一个单位上移动的二-正离子）及"孤立子"（两个可分别移动的正离子自由基）。"极化子"及"孤立子"使聚乙炔能够导电，提高实用性。

1977 年夏，白川、McDiarmid 与 Heeger 发表了他们的研究成果，并因此获得了 2000 年的诺贝尔化学奖。

4.9.2　导电高分子发展历史

赫尔曼·施陶丁格在 1920 年确立了高分子聚合物的概念。1935 年华莱士·卡罗瑟斯在杜邦公司发明了耐纶的聚合反应。第一个高导电性的有机化合物是电荷转移配合物。20 世纪 50 年代，研究人员报告说，多环芳香族化合物生成的半导电荷转移配合物的盐与卤素。1954 年，研究人员在贝尔实验室和其他地方报道的有机电荷传输配合物的电阻低至 8 欧姆。20 世纪 70 年代初期，研究人员展示的四硫富瓦烯的盐显示出金属导电性，而其超导电性于 1980 年被报道。对于电荷转移盐的广泛研究一直持续到今天。虽然这些化合物在技术上并不是聚合物，但是这表明有机化合物可以导电。尽管有机导体在以前有断续的被讨论，这个领域被特别激励是由于跟随着 BCS 理论的发现而来的超导现象的预测。卡尔·齐格勒和居里奥·纳塔在聚合反应的催化剂研究上作出很大贡献，因此共同获得 1963 年诺贝尔化学奖。保罗·弗洛里对近代高分子聚合物理论贡献巨大，于 1974 年诺贝尔化学奖。

虽然大多数的量子领域操作范围是小于 100 纳米的，但是，"分子"电子过程可以在宏观尺度上集体表现。例子包括量子穿隧效应，负阻，声子辅助跳频和极子。在 1977 年，白川英树、McDiarmid 和 Heeger 报告了掺碘的氧化聚乙炔有类似的高导电率。因为在导电聚合物领域也就是共轭聚合物有开创性的发现，他们共同获得 2000 年诺贝尔化学奖。自从 20 世纪 80 年代后期，有机发光二极管（OLED）已成为导电聚合物的一个重要应用。

有机电化学装置在生物电子学、能量存储、电催化和传感器等领域被广泛应用，其工作原理是通过法拉第过程进行的电荷转移，即依赖于导电聚合物的氧化反应（电子损失）或还原反应（得到电子）。然而，近期有研究发现基于聚（3,4-乙基二氧基噻吩）与聚（苯乙烯磺酸盐）化学掺杂（PEDOT：PSS，其化学结构如图 4 - 10 所示）的共轭聚合物电化学装置的电荷传输行为却表现出纯电容过程。

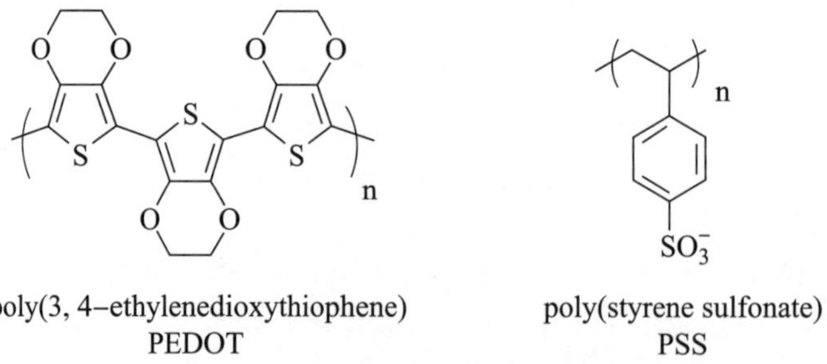

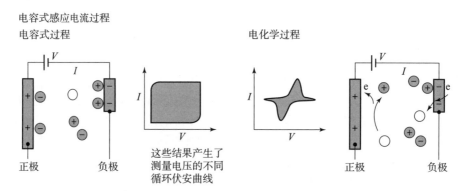

poly(3, 4-ethylenedioxythiophene)
PEDOT

poly(styrene sulfonate)
PSS

图 4 – 10　PEDOT 与 PSS 的化学结构

简单的金属电极模型如图 4 – 11 所示，电荷传输发生电容过程时，两电极板会储存与各自相反的电荷。而发生法拉第过程时，两极板上会发生氧化还原反应从而传输电荷。因而，前者的循环伏安曲线为矩形，表现为瞬态的充电电流；而后者的循环伏安曲线则给出明显的氧化还原峰值，并存在稳态电流。

电容式感应电流过程
电容式过程

电化学过程

I

V

I

V

I

V

I

这些结果产生了
测量电压的不同
循环伏安曲线

正极　　　　负极

正极　　　　负极

图 4 – 11　电容过程与法拉第过程传输电荷的原理对比

当导电共轭聚合物膜涂覆在金属电极上时，传输电荷的情况变得更为复杂，可以观察到混合的循环伏安曲线，即法拉第过程和电容过程的组合。循环伏安法测得的是一系列电化学过程的综合结果，不利于判断该过程的作用机制。英国剑桥大学的 George G. Malliaras 教授与瑞典林雪平大学的 Magnus Berggren 认为关注共轭聚合物电极的氧化或还原对理解其复杂的电化学过程有所帮助，通电状态下导电聚合物的氧化还原过程可以类比 OLED 的工作原理，从而更好地理解该过程。

有机发光二极管（OLED），即发光层为有机化合物的发光二极管（LED）。由于共轭聚合物具有不错的光学性质、电子和力学性能，目前共轭聚合物薄膜已广泛地应用于发光二极管中。最简单的 OLED 模型由两个金属电极以及有机半导体夹层组成。将空穴和电子分别注入聚合物层的最高占据轨道和最低空轨道（HOMO 和 LUMO）之后，电荷可以通过传输后复合并以光子的形式发出能量，完成电能与光能的转化，如图 4 – 12 左图所示。考虑到涂有导电聚合物金属电极的电化学工作原理与 OLED 有相似之处，了解与共轭聚合物的氧化或还原相关的基本步骤及其与材料的耦合性质，有助于了解涂有导电聚合物金属电极的电化学工作原理。

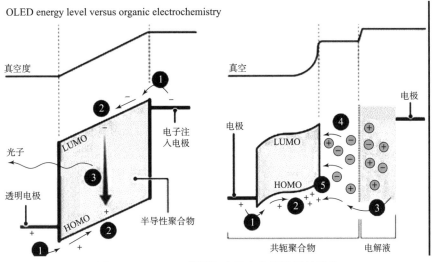

图 4 - 12　OLED 模型与有机电化学模型的类比

类比 OLED 模型可确定有机电化学中哪些是电容过程，哪些是法拉第过程。如图 4 - 12 所示，对比左边图的共轭聚合物发光原理，右边图的共轭聚合物膜的电化学氧化反应分为以下几个基本步骤：

（1）从金属电极向聚合物的 HOMO 注入空穴；

（2）空穴在聚合物的 HOMO 轨道内的传输；

（3）负离子从电解质向聚合物移动；

（4）负离子在聚合物链间传输；

（5）薄膜中两种电荷的发生静电补偿，维持电中性。

当上述这些基本步骤均能有效发生时，器件展现出纯粹的充电过程，类似于对电容器充电。当电极上其他竞争反应发生时，上述基本步骤受到影响将不能有效发生，则会产生法拉第过程。由于 PEDOT：PSS 具有较高离子、电子传导性以及电化学稳定性而显示出电容行为，但是对于其他聚合物的情况却不同。因此，特定材料的电化学响应将取决于其性质和设备的操作条件。

综上所述，对有机电化学装置的理解不仅需要单独分析每个基本步骤，还必须考虑电解质对膜形态和介电环境的影响。同时，可以通过调节聚合物结构和电场、电荷的空间分布来促进或抑制法拉第过程。

4.10　2001 年诺贝尔化学奖——不对称催化

4.10.1　手性催化氢化反应

1980 年，Noyori 及其同事报道了阳离子 BINAP-Rh 配合物催化 α-(酰氨基) 丙烯酸或酯的不对称氢化，得到高对映体过量的相应氨基酸衍生物。但是，这些铑催化剂只能用于氨基酸的合成，加氢速率非常慢，必须对每种底物非常仔细地选择反应条件以获得高的对映选择性。几年之后，BINAP-Ru(II) 二羧酸盐配合物的制备被证明通常适用于各种官能化烯烃的不对称氢化。低聚的含卤素的 BINAP-Ru（Ⅱ）配合物被发现是有效地用于官能化酮不对称氢化的催化剂，其中 C＝O 官能团附近的配位氮、氧和卤素原子会影响催化剂对不同底物的反应活性和对映选择性。用氢气（H₂）还原官能化的烯烃和酮，BINAP-Ru(Ⅱ) 配合物作为催化剂称为 Noyori 不对称氢化，机理如图 4-13 所示。

该反应的一般特征是：

（1）BINAP，一种构象灵活的阻转异构 C_2-对称二膦烷配体可以获得两种对映体形式；

（2）各种 BINAP-Ru(Ⅱ) 配合物易于制备，催化剂负载量小；

（3）α,β-不饱和羧酸的加氢反应发生在醇溶剂中，对映选择的形式和程度高度依赖于取代模式和氢气压力；

（4）烯丙基和烯丙醇被氢化后具有高对映选择性；

（5）取代的烯酰胺产生对映体富集的 α-或 β-氨基酸；

（6）同一类催化剂对于不同的底物会有不同的手性诱导选择性和反应活性；

（7）通过手性 β-羟基酮双氢化 1,3-二酮产生几乎 100% ee 的 3-二醇；

（8）β-酮酯是不对称氢化的最佳底物；

（9）具有构型不稳定的 α-立体中心的外消旋 β-酮酯可以通过原位反转以高选择性转化为单一立体异构体（动态动力学分辨率）。

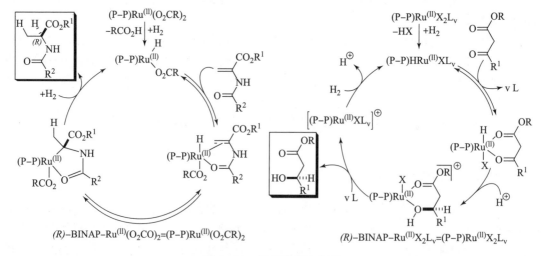

图 4-13 不对称氢化机理

不对称氢化的合成应用

五环生物碱（-)-海克隆二胺由 D. F. 泰伯和同事 Noyori 不对称氢化合成，通过动力学拆分从外消旋双环 β-酮酯制备纯的对映体双环 β-羟基酯中间体。发现加氢只在 HCl 存在下进行，通过优化加入的 HCl 量，可以控制总还原酮的比例。约 87% 的"匹配"酮减少了，而另一种 β-酮酯对映体没有显著转化为还原产物。有趣的是，氢化的非对映选择性取决于加入的酸的性质：在 HCl 中，反式非对映体是主要产物，而在 AcOH 中顺式非对映异构体是主要的。

racemic   (S)–BINAP–RuCl2(0.62 mol%)   H₂(50–52 psi), 14 h, 80℃   0.12N HCl in MeOH (12 mol%)   87%, 96% ee   trans–β–hydroxy ester   steps   (—)-Haliclonadiamine

Spongistatin1 的 C17-C28 片段（CD 螺旋缩酮单元）的收敛和立体控制合成在 WRRoush. 66 的实验室中完成。其中一个结构单元通过使用容易获得的 β-酮酯的 Noyori 不对称氢化，产生相应的 β-羟基酯，收率为 81%，ee 为 95%。

R=PMB   (R)–BINAP–Ru(II)Cl₂ (1 mol%)   H₂(100 atm), MeOH 23℃, 72 h; 81%, 95% ee   steps   CD Spiroketal unit of spongistatin 1

在 O. Mitsunobu 的实验室中通过瞬时酰化在 2-取代 2-丙烯-1-醇的不对称氢化中观察到显著的立体选择性增强。氢化之前烯丙醇羟基的芳族化作用得到最好的结果。

[(R)–BINAPRu(II)Cl₂]₂ NEt₃ (1 mol%)   H₂(100 atm) THF:EtOH(1:1) 23℃; 95%, 85% ee   R=2, 4, 6–trichlorophenyl

[(S)–BINAPRu(II)Cl₂]₂ NEt₃ (1 mol%)   H₂(100 atm) THF:EtOH(1:1) 23℃; 96%, 78% ee   R=TBDPS; Ar=Bz

Noyori 不对称转移氢化用于由 R. A. 合成手性 1,2,3,4-四氢异喹啉。这些化合物是 Rice 和 Beyerman 吗啡途径中的重要中间体。将"大米亚胺"暴露于一系列手性 Ru（II）配合物中，该配合物由 α-6-芳烃-二氯化钌（II）配合物和 N-磺化 1,2-二苯基乙二胺以及 HCOOH 的共沸混合物/组成用最好的催化剂分离所需的四氢异喹啉，收率为 73%，对映体过量 99%。

"Rice imine"   HCO2H:NEt3(5:2), DMF 90 min, 30℃ 73%, 99% ee (2.5 mol%)   steps   (—)-Morphine

4.10.2 手性催化氧化反应

在 1996 年，K. B. Sharpless 等这种转化称为 Sharpless 不对称氨基羟基化（SAA），它补充了其他不对称方法，如 Sharpless 不对称环氧化（SAE）和二羟基化（SAD）使用烯烃作为底物。SAA 与 SAD 密切相关，因为它们使用相同的手性叔胺配体，并且确定对映选择性的因素是相似的。β-氨基醇部分是重要的药效基因，因为它是许多生物活性化合物中的常见结构基元。这一事实本身使得 SAA 作为以高收率和高对映选择性获得这些化合物的合成工具是非常有价值的。

SAA 的一般特征是：

（1）大多数烯烃是反应的底物。最好的底物具有吸电子基团（例如 CO_2R，$P(O)(OR)_2$，CONR）。

（2）和四取代的烯烃不反应；与 SAD 不同，没有预先生成的试剂混合物（如 AD-混合物），但除了氮源之外，必需的组分是相同的。

（3）通常氮源是 N-卤代磺酰胺（X = Ms，Ns，Ts），氨基甲酸烷基酯（X = Cbz，Boc，Teoc），10,13,14 或酰胺（X = Ac）。

（4）在磺酰胺和乙酰胺的情况下，N-卤代胺盐由相应的 N-卤代酰胺制备，而氨基甲酸酯通过使用 t-BuOCl/NaOH 原位制备。

（5）氮源上的取代基（X）越小，产物的对映体纯度越高。

（6）为了获得最高的产量，应该使用大量过量（3~6 当量）的氮源。

（7）当使用磺酰胺时，底物范围限于具有吸电子基团的烯烃，但氨基甲酸酯的使用显著增加底物范围。

（8）正如在 SAD 中那样，使用手性二齿叔胺配体（DHQ – 和 DHQD 衍生的）给出对映互补结果。

（9）绝对立体化学可以用对 SAD 提出的"助记符装置"来预测，对于结构相关的底物，不对称诱导具有相同的意义和相似的量级。

（10）区域选择性很难预测，因为它受很多因素的影响，但是在不对称烯烃的情况下，氮通常加到较少取代的碳上，而肉桂酸酯反应优先得到 γ-氨基酯产物。

（11）配体和溶剂体系的性质通常对苯乙烯底物的区域选择性有显著的影响。

（12）二醇在 SAA 反应中通常是副产物，但是有几种方法可以减少二羟基化的程度。

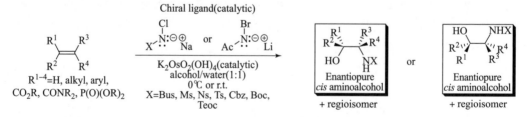

SAA 反应机理

SAD 和 SAA 的机制是相似的。SAA 机理的第一步是酰亚胺三氧化锇（Ⅷ）与烯烃以同立构特异性方式的形式 [2+2] 或 [3+2] 环加成，最终得到氮杂 Os 酸 Os（Ⅵ）中间体。然后该氮杂丙酸酯被氮源氧化，同时配体丢失，随后的水解产生重新进入催化循环的

1,2-顺式氨基醇产物和亚胺三氧代（Ⅷ）物质，反应机理如图4-14所示。

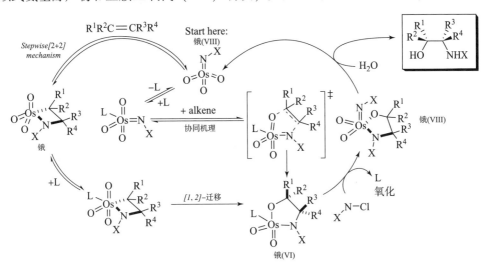

图4-14　SAA反应机理

SAA合成应用：

Sharpless regioreversed 不对称氨基羟基化方案被用来作为关键步骤全面合成 ustiloxin DM. M。（E）-肉桂酸乙酯衍生物在催化量的基于蒽醌的手性配体存在下原位产生 N-Cbz 氯胺的钠盐，得到期望的 N-Cbz 保护的（2S，3R）-β-羟基氨基酯，产率高，非对映选择性好。

B. Jiang 等的研究表明乙烯基吲哚的不对称氨基羟基化可以中等至良好的收率得到 （S）-N-Boc 保护的 α-吲哚-3-基甘氨酸，并具有高达94% ee。使用这些对映异构中间体允许短的对映选择性总量合成双吲哚生物碱，例如在吲哚环之间含有哌嗪部分的拖拉霉素 A。

在替考拉宁糖苷配基的全合成期间，使用 Sharpless 不对称氨基羟基化两次以由 D. L. 制备所需的 G-和 F-环苯基甘氨酸前体。（DHQ）$_2$PHAL 配体用于获得 N-Boc 保护的（R）-苯基甘氨醇，而使用假对映体（DHQ）$_2$PHAL 配体得到 N-Cbz 保护（S）-苯甘氨醇。

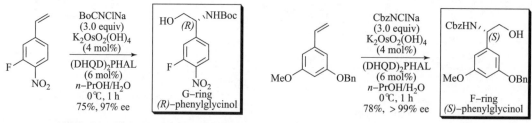

（−）-麻黄碱 A 的立体控制全合成是由福山研究小组利用 SAA 实现了氮原子在苄基位上的高度立体选择性掺入。随后，分两步除去羟基：首先转化为相应的烷基氯，然后通过烷基氯转移氢化得到 β-氨基酯。

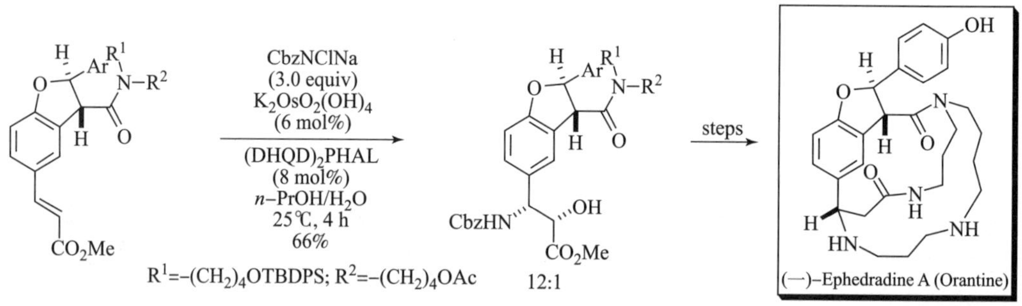

R^1=-(CH$_2$)$_4$OTBDPS; R^2=-(CH$_2$)$_4$OAc 12:1 （−）-Ephedradine A (Orantine)

手性催化氧化—SAD

四氧化锇（OsO$_4$）与烯烃反应生成顺邻二醇的反应在 20 世纪初被发现，并从那时起得到了长足的发展。20 世纪 80 年代初，KBSharpless 研究小组首次报道了第一个不对称二羟基化反应，烯烃与四氧化锇在乙酸二氢奎宁（一种手性叔胺配体，属于钦奇纳生物碱家族）的存在下进行的反应。今天，这种转变被称为 Sharpless 不对称二羟基化（SAD）。Sharpless 的实验是基于观察 Criegee，某些叔胺（如吡啶）加速了 OsO4 与烯烃的反应。此时反应是催化 OsO$_4$，但需要化学计量的配体。当引入手性叔二胺（例如（DHQ）2PHAL 和（DHQD）2PHAL）作为配体时，仅使用亚化学计量，反应即可进行，因为与单齿手性胺相比，这些配体显著加速了二羟基化的速率。由配体引起的速率加速现象被称为配体加速催化（LAC），机理如图 4 – 15 所示。

SAD 的一般特征是：

（1）几乎所有的烯烃都是反应的底物，但是没有其他官能团受到影响；

（2）富电子烯烃往往反应比缺电子反应更快；

（3）具有大小相似的取代基的顺式二取代烯烃的对映选择性适中（催化剂的面分化变得非常困难）；

（4）所有试剂都是固体，它们以预配制的混合物的形式在市场上销售：含有必要的双齿手性配体，化学计量氧化剂的 AD-混合物和 AD-混合物 β 以及二水合锇酸钾（K$_2$OsO$_4$）形式的四氧化锇；

（5）为了预测产物的绝对构型，Sharpless 等开发了一个经验模型（助记符装置），其中必须检查底物并对取代基进行排序（RS = small，RM = medium，RL = large）并将大取代基置于西南角（SW）；（α 面）的二羟基化合物，应该使用 AD-mixα 和从上面（β 面）的二羟基化合物 AD-混合物 β 应该使用；

（6）反应通常在叔丁醇：水 = 1：1 的室温下进行，对于每一毫摩尔烯烃底物，加入 1.4 克必要的 AD-混合物。

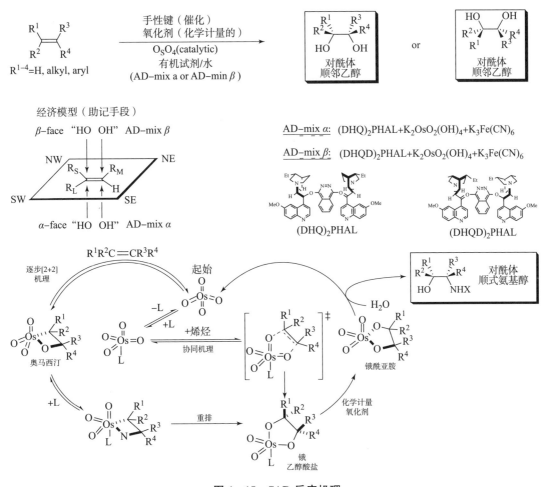

图 4 – 15　SAD 反应机理

（ + ）-zaragozicacidC 的全合成是在阿姆斯特朗实验室完成的，使用二烯烃的双 Sharpless 不对称二羟基化作为关键步骤。这样控制了四个连续立体中心（C3-C6）的立体化学。双重二羟基化不能在单罐中有效地进行（低收率，低 ee），因此分两步进行。在第一步中，使二烯与 SuperAD-混合物（商业化的 AD-混合物补充有额外的配体和四氧化锇）反应达 4 天，以 78% 的收率提供区域异构三醇。在第二步中使用 NMO 作为化学计量的氧化剂，其提供具有良好的非对映选择性的期望的戊醇。这两个步骤的程序是在数克范围内进行的，这允许完成全部合成。

1. AD–mix β, 1 mol% OsO₄
5 mol%(DHQD)₂PHAL
CH₃SO₂NH₂(2 equiv)
K₂S₂O₈(2 equiv)
t-BuOH/H₂O(1:1)
0℃ to r.t., 4 days

2. 1 mol%OsO₄,
NMO(2 equiv)
5 mol%(DHQ)₂PHAL
acetone:H₂O=5:1
45% yield, 76% ee

9:1

(+)-Zaragozic acid C

SAD 合成应用

革兰氏阴性菌的细胞壁脂多糖的关键组分 KDO（3-脱氧-D-甘露-2-辛基磺酸）由 S. D. 伯克和同事合成，其序列中的一个关键转化是 6-乙烯基二氢吡喃-2-羧酸酯模板的双重 SAD。该 1,4-二烯转化为 20:1 比例的两种 C7 差向异构四醇的混合物。内环烯烃具有从 β 面而不是从期望的 α 面进行二羟基化的内在优选。这种立体面是不可能用 SAD 中通常使用的任何配体覆盖的，所以后来在合成中这两个立体中心必须被倒置以便在 C4 和 C5 处提供所需的立体化学。

OsO₄
(DHQ)2-AQN
K₃Fe(CN)₆, K₂CO₃
t-BuOH, H₂O
0℃, 3days
81%

(+4% C7 epimer)

3-Deoxy-D-manno-
2-octulosonic acid(KDO)

（+）-1-表没食子儿茶素（一种四羟基吡咯里西啶生物碱）的全合成由 S. E. 等完成。他们使用了串联的分子内[4+2]/分子间［3+2］硝基烯烃环加成作为关键的成环反应。在合成的最后阶段，最后的立构中心由末端烯烃部分的 SAD 安装在三环中间。发现大多数在二羟基化中的配体产生不需要的立体异构体作为主要产物。最终，在彻底筛选之后，发现具有菲蒽间隔物（DHQD－PHN）的 DHQD 配体以良好的选择性产生所需的立体异构体。

K₂OsO₄·2H₂O
DHQD-PHN
K₃Fe(CN)₆
90%

G=

2.6:1

(+)-1-Epiaustraline

手性催化氧化—SAE

1980 年，K. B. Sharpless 和 T. Katsuki 报道了不对称环氧化的第一种实用方法。他们发现四异丙醇钛（IV），旋光活性的酒石酸二乙酯（DET）和叔丁基氢过氧化物（TBHP）的组合能够环氧化各种烯丙基醇，收率高，对映体过量（＞90% ee）。在手性酒石酸酯和烷基氢过氧化物的存在下，前手性和手性烯丙醇的 Ti（IV）醇催化环氧化得到对映体纯的 2,3-环氧醇被称为 Sharpless 不对称环氧化（SAE）。这种方法的一般特点是：

（1）只有烯丙醇是该方法的良好底物，因为羟基的存在是必需的；

（2）烯丙醇在其他烯烃存在下以高化学选择性进行环氧化；

（3）环氧化完全是试剂控制，通过使用（＋）－或（－）－DET 可以得到产物 2,3-环氧醇的相应对映体；

（4）手性烯丙醇的固有非对映面偏置被忽略，在"匹配的情况"中，试剂增强了底物固有的选择性，并且环氧化以非常高的立体选择性进行，而在"不匹配的情况"中底物的非面部优先而且试剂相反，环氧化的水平立体选择性低于匹配的情况，但它在合成方面仍然是有用的；

（5）可以预测所有前手性烯丙醇的 SAE 的对映体选择性（迄今为止没有发现异常）使用下面的计划；

（6）如果在 C 上有一个手性中心（与 OH 基团相连），SAE 将以两种对映异构体的速率差别很大，因此它可以用于外消旋烯丙醇的动力学拆分；

（7）向反应混合物中加入催化量的分子筛只允许使用催化量〔（5－10）mol%〕的 Ti－酒石酸盐配合物；在不存在分子筛的情况下，需要该配合物的完全等同物；

（8）如果产物的反应性太强或者其溶解性质使其难以分离，则可以使用原位衍生（转化成相应的酯）保持环氧化物的完整性并使分离更容易；

（9）反应条件容许大部分官能团，游离胺除外；

（10）为了实现高产率和对映体过量，通过混合 Ti(Oi-Pr)$_4$ 和 DET 溶液，随后在－20 ℃下加入 TBHP 来制备新鲜的催化剂是至关重要的，并将所得混合物加入烯丙醇底物 20～30 min；

（11）选择的溶剂是无酒精的二氯甲烷；

（12）最经常使用 DET，但偶尔使用 DMT 和 DIPT；

（13）如果产物环氧醇（例如 2-取代的环氧醇）对醇盐的开环敏感，则应用四丁氧基钛；

（14）分子筛必须被活化（在 200 ℃下加热 3 h），并且通常 300～500 目分子筛足以除去任何干扰量的水。

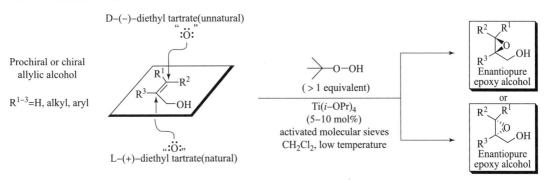

SAE 反应机理

第一步是 Ti(Oi－Pr)$_4$ 与 DET 的快速配体交换。所得到的配合物进一步与烯丙基醇底物和 TBHP 进行配体交换。活性催化剂的确切结构由于快速的配体交换而难以确定，但其可能具有二聚体结构。氢过氧化物和烯丙醇占据了钛上的轴向配位位置，并且该模型考虑了对映选择性。

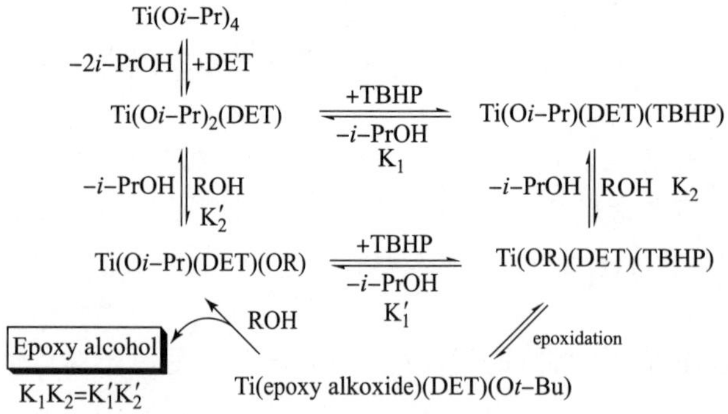

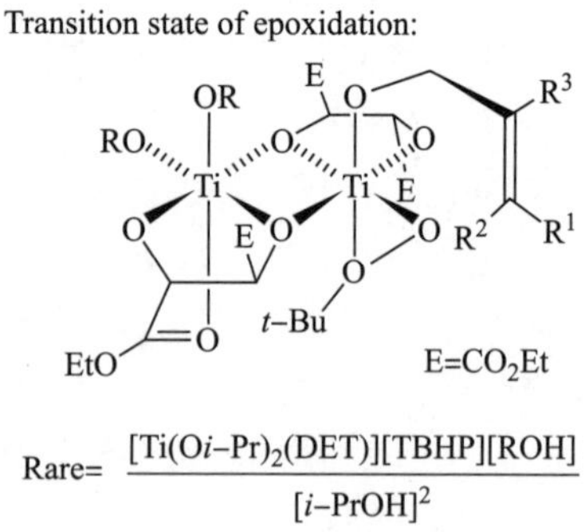

$$K_1K_2=K_1'K_2'$$

$$Rare= \frac{[Ti(Oi-Pr)_2(DET)][TBHP][ROH]}{[i-PrOH]^2}$$

SAE 的合成应用

丙酮乙酰丙酮（+）-小檗碱的对映选择性全合成由 T. R. Hoye 及其合作者完成。天然产物的双－四氢呋喃主链使用顺序双 Sharpless 不对称环氧化和 Sharpless 不对称二羟基化来构建。用 L-(＋)-DET 环氧化双烯丙醇，得到基本上对映体纯的双环氧化物，收率为 87％。

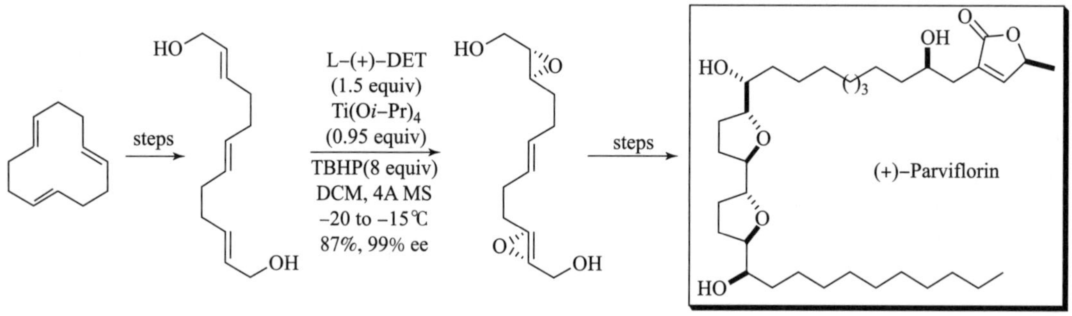

在 D. P. 的实验室里 Curran 使用 Stille 偶联和 SAE 作为关键步骤，实现了（20R)-高喜树碱的不对称全合成。SAE 用于安装关键的 C20 立构中心。（－)-DET 和 TBHP 存在下，(E)-烯丙醇在环境温度下快速环氧化得到 93％ ee 的相应环氧化物。有趣的是，(Z)-烯丙醇与 D-(－)-DET 反应迟缓，环氧化物产率很低，只有 31％ ee。

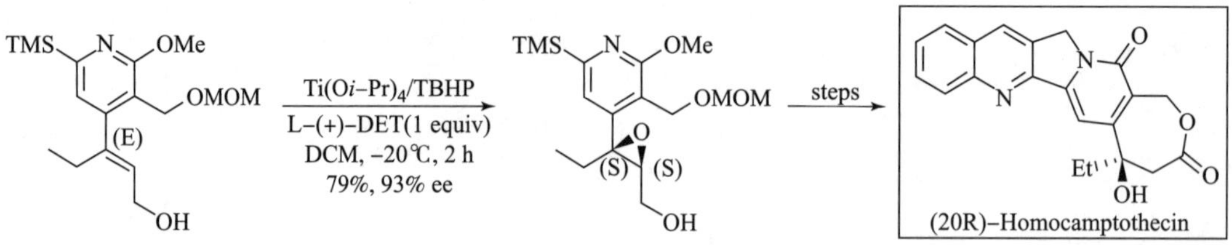

（－)-laulimalide 全合成的最后一个关键步骤，由 I. Paterson 等完成。是 Sharpless 不对称环氧化．42 全合成的成功依赖于环氧化步骤中 C15 和 C20 烯丙醇的有效动力学分化。当大环二醇在（＋)－DIPT 存在下于 −27 ℃氧化 15 h 时，仅生成 C16-C17 环氧化物。

Ti(O*i*-Pr)₄/TBHP
(+)-DIPT(1 equiv)
DCM, -27℃, 15 h
73%, 100% ee

(−)-Laulimalide

（＋）-马吲哚啉 A 和 （－）-马杜吲哚 B 是白介素 6 的有效和选择性抑制剂。这些天然产物的相对和绝对构型由 A. B. Smith 和 S. Omura. 合成。关键的一步是吲哚双键的 SAE，这导致了两个化合物的羟基呋喃并吲哚环的生成。

Ti(O*i*-Pr)₄(1 equiv)
TBHP(5 equiv)
(+)-DET(1.5 equiv)
DCM, 4A MS
-20℃, 15 min
45%

(+)-Madindoline A
31%

(−)-Madindoline B
14%

4.11　2005 年诺贝尔化学奖——烯烃的复分解反应

4.11.1　金属卡宾和金属卡拜

从碳金属连接的方式上分析，金属卡宾可以认为是金属与卡宾配体以双键的方式相连接的化合物；而金属卡拜则是金属与卡拜配体以三键的方式相连接的化合物。1964 年，E. O. Fischer 和 A. Maasb 首次合成、分离并表征了第一个稳定的金属卡宾配合物：

$$(OC)_5W = C \underset{R}{\overset{OMe}{\diagup}} \qquad R = Me，Ph$$

1973 年，E. O. Fischer 等人首次合成、分离并表征了金属卡拜化合物：

$$(OC)_4M \equiv C - R \qquad M = Cr，Mo，W；X = Cl，Br，I；R = Me，Ph$$

随着金属卡宾和金属卡拜化合物的发现，这些化合物的合成以及应用得到了科学家们广泛的重视，并且对它们的研究越来越深入。

金属卡宾化合物的基本性质和合成

金属卡宾主要分为两类：Fischer 卡宾和 Schrock 卡宾。Fischer 卡宾属于单线态卡宾，其基本性质为亲电性的；Schrock 卡宾属于三线态卡宾，其基本性质为亲核性的。

1. Fischer 卡宾的基本性质和合成

Fischer 卡宾这类金属卡宾中的中心金属原子或离子一般为 VIB 到Ⅷ族的金属元素，中心金属处于低价态，通常需要被一些电子受体类配体稳定。这类配合物中 sp^2 杂化的中心碳原子与其相连的 σ 键要比相应的单键短，这是由于存在以下的共振结构：

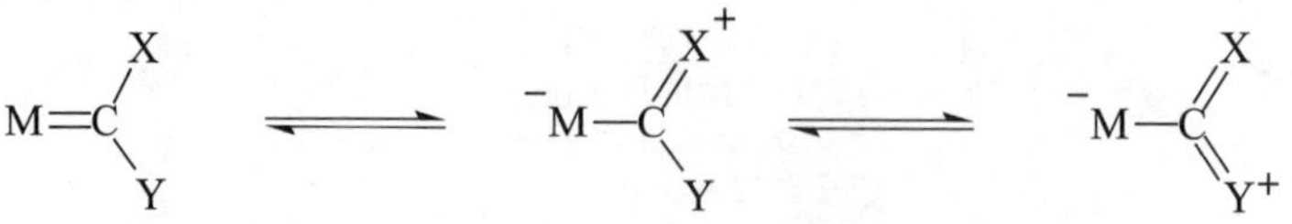

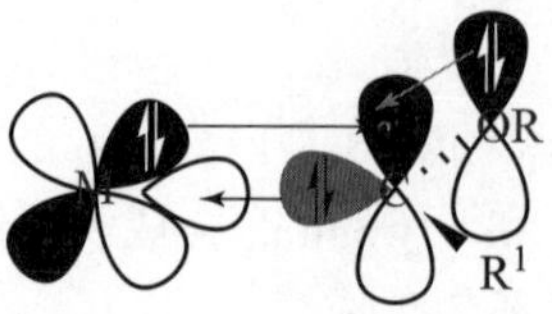

从以上共振式和轨道示意图中可以发现，中心碳原子将其 sp^2 杂化轨道上的电子提供给中心金属的 d 轨道，而中心金属以反馈键的形式将一对电子填充到碳原子的空 π 轨道中；杂原子的孤对电子也可以填充到此空轨道中，这两者存在竞争关系（看第二个共振式）。总的结果，中心金属为低价态的，而中心碳原子则是亲电的。

目前，文献报道了很多制备 Fischer 卡宾的方法。常用的方法有以下 5 种：

（1）金属羰基化合物（配体 CN 以及异氰等）与烃基锂反应，可以生成酰基羰基金属配合物：

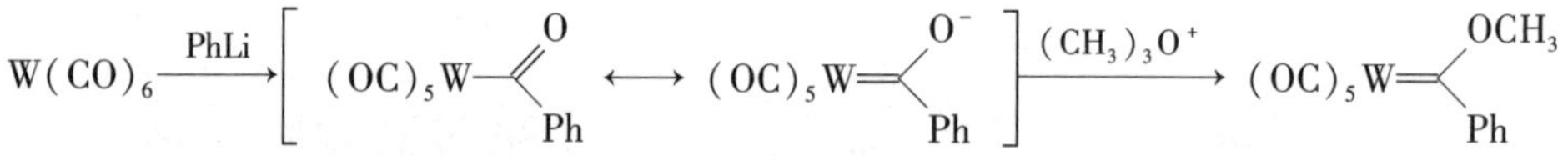

此类金属卡宾化合物属于中性卡宾。

（2）中性酰基配合物的活化：

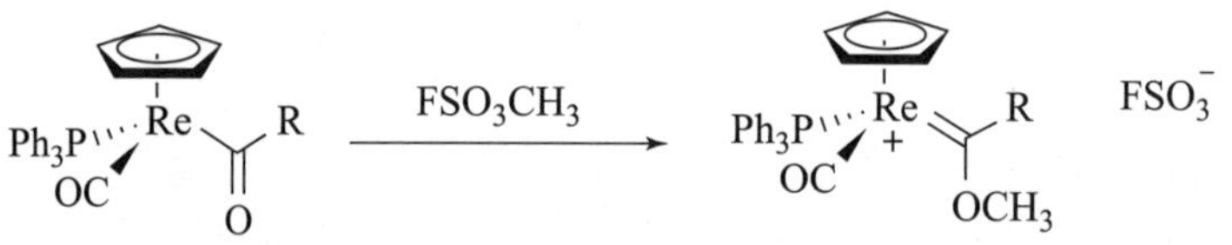

此类金属卡宾化合物属于阳离子卡宾。

（3）配体的重排：末端炔烃配体的异构化将氢转移至 β 位，从而产生亚烯基。

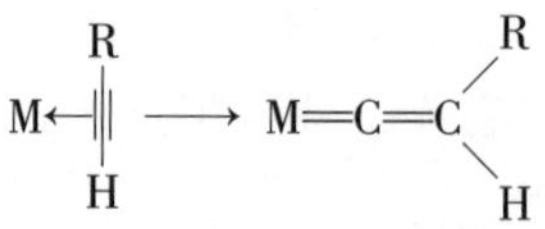

（4）乙炔配合物的亲电反应：乙炔配合物的 β 位很容易与亲电试剂反应，如质子化或烷基化。

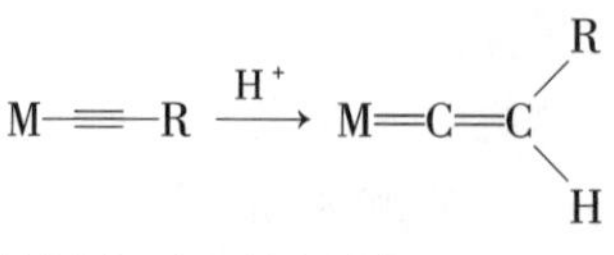

（5）利用富电子或张力很大的烯烃为原料制备：

2. Schrock 卡宾的基本性质和合成

Schrock 卡宾属于亲电性的卡宾，可以认为是三线态卡宾与中心金属的两电子相互成对生成双键的结果。

Schrock 卡宾不含有 π 受体配体，因此，这些中心金属通常是前过渡金属，具有高氧化态，如 Ti(Ⅳ) 和 Ta（Ⅴ）等。此外，配体通常为 π 电子给体，在中心碳原子上的取代基只有氢或烷基。

Schrock 卡宾在物理和化学性质上与 Fischer 卡宾有很多相似之处。但是由于它们中心碳原子以及金属的电荷分布不同，使得两者在反应上有些不同：

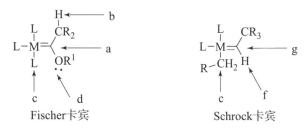

a：可以被亲核试剂进攻；b，e，f：具有酸性的氢，可以被碱攫取；
c：配体可以替换；d，g：可以与亲电试剂反应

金属卡拜化合物的基本性质

过渡金属卡拜配合物中中心金属原子与配位碳原子以三键的方式相连接。中心碳原子和金属均采取了 sp 杂化；卡拜配体的 HOMO 轨道与中心金属的 LUMO 生成 σ 键，中心金属的两个 HOMO 轨道反馈到卡拜的 LUMO 轨道生成两根 π 键。

过渡金属卡拜化合物的结构为直线形的，键角通常在 170°～180°；其中，M-C 的键长要比金属卡宾中的短一些。与 Fischer 和 Schrock 卡宾一样，过渡金属卡拜也分为 Fischer 卡拜和 Schrock 卡拜，其性质也与卡宾的基本一致。理论计算结果表明，卡拜配合物中中心碳原子一般带有负电荷。

过渡金属卡拜化合物是一类对热、空气和水均十分敏感的化合物，具有丰富的反应活性。此外，卡拜配合物具有很强的反位效应，处于卡拜反位的配体很容易离去。

4.11.2　烯烃复分解反应

烯烃在催化剂的作用下发生 C=C 的断裂生成亚烷基，然后再进行重新组合生成新的烯烃的反应称为烯烃复分解反应（olefin metathesis）：

与其他合成烯烃的方法相比，烯烃复分解反应具有简便、快捷、高效、副产物少、废物少等特点，在有机合成和高分子合成领域占据了越来越重要的地位。由于在反应机理以

及催化剂方面的研究，Y. Chauvin，R. H. Grubbs 以及 R. R. Schrock 获得了 2005 年诺贝尔化学奖。

按照反应底物的不同，烯烃复分解反应可以分为：

（1）自复分解反应（self metathesis）：

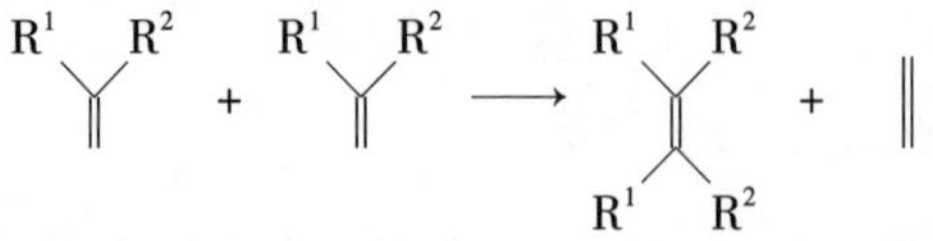

（2）交叉复分解反应（cross metathesis）：

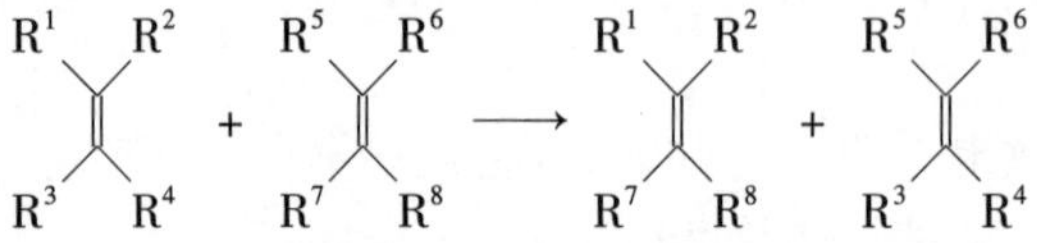

（3）关环复分解反应（ring-closing metathesis，RCM）：

（4）开环复分解反应（ring-opening metathesis，ROM）：

（5）开环复分解聚合反应（ring-opening metathesis polymerization，ROMP）：

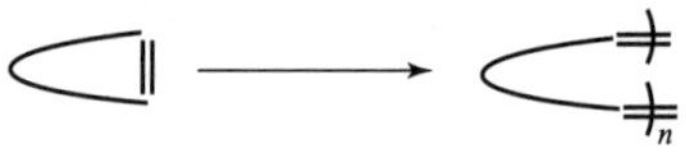

（6）开环二烯复分解聚合反应（acyclic diene metathesis polymerization，ADMP）：

关于烯烃复分解的机理在 1970 年之前有过许多的争论，也提出了非常多的假设。1971 年，Y. Chauvin 提出了金属卡宾与烯烃进行 [2+2] 环加成生成金属杂环丁烷，接着金属杂环丁烷经 [2+2] 逆的环加成开环生成新的金属卡宾和烯烃的反应机理：

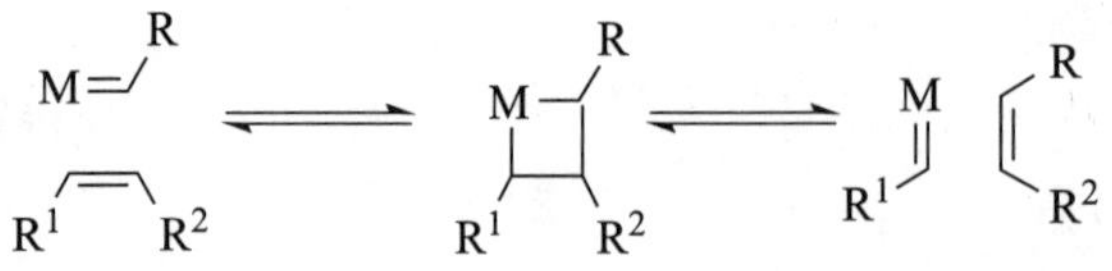

从此以后，科学家们才清楚应该去寻找合适的金属卡宾配合物作为此反应的催化剂。1981 年，R. R. Schrock 在其他配合物的基础上发展了 Schrock 催化剂。它的通式为

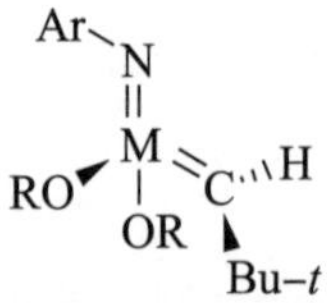

1989 年，R. H. Grubbs 重新研究将钌催化剂应用于 ROMP 反应时，发现水和三氯化钌是

可以催化 ROMP 反应的，尤其是对于这种氧杂降冰片烯类的底物，由于高价钨的强 Lewis 酸性导致反应底物分解无法生成聚合产物，而位于 VIII 族的三价钌和三价锇的化合物可以催化这类反应。同时他们还发现，在有机溶剂中反应的引发时间很长，一般为 20 h 甚至更长。起初他们认为造成这种情况的原因是体系中含水，于是他们做了更为严格的无水操作以减少引发时间，结果事与愿违，更为严格的无水操作使反应时间变得更长。出乎意料的是，在水溶液中进行这个反应，只需要 30 min 就可以引发。

于是他们进一步筛选其他简单的钌催化剂后发现，使用 $Ru(H_2O)_6(Tos)_2$ 作为催化剂，可以使反应的引发时间进一步缩短。而且，这一催化剂对羟基、羧基、烷氧基、酰氨基等取代基具有很好的耐受性，反应生成的产物具有更高的相对分子质量和更低的分散度。反应引发的机理还不清楚，R. H. Grubbs 认为反应的活性物种应该是钌卡宾配合物，由于当时还没有人报道有关钌卡宾配合物的合成，因此他们采用原位生成的办法，试图通过向体系中加入重氮乙酸乙酯来验证他们的想法。结果他们发现，这样做产生的新的物种要比单独使用 $Ru(H_2O)_6(Tos)_2$ 活性更高，这一点可以从这种张力很小的环状底物也可以发生 ROMP 反应看出来，而 $RuCl_3(H_2O)$ 和 $Ru(H_2O)_6(Tos)_2$ 只对张力很大的环状底物有活性。于是，他们开始思考如何合成一种对任何底物均有活性的钌卡宾配合物：

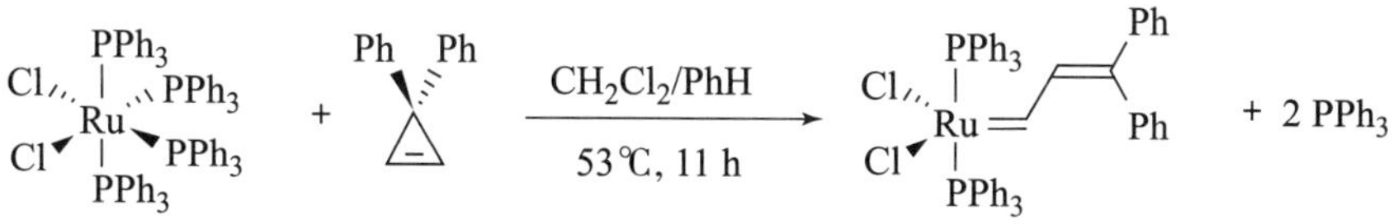

与前面使用的高活性 Schrock 催化剂相比，此第一代 Grubbs 催化剂对许多不同的官能团有很好的兼容性，对空气的稳定性使其制备和操作都比较容易：

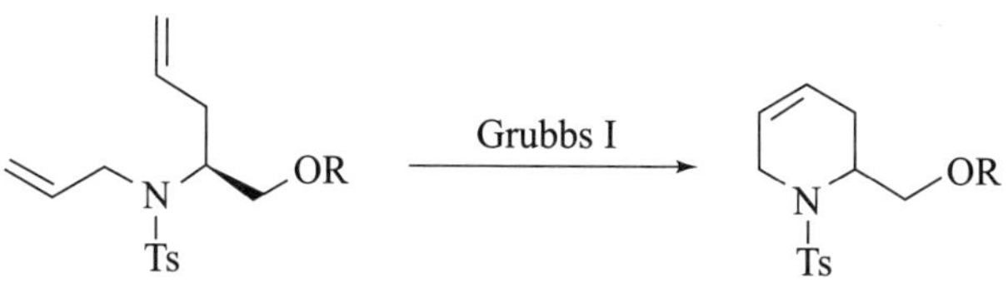

随后，在第一代 Grubbs 催化剂的基础上，Grubbs 又发现了新的卡宾作为配体的催化剂，即第二代 Grubbs 催化剂。它在低温下表现出更高的催化活性，且对空气和湿度都不敏感。潜在的活性可能来自较高的 Lewis 碱性和其空阻的影响。在此基础上，发展了 Hoveyda-Grubbs 不对称催化剂：

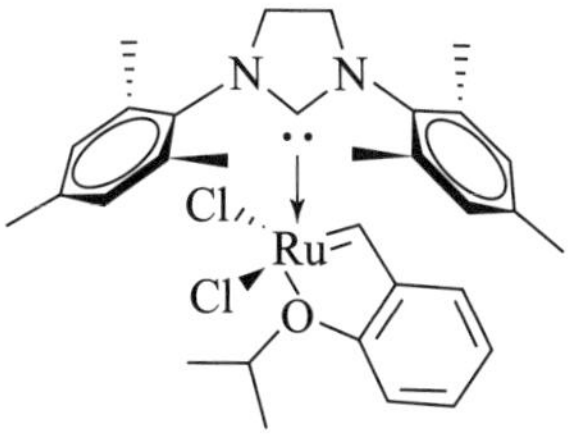

此催化剂在一些不对称关环烯烃复分解反应中发挥了重要的作用：

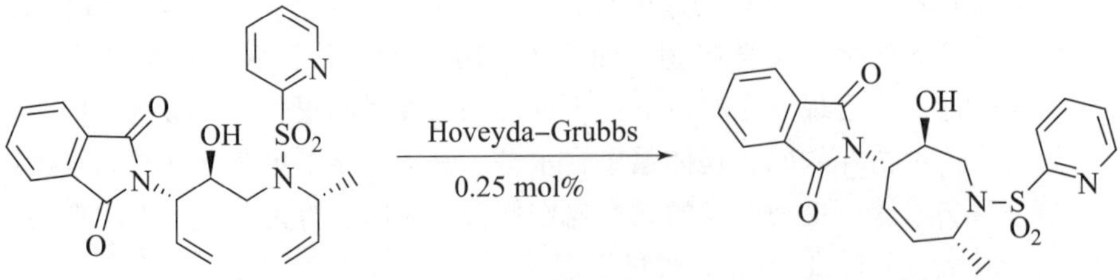

这是美国葛兰素史克（Glaxo Smith Kline）公司开发的用于治疗骨质疏松症和骨关节炎的一种药物，其中含有一个 7 元杂环和两个手性中心。Hoveyda-Grubbs 催化剂在此合成中起到了非常重要的作用。

烯烃复分解反应在有机合成上特别是在关环反应中具有很高的应用价值。六元、七元、八元环以及更大的大环体系都能够通过此方法合成。反应过程中手性中心不受影响，并且对于很多含其他官能团的化合物，例如酯、胺、醇和环氧化合物也都有很好的兼容性。随着对烯烃复分解反应研究的深入，这类反应在高分子材料合成上也展现了很好的应用前景。

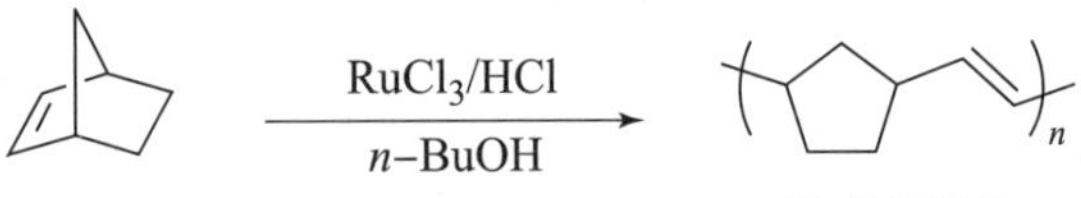

降菠烯橡胶

4.12　2010 年诺贝尔化学奖—钯催化交叉偶联反应

4.12.1　过渡金属催化的碳碳键偶联反应

碳碳键的偶联反应（coupling reaction）是在金属催化下生成新的碳碳键的反应。在这个反应过程中主要包括氧化加成、转金属化以及还原消除等基本的基元反应。

$$R-X \xrightarrow{M} R-M-X \xrightarrow{R^1-M^1} R-M-R^1 \longrightarrow R-R^1$$

目前，按照参与催化的金属的不同以及参与反应的两个偶联碳原子的杂化形式的不同，这些偶联反应可以分为 Kumada 偶联、Heck 偶联、Sonogashira 偶联、Negishi 偶联，Stille 偶联、Suzuki 偶联，等等。

Kumada 偶联反应

1960 年，B. L. Shaw 等发现卤化镍配合物可以与格氏试剂进行转金属化反应，生成芳基镍衍生物：

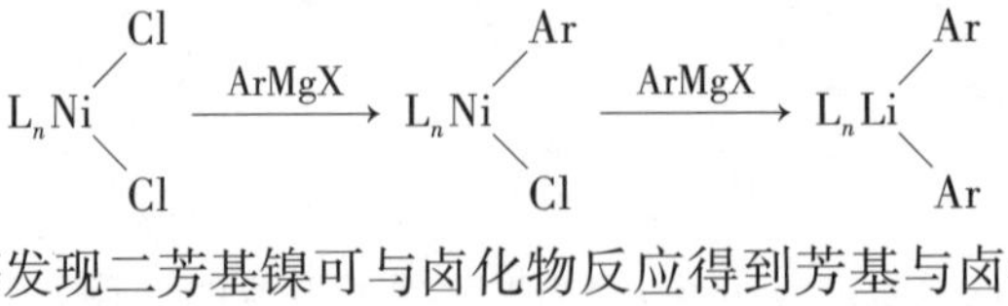

1970 年，S. Ikeda 等发现二芳基镍可与卤化物反应得到芳基与卤化物偶联的产物，二芳基镍转化为单芳基镍：

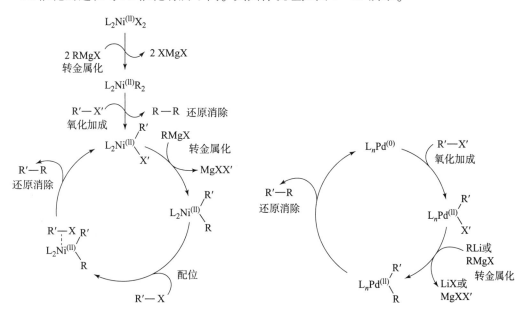

1972 年，M. Kumada 和 R. J. P. Corriu 分别独立报道了芳基或烯基卤代物在催化量的 Ni 膦配合物作用下，可以与格氏试剂进行立体选择性的偶联反应。随后几年里，M. Kumada 进一步研究了这个反应的机理以及应用范围。因此，芳基或烯基卤代物与格氏试剂的偶联反应称为 Kumada 交叉偶联反应。Kumada 交叉偶联反应的通式为

其具体的催化机理如图 4 – 16 所示。

随后，深入研究发现，钯催化剂可以有效地催化有机锂试剂与芳基或烯基卤代物的偶联。

Pd 催化的过程与 Ni 催化有所不同。其具体机理如图 4 – 17 所示。

图 4 – 16　Kumaclo 偶联反应机理　　　图 4 – 17　Pd 催化偶联反应机理

研究结果表明，镍配合物的催化活性与配体紧密相关。双齿膦配体的反应活性高于单齿配体。其基本的排序为

dppp > dmpf > dppe > dmpe > dppb > dppc > *cis*-dpen

在此反应过程中，即使格氏试剂中的烷基有 β-H，也不会发生消除反应。对二级烷基取

代的格氏试剂而言，反应会比较复杂；二级烷基可以直接偶联得到目标产物，也可以发生β-氢消除生成烯烃，还可以发生二级烷基的异构化成一级烷基的反应。

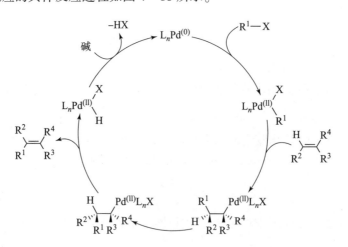

这种烷基的异构化反应也与膦配体的碱性以及一级芳基卤代物的反应活性有关。

此偶联反应具有一定的立体选择性，烯基卤代物的双键构型不发生变化。但是，如果烯基格氏试剂与芳基卤代物进行偶联反应，通常会生成 Z、E 两种异构体的混合物。

Heck 偶联反应

20 世纪 70 年代前后，T. Mizoroki 和 R. F. Heck 分别独立发现芳基卤代物、苄基卤代物以及苯乙烯基卤代物在有空阻的胺作碱以及钯催化下，可以与烯烃偶联生成芳基、苄基以及苯乙烯基取代的烯烃化合物：

$$
\begin{array}{c}
\overset{R^1}{\underset{R^2}{}}\!\!=\!\!\overset{R^3}{\underset{H}{}} + R^4\!\!-\!\!X \xrightarrow{\ Pd(0)\ } \overset{R^1}{\underset{R^2}{}}\!\!=\!\!\overset{R^3}{\underset{R^4}{}}
\end{array}
$$

此后，将芳烃、烯烃与乙烯基化合物在过渡金属催化下生成碳碳键的偶联反应称为 Heck 偶联反应。Heck 反应的具体反应过程如图 4 – 18 所示。

图 4 – 18　Heck 反应机理

从基元反应分析，这个循环反应可分为四个阶段：首先是零价钯或二价钯的催化剂前体被活化，生成能直接催化反应的配位数少的零价钯。紧接着的阶段是卤代烃对新生成的零价钯进行氧化加成。这是一个协同过程，也是整个反应的决速步骤。碘代芳烃反应最快，产率也较高，而且反应条件温和，时间短。反应的第三阶段为烯烃的迁移插入，它决定了整个反应的区域选择性和立体选择性。一般来说，烯烃上取代基空间位阻越大，迁移插入的速率越慢。整个循环的最后一步就是还原消除反应，生成取代烯烃和钯氢配合物。后者在碱如三乙胺或碳酸钾等作用下重新生成二配位的零价钯，再次参与催化循环。

Heck 反应最重要的选择性和立体化学问题主要是底物中的 C═C 究竟是哪个位点优先反应以及最终产物的双键构型是否与底物的一致。从反应机理上分析，在烯烃与 Pd(II) 配位后，原先 R^4-X 中的 R^4 基团应该加到烯烃中取代基少的位置上，这个区域选择性与烯烃上的取代基电子效应基本上没有关系：

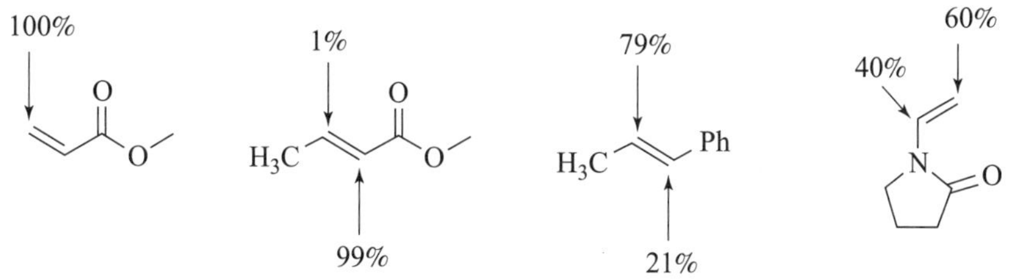

烯烃上取代的给电子基团或吸电子基团对后续基团的进入没有很强的控制力。由于反应中烯烃的取代基数目和位置会影响到后续基团 R^4 的进入，因此取代基少的烯烃反应速率快，多取代的烯烃则反应速率慢。此外，由于后续进入的基团 R^4 为富电子体系，因此吸电子基团取代的烯烃的偶联产物通常产率会比较高。

产物中双键的构型取决于烯烃插入反应以及后续 β-H 的还原消除的立体化学。由于 β-H 的还原消除必须是顺式共平面的要求，因此在烯烃插入后，必须进行 σ 键的旋转，才能使 β-H 与 Pd 处在共平面的位置上，这使得原先烯烃中处于反式的 R^2 和 R^3 两个基团在产物中将处在顺式的位置上：

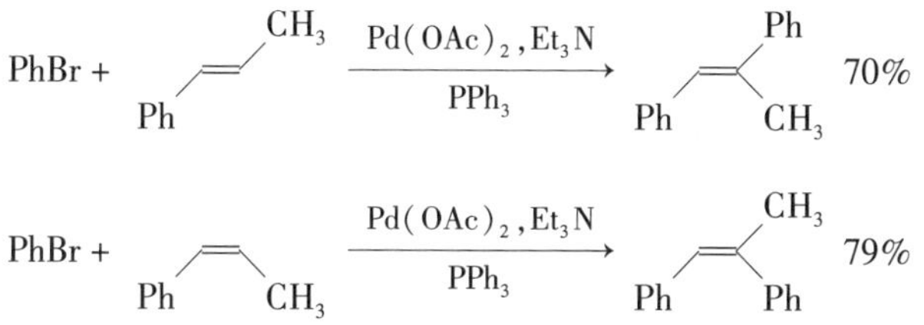

对于单取代烯烃而言，产物的碳碳双键构型永远是反式的：

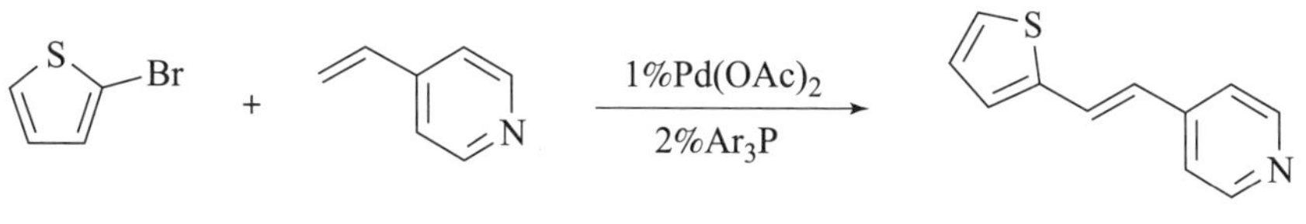

反应第一步是 Pd(0) 对 R^4-X 的氧化加成，因此此反应的难易程度就决定了此反应的成功与否。其氧化加成的反应速率与 C-X 键紧密相关：碘代物 > 溴代物 > 三氟甲磺酸酯 ≈ 氯代物。氯代物在很多情况下不反应。对芳基卤代物而言，吸电子基团取代有利于反应的顺利进行。

很多情况下，Heck 反应是 Pd(0) 启动的反应，通常使用 Pd(OAc)$_2$。这是由于体系中的膦配体、胺以及烯烃均可以将 Pd(OAc)$_2$ 还原为 Pd(0)：

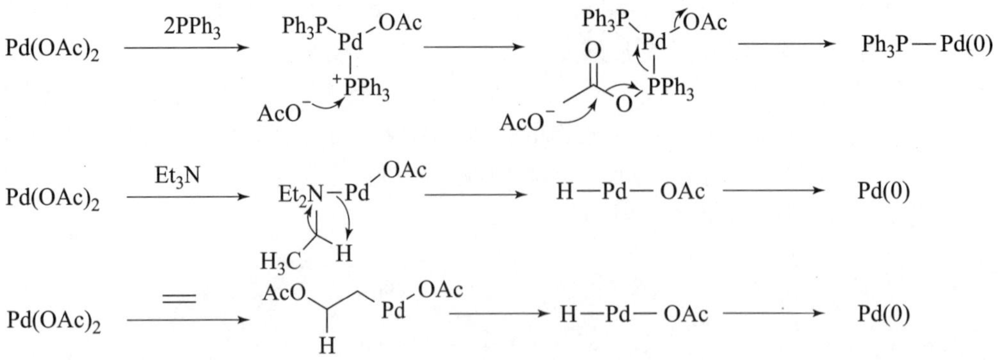

$$Pd(OAc)_2 \xrightarrow{2PPh_3} \text{Ph}_3\text{P—Pd—OAc} \longrightarrow \longrightarrow \text{Ph}_3\text{P—Pd(0)}$$

$$Pd(OAc)_2 \xrightarrow{Et_3N} \text{Et}_2\text{N—Pd—OAc} \longrightarrow \text{H—Pd—OAc} \longrightarrow Pd(0)$$

$$Pd(OAc)_2 \xrightarrow{\equiv} \text{AcO—CH—Pd—OAc} \longrightarrow \text{H—Pd—OAc} \longrightarrow Pd(0)$$

Heck 反应是合成带各种取代基的不饱和化合物最为有效的偶联方法之一。虽然发现至今只有不到 40 年的时间，但由于它具有适用底物广，对许多官能团如醛基、酯基、硝基等均有良好的兼容性，因此被广泛应用于制药、染料以及有机发光材料等领域中。利用分子内的 Heck 反应还可构筑稠环体系，在天然产物全合成方面有很高的应用前景。如下面的反应就是一个很好的构筑稠环体系的经典反应：

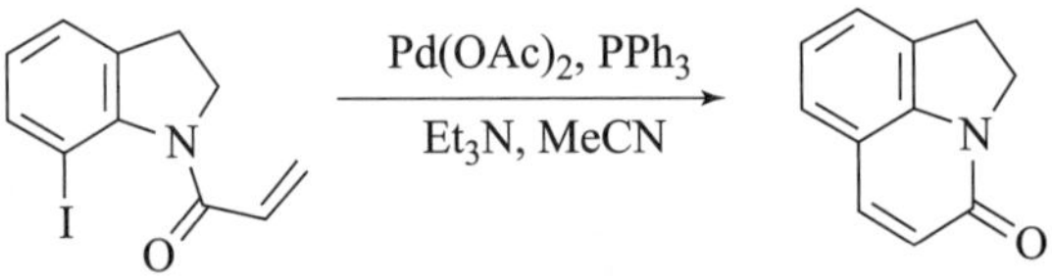

$$\xrightarrow[\text{Et}_3\text{N, MeCN}]{\text{Pd(OAc)}_2,\ \text{PPh}_3}$$

在过去这些年中，科学家们在改善 Heck 反应的条件方面作出了很多努力，如将催化剂固载化，使用其他催化剂如无磷催化剂、铜催化剂，使用微波反应，水相的 Heck 反应，不以 β-H 消除为终止的还原性 Heck 反应，以及不对称的 Heck 反应等。随着人们对 Heck 反应研究的深入，Heck 反应必将取得更大的发展。

Sonogashira 偶联反应

1975 年，K. Sonogashira 等首次报道了在温和的条件下利用催化量的 $PdCl_2(PPh_3)_2$ 和 CuI 作共同催化剂，可以使芳基碘代物或烯基溴代物与乙炔气反应生成双取代对称的炔烃衍生物。同年，R. F. Heck 和 L. Cassar 也分别独立报道了在钯催化下利用类似的反应步骤制备取代炔烃衍生物的方法。此后，将在 Pd/Cu 共催化下，芳基或烯基卤代物与端炔偶联生成炔烃衍生物的反应称为 Sonogashira 偶联反应：

$$R^1 \!\!\!-\!\!\!\equiv \ + R^2\text{—X} \xrightarrow{\text{Pd(0)},\text{Cu(1)}} P^1 \!\!\!-\!\!\!\equiv\!\!\!-\!\! R^2$$

Sonogashira 反应实质上是 sp^2 杂化碳与 sp 杂化碳的连接反应。其基本的反应机理如图 4 – 19 所示。

这个循环反应主要包括以下四个过程：

（1）钯的活化：此过程中稳定的二价钯被端炔还原为不饱和的活性零价钯配合物，进入下一个反应循环。

（2）氧化加成：在催化循环中活性的零价钯配合物和卤代烃发生氧化加成反应，钯催化剂将碳卤键活化。

（3）转金属化：此活性中间体与炔的铜配合物发生转金属化作用，卤化亚铜离去，生成由钯原子连接 sp^2 碳与 sp 碳的中间体。此步反应被认为是整个反应的决速步。当转金属

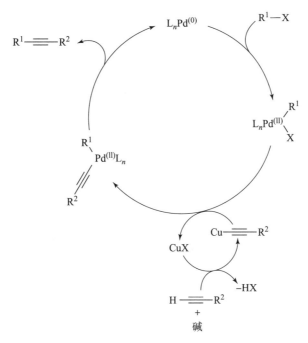

图 4 – 19　Sonogashira 反应机理

化结束后，生成的亚铜再次与炔结合，并生成不溶的四级铵盐，体系随即变混浊，此时可以认为反应开始进行。

（4）还原消除：随后发生还原消除，生成产物，释放出的活性零价钯再次进入循环，催化反应。

活性的零价钯配合物对碳卤键的氧化加成的难易是反应条件温和与否和产率高低的决定因素。碳卤键的反应活性为：碘代或溴代烯烃 > 碘代芳烃 ≈ 三氟甲磺酸酯 > 氯代烯烃 > 溴代芳烃 > 氯代芳烃。多数碘代芳烃在室温和加入极少量催化剂（0.001 ~ 0.003 mol）的条件下，几乎大都能定量地与各种端炔反应。而溴代芳烃反应时，则往往要加入更多的催化剂（0.01 ~ 0.05 mol）和较高的温度。同时反应时间也有较大差异，后者往往需要比前者更长的时间。例如，1,4-二碘-2,5-二溴苯在室温下与三甲基硅基乙炔进行偶联反应时，其化学选择性为

如果烯基卤代物参与反应，其双键的构型可以保持不变：

由于 Sorwgashira 反应具有条件温和、适用范围广泛、基团兼容性强以及产率高等优点，使得此反应已经成为当代有机合成中进行芳-炔偶联最为常用的方法之一，在天然产物的合成、共轭有机分子的合成以及小分子中引入炔键等方面都有广泛的应用。

由于 Sonogashira 反应在各个合成领域均有十分重要的地位，因此对此反应的深入研究一直在不断进行中，其主要的研究方向有改善反应条件，减少炔的自身偶联，发展新方法以提高反应对氯代物的效率等。通过不断深入研究和改进，此反应将会有更广阔的应用前景。

Negishi 偶联反应

随着 Hcck、Kumada 以及 Sonogashira 偶联反应的发现，科学家们开始关心如何改进反应条件，使得大多数官能团都能被兼容。最早开始的是针对 Kumada 反应中的锂试剂和格氏试剂，希望能用一些正电性比较弱的金属代替锂和镁。1976 年，E. I. Negish 等报道了烯基铝试剂与烯基或芳基卤代物在镍催化下可以立体专一性进行偶联反应。随后，E. I. Negish 对此反应进行了深入的研究。其研究结果表明，在钯催化下，有机锌试剂在反应速率、产率以及立体选择性等方面均表现出了最佳的结果。因此，将有机锌试剂与炔基、烯基或芳基卤代物在 Pd 或 Ni 催化下的偶联反应称为 Negishi 偶联反应：

$$R^1—Zn—X + R^2—X \xrightarrow{\text{NiL}_n(\text{PdL}_n)} R^1—R^2$$

其催化机理可以根据催化剂的不同分为两种。

Ni 催化机理如图 4 – 20 所示。

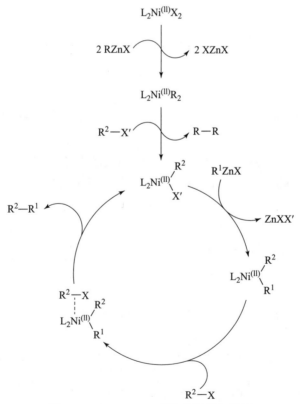

图 4 – 20　Negishi Ni 催化偶联反应机理

Pd 催化机理如图 4 – 21 所示。

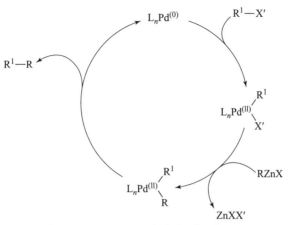

图 4 – 21　Negishi Pd 催化偶联反应机理

此反应体系中使用的有机锌试剂通常是原位制备的。常用两种方法：

（1）金属锌与活泼卤代物的氧化加成反应。

（2）通过转金属化反应制备。常用 $ZnCl_2$ 的四氢呋喃溶液与有机锂试剂、格氏试剂等进行转金属化反应。

由于使用了亲核性更软的有机锌试剂，使得 Negishi 反应对底物的官能团兼容性更好，反应也具有了更好的反应活性、更高的区域选择性和立体选择性。此外，在偶联过程中，烯基卤代物或烯基有机锌试剂中的碳碳双键构型可以保持不变。但是，此反应也存在一些弱点，如炔丙基锌试剂无法与卤代物偶联，而高炔丙基锌试剂却可以反应；二级或三级烷基锌试剂容易发生异构化反应。

Stille 偶联反应

1976 年，C. Eaborn 等报道了首例芳基卤代物与有机锡化合物在钯催化下的偶联反应：

$$R\text{—}\underset{}{\langle\text{—}\rangle}\text{—}X \quad + \quad Bu_3SnSnBu_3 \xrightarrow[120\sim140℃]{Pd(PAr_3)_4} R\text{—}\langle\text{—}\rangle\text{—}\langle\text{—}\rangle\text{—}R$$

R=H, OMe, NO_2

一年后，M. Kosugi 和 T. Migita 报道了有机锡试剂与酰氯在过渡金属催化下的碳碳键偶联反应：

$$\underset{R^1}{\overset{O}{\|}}\underset{Cl}{}+R_4Sn\xrightarrow[120℃]{Pd(PPh_3)_4}\underset{R^1}{\overset{O}{\|}}R \qquad \begin{array}{l}R^1=Me,Ph\\R=Me,Bu,Ph\end{array}$$

接着，T. Migita 报道了三烷基烯丙基锡试剂与芳基卤代物和酰氯的反应。实验结果表明，锡试剂上的烯丙基可以迁移至催化剂 Pd 上，并使反应可以在较低的温度下进行。

1978 年，在以上工作的基础上，J. K. Stille 发现烷基锡试剂可以在更为温和的条件下与酰氯反应，以更高的产率制备酮类衍生物。此后，J. K. Stille 对有机锡试剂的偶联反应进行了深入的研究。因此，将有机锡试剂与一个有机亲电试剂作用生成新的碳碳 σ 键的反应称为 Stille 偶联反应。

$$R^1—SnR_3 + R^2—X \xrightarrow{PdL_n} R^1—R^2 + R_3SnX$$

Stille 反应的机理基本上与 Negishi 反应的一致，也包括了以下这些过程：

（1）催化剂 Pd(0) 对 R^1-X 的氧化加成。

（2）氧化加成物 R^1-P-X 与 R^2-SnR_3 进行转金属化反应，生成化合物 R^1-Pd-R^2。

（3）还原消除，转化为偶联产物。

在这个催化过程中，常使用 Pd(0) 催化剂，如 Pd(PPh$_3$)：和 Pch(dba)$_3$。在某些情况下，也可以使用 Pd(OAc)$_2$、PdCl$_2$(CH$_3$CN)$_2$ 以及 PdCl$_2$(PPh$_3$)$_2$ 等。由于锡上有 4 个取代基，为了保证高产率地合成目标产物，必须使这些取代基在接下来的转金属化过程中存在明显的迁移速率差别。研究结果表明，甲基和正丁基等一级烷基基本上不会发生迁移反应，而其他基团的迁移顺序为：

$$R\text{===}\sim \quad > \quad \underset{H}{RHC\text{=}\{} \quad > \quad Ar \quad > \quad \underset{H}{RHC\text{=}}\overset{CH_2\sim}{} \quad \approx \quad ArCH_2\sim \quad > \quad CH_3OCH_2\sim$$

因此，只要选择三甲基或三正丁基锡试剂，另一个取代基可以高化学选择性转移至金属钯上。在此反应的条件下，非对称的烯丙基锡试剂大多会发生重排反应，苄基碳原子的手性则会发生翻转，而烯基锡试剂的双键构型保持不变：

重排为主   构型翻转   构型保持

虽然有机锡试剂与酰氯的偶联反应可以高产率制备酮类衍生物，但是酰氯的合成存在条件的限制并且很难兼容许多官能团。1984 年，J. K. Stille 报道了有机锡试剂、CO 以及一个有机亲电试剂在 Pd 催化下同时实现两根碳碳 σ 键的连接反应生成酮，此反应称为 Stille 羰基化偶联反应，其机理如图 4 – 22 所示。

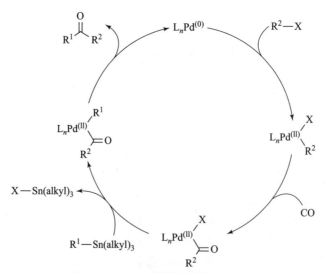

图 4 – 22 Stille 羰基化偶联反应机理

$$R^1-SnR_3 + R^2-X \xrightarrow[\text{CO}]{\text{PdL}_n} \underset{R^1 \quad R^2}{\overset{O}{\parallel}}C + R_3SnX$$

这个方法很好地解决了酰氯的制备，反应只需要以卤代物为原料即可。这个反应还具有很好的化学和区域选择性，也体现了很高的立体选择性，在迁移的过程中锡试剂上的烷基构型保持不变。

在 C. Eaborn 工作的基础上，1987 年，J. K. Stille 报道了三氟甲磺酸芳基酯（ArOTf）在钯催化剂的作用下可以与 R_3SnSnR_3 反应生成 $ArSnR_3$。这是 Stille 偶联反应中非常重要的锡试剂。1990 年，T. R. Kelly 等报道了在 Stille 反应条件下的分子内偶联反应：

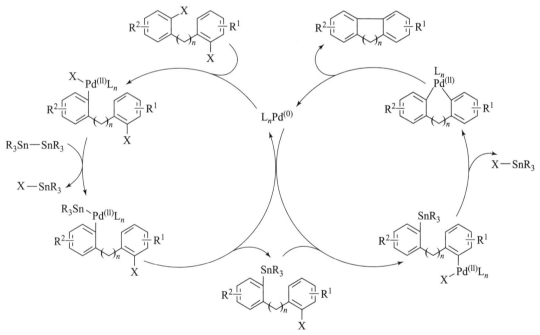

这种在钯催化下的芳基卤代物或三氟甲磺酸芳基酯与 R_aSnSnR_a 反应实现的分子内的偶联反应称为 Stille-Kelly 反应。其反应机理如图 4－23 所示。

图 4－23　Stille－kelly 反应机理

氯代物由于反应性很差，不能进行此偶联反应。

Suzuki 偶联反应

1979 年，A. Suzuki 和 N. Miyaura 报道了 1-烯基硼烷在催化量的 Pd 催化下与芳基卤代物反应生成芳基取代的（E)-烯烃：

$$R^1-BR_2 + R^2-X \xrightarrow{\text{PdL}_n} R^1-R^2 + R_2BX$$

此后，将在 Pd 催化剂的作用下芳基或烯基硼化合物或硼酸酯和卤代物或三氟甲磺酸酯的交叉偶联反应称为 Suzuki 偶联反应。通常大家都认为，这个反应的催化循环过程经历了氧化加成、芳基阴离子向金属中心迁移和还原消除三个阶段，如图 4 - 24 所示。

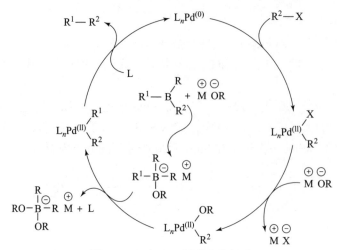

图 4 - 24　Suzuki 偶联反应机理

实际上，此反应机理与前面讲过的 Heck 反应的机理近似，只是键的作用有所不同而已。由于采用了硼试剂，Suzuki 反应对于官能团的兼容性非常好，如一些比较活泼的基团—CHO、—COCH$_3$、—COOC$_2$H$_5$、—OCH$_3$、—CN、—NO$_2$、—F 等，均不受任何影响。此外，硼试剂也易合成、稳定性好，使此反应具有了更大的应用范围。Suzuki 反应中硼试剂的制备方法有很多种。最简单的可以是烯烃或炔烃的硼氢化反应：

还可以通过以锂试剂或格氏试剂为原料制备：

由于卤代物反应活性的差异，在多卤代物中 Suzuki 反应存在着明显的化学选择性：

此外，如果芳环上有多个位置同时被同种卤素原子取代，Suzuki 反应也有一定的区域选择性：

制备芳基硼酸最简单的方法就是使用双硼试剂，可以在非常温和的条件下高产率地得到芳基硼酸。Suzuki 反应中碱的选择性也非常多，Na_2CO_3 是最常用的碱试剂。在无水的条件下也可以使用 Li_2CO_3 或者 K_3PO_4。

1993 年，N. Miyaura 等发现炔烃在催化量 Pt（PPh_3）$_4$ 的作用下可以与双硼酸频哪酯反应，高效生成双硼酸酯化的烯烃：

$$C_3H_7 \equiv\!\!\!-C_3H_7 \quad + \quad \text{(试剂)} \xrightarrow[\substack{DMF, 80℃ \\ 24\,h}]{Pt(PPh_3)_4} \text{(产物)} \quad 86\%$$

1995 年，N. Miyaura 发现芳基卤代物在催化剂 $PdCl_2$（dppf）的作用下与四烷氧基双硼试剂反应生成芳基硼酸酯：

$$\text{(苯)}\!-Br \quad + \quad \text{(试剂)} \xrightarrow[\substack{DMF, 80℃, 2\,h}]{PdCl_2(dppf),\ KOAc} \text{(产物)} \quad 98\%$$

这个产物是 Suzuki 偶联反应以及 Ullmann 芳基醚合成的重要原料。研究结果表明，在芳基卤代物硼酸酯化的过程中只有 Pd 催化剂可以有效地催化此反应，其他催化剂没有任何效果。此后，将芳基、杂芳环卤代物或三氟甲磺酸酯在 Pd 催化下与四烷氧基双硼试剂转化为芳基或杂芳环硼酸酯的反应称为 Miyaura 反应。这个反应可以在温和的条件下制备 Suzuki 反应的硼试剂，甚至可以进一步反应得到偶联的产物。其作用机理如图 4-25 所示。

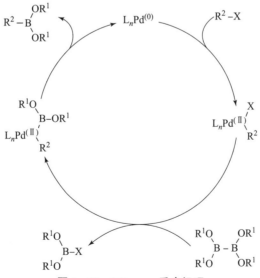

图 4-25 Miyaura 反应机理

Suzuki 反应具有反应条件温和、可兼容的官能团多、产率高和芳基硼酸经济易得且易于保存等优点。Suzuki 反应不仅在科研方面有着广阔的研究潜力，在工业生产方面也有着巨大的发展前途，人们还在不停地探索更加温和、更加经济的工业化的 Suzuki 反应。

4.12.2 过渡金属催化的碳杂原子键偶联反应

前一节主要讨论了在过渡金属催化下的碳碳键的偶联反应。由于碳杂原子之间键的构筑也是有机合成化学重要的研究方向，因此，在以上碳碳键构筑工作的基础上，许多科学家集中研究了碳杂原子键的偶联反应，并实现了此类反应的广泛应用。

Buchwald-Hartwig 偶联反应

1983 年，T. Migita 等首次报道了在 $PdCl_2[P(o\text{-tolyl})_3]_2$ 催化下的芳基溴代物与二乙基氨基三丁基锡的碳氮键偶联反应：

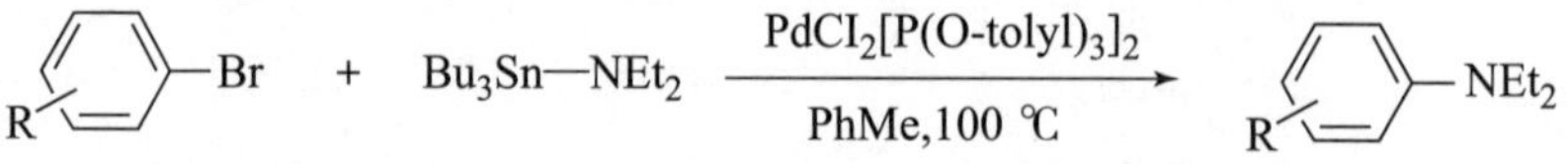

研究结果表明，此反应的产率很不稳定，最高可以达到 81%，而最低的只有 16%；而且只有分子极性比较小的、空阻小的底物才能达到高的转化率。

1984 年，D. L. Boger 等报道了在合成 lavendamycin 的过程中采用化学计量的 $Pd(PPh_3)_4$ 实现了碳氮键的构筑：

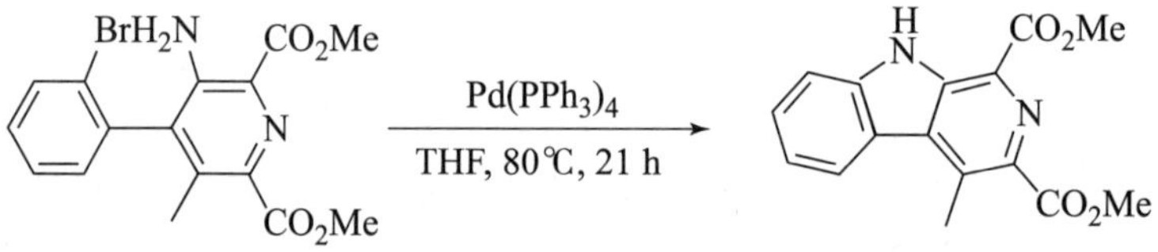

这些碳氮键构筑的研究结果一直没有受到科学家们的关注 1994 年，J. F. Hartwig 在 T. Migita 工作基础上，系统研究了不同 Pd 催化剂对反应的影响，提出只有 d^{10} 配合物 $Pd[P(o\text{-tolyl})_3]_2$ 才是活性催化物种。Hartwig 认为，这个反应是以 Pd(0) 对芳基溴代物的氧化加成为整个循环过程的起始点。

同年，S. Buchwald 也在 Migita 工作基础上进行了两个重要的改进：首先，通过利用通入氩气的方式排出体系中易挥发的二乙胺，实现 Bu_3SnNEt_2 与环状或非环状的二级胺以及一级芳香胺的转氨化反应：

$$Bu_3SnNEt_2 \xrightarrow[Ar]{HNR_2} Bu_3SnNR_2$$

其次，通过增加催化剂的量、提高反应温度以及延长反应时间等方法，使富电子体系和缺电子体系的芳香化合物均能达到良好的产率。邻位取代的芳香化合物当时并没有报道。此后，大量的研究结果表明，胺类化合物在大空阻的强碱作用下，无须锡试剂的参与，也能实现碳氮键的构筑，但底物仅限于二级胺。这些反应结果被称为第一代的 Buchwald-Hartwig 催化体系。随后的改进主要集中于膦配体的改进，使得许多胺类化合物和芳基卤代物均能进行此反应。芳基碘代物、溴代物、氯代物以及三氟甲磺酸酯均能进行此反应，反应还可以在较弱的碱以及室温下进行。

在这些工作的基础上，对此反应的转换过程有了非常清晰的认识。其具体转换机理如图 4-26 所示。

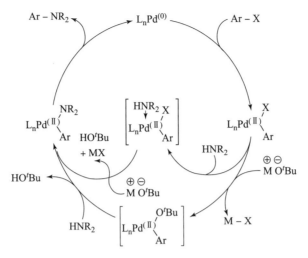

图 4 – 26　C-N 键偶联反应机理

　　此反应机理与碳碳键偶联的反应机理基本一致：首先是 Pd(0) 物种对 C-X 的氧化加成；接着是氨基对氧化加成中间体的配位，并在碱作用下去质子化；最后还原消除。其中的副反应应该是氨基上的 β-H 消除反应，生成去卤的芳香化合物和亚胺。

　　在类似的反应条件下，醇与芳基卤代物反应生成相应的芳基醚。其温和的反应条件和高的反应产率使得这个反应可以代替 Ullmann 缩合反应。

硫醇和苯硫酚也可以进行此类偶联反应构筑碳硫键。

Larock 吲哚合成

　　1991 年，R. C. Larock 等首次报道了在 Pd 催化下 2-碘苯胺衍生物与双取代炔烃反应生成吲哚的方法，反应机理如图 4 – 27 所示。

　　在随后的几年中，R. C. Larock 进一步改进了此反应，并拓展了此反应的应用：

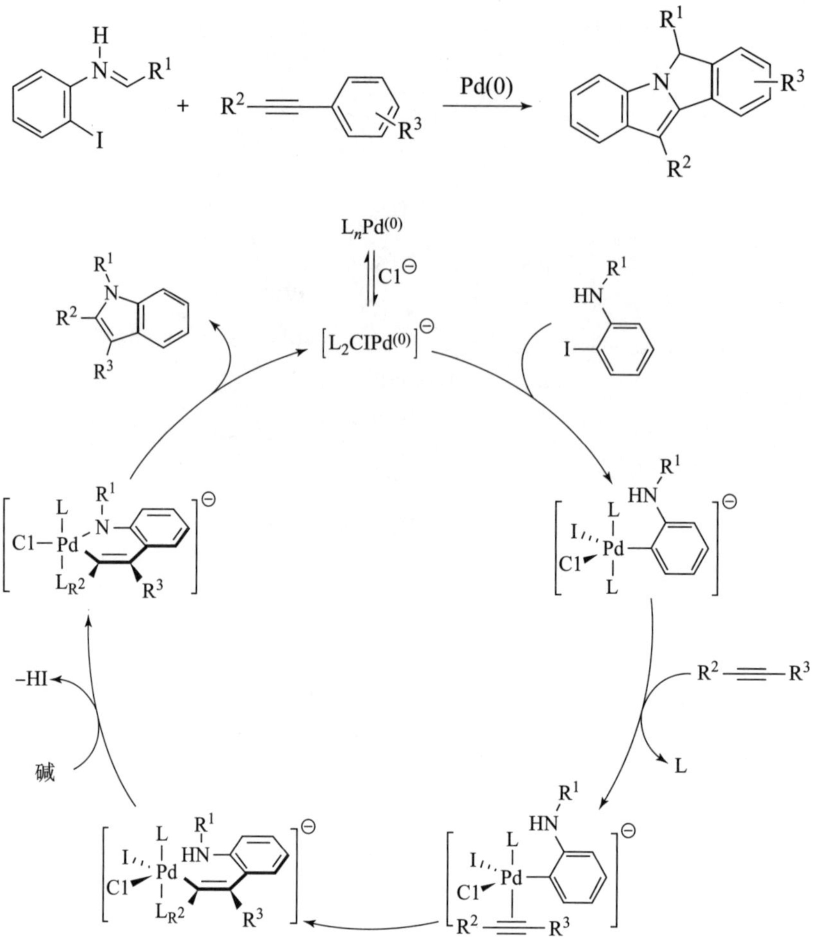

图 4 - 27　Larock 反应机理

Larock 吲哚合成法的反应机理主要包括以下过程：

（1）Pd(OAc)$_2$ 被还原为 Pd(0)；

（2）Cl$^-$ 对 Pd(0)物种的配位；

（3）2-碘苯胺衍生物中 C—I 键的氧化加成；

（4）炔烃与 Pd 配位后发生插入反应，此过程具有高的区域选择性；

（5）氮对 Pd 进行亲核取代反应，生成 Pd 杂六元环体系；

（6）还原消除生成吲哚衍生物和 Pd(0)物种。

吲哚环在生物体中是一个非常重要的杂环体系。因此，此合成方法一经发现，马上成了合成吲哚环的重要方法。

4.12.3　钯催化偶联反应总结

从以上的反应体系中可以发现，钯可以催化芳基或烯基卤代物、三氟甲磺酸酯与各类金属有机化合物偶联生成 C—C 键的反应：

$$M—R^1 + R^2—X \xrightarrow{Pd(0)} R^1—R^2 + MX$$

其中，金属有机化合物可以是有机锂、有机镁、有机锌、有机铜、有机锡或有机硼试剂；而基团 X 可以是卤素、三氟甲磺酰氧基以及一些具有强离去能力的基团。总的来说，这是在钯催化下的 sp^2 与 sp 以及 sp^2 与 sp^2 杂化的碳原子之间的偶联，生成的产物为双芳基化合物、二烯、多烯以及炔烃类衍生物。其整个反应过程可以简单地总结为：

氧化加成：$\qquad\qquad Pd(0) + R^2{-}X \longrightarrow R^2{-}Pd(II){-}X$

转金属化反应：$\qquad R^2{-}Pd(II){-}X + R^1{-}M \longrightarrow R^2{-}Pd(II){-}R^1 + MX$

还原消除：$\qquad\qquad R^2{-}Pd(II){-}R^1 \longrightarrow R^2{-}R^1 + Pd(0)$

首先，Pd(0) 对 R^2-X 氧化加成。在接下来的转金属化过程中，亲核基团 R^1 从金属 M 转移至钯上，而对离子 X 则是反方向转移至金属 M 上。此时，钯原子上有两个亲核配体，经还原消除后生成新的碳碳键，Pd(II) 被还原为 Pd(0)，继续参与催化循环。由于转金属化后，连接在 Pd 上的两个基团可以是不一致的，因此，这种偶联反应被称为交叉偶联反应（cross-coupling reaction）；此外，这两个基团分别来源于两种金属，因此进一步拓展了这类反应的应用范围。

由于 Pd(0) 首先对 R^2-X 进行了氧化加成反应，因此为了避免 β-H 消除的副反应发生，R^2 基团不能存在 β-H；而对于 R^1M 而言，由于 M 不是 Pd，因此可以考虑 R^1 基团存在 β-H，这是由于转金属化后，R^1 基团连接到 Pd 上，还原消除的速度远远快于 β-H 消除。

总的来说，金属参与的偶联反应具有非常广泛的应用前景。1912 年，F. A. V. Grignard 因此获得了诺贝尔化学奖，E. O. Fischer 和 G. Wilkinson 因三明治型金属有机化合物而得诺贝尔化学奖，2010 年 R. F. Heck、E. -i. Negishi. A. Suzuki 因在金属催化的交叉偶联反应中的杰出贡献获得了诺贝尔化学奖。

参考文献

[1] Anderson G K, Cross R J. Isomerisation mechanisms of square – planar complexes [J]. Chem Soc Rev, 1980, 9：185 – 215.

[2] Ozawa F, Ito T, Nakamura Y. Mechanisms of thermal decomposition of trans – and cis – Dialkylbis（tertiary phosphine）palladium（II）. Reductive elimination and trans to cis isomerization [J]. Bulletin of the Chemical Society of Japan, 1981, 54（6）：1868 – 1880.

[3] Paonessa R S, Trogler W C. Solvent – dependent reactions of carbon dioxide with a platinum (II) dihydride. Reversible formation of a platinum (II) formatohydride and a cationic platinum (II) dimer, [Pt_2H_3 (PEt_3)$_4$] [HCO_2] [J]. Journal of the American Chemical Society, 1982, 104 (12)：3529 – 3530.

[4] Favez R, Roulet R, Pinkerton A A. A study of PtX_2 (PR_3)$_2$ in the presence of PR3 in dichloromethane solution and the Cis – Trans isomerization reaction as studied by phosphorus – 31 NMR. Crystal structure of [PtCl (PMe3)$_3$] Cl [J]. Inorganic Chemistry, 1980, 19 (5)：1356 – 1365.

[5] Halpern J. Oxidative – addition reactions of transition metal complexes [J]. Accounts of Chemical Research, 1970, 3 (11)：386 – 392.

[6] Lappert M F, Lednor P W. Free Radicals in Organometallic Chemistry [M] //Advances in

Organometallic Chemistry. Academic Press, 1976, 14: 345 – 399.

[7] Vaska L. Reversible activation of covalent molecules by transition – metal complexes. The role of the covalent molecule [J]. Accounts of Chemical Research, 1968, 1 (11): 335 – 344.

[8] Ugo R. The coordinative reactivity of phosphine complexes of platinum (o), palladium (o) and nickel (o) [J]. Coordination Chemistry Reviews, 1968, 3 (3): 319 – 344.

[9] Norton J R. Organometallic elimination mechanisms: studies on osmium alkyls and hydrides [J]. Accounts of Chemical Research, 1979, 12: 139 – 145.

[10] Baird M C. Transition metal—carbon σ – bond scission [J]. Journal of Organometallic Chemistry, 1974, 64 (3): 289 – 300.

[11] Cassar L, Eaton P E , Halpern J. Catalysis of symmetry – restricted reactions by transition metal compounds. Valence isomerization of cubane [J]. Journal of the American Chemical Society, 1970, 92 (11): 3515 – 3518.

[12] Bishop Ⅲ K C. Transition metal catalyzed rearrangements of small ring organic molecules [J]. Chemical reviews, 1976, 76 (4): 461 – 486.

[13] Smidt J, Hafner W, Jira R. Katalytische umsetzungen von olefinen an platinmetall - verbindungen das consortium - verfahren zur herstellung von acetaldehyd [J]. Angewandte Chemie, 1959, 71 (5): 176 – 182.

[14] Neigishi E, Van Horn D E. Selective carbon – carbon bond formation via transition metal catalysis. 4. A novel approach to cross – coupling exemplified by the nickel – catalyzed reaction of alkenylzirconium derivatives with aryl halides [J]. Journal of the American Chemical Society, 1977, 99 (9): 3168 – 3170.

[15] Pruett R L. Hydroformylation [M] //Advances in Organometallic Chemistry. Academic Press, 1979, 17: 1 – 60.

[16] Heck R F, Breslow D S. The reaction of cobalt hydrotetracarbonyl with olefins [J]. Journal of the American Chemical Society, 1961, 83 (19): 4023 – 4027.

[17] Evans D, Osborn J A, Wilkinson G. Hydroformylation of alkenes by use of rhodium complex catalysts [J]. J Chem Soc (A), 1968, 3133 – 3142.

[18] Brown C K, Wilkinson G. Homogeneous hydroformylation of alkenes with hydridocarbonyltris – (triphenylphosphine) rhodium (I) as catalyst. [J]. Journal of the Chemical Society A: Inorganic, Physical, Theoretical, 1970: 2753 – 2764.

[19] Forster D. Mechanistic pathways in the catalytic carbonylation of methanol by rhodium and iridium complexes [M] //Advances in organometallic chemistry. Academic Press, 1979, 17: 255 – 267.

[20] Roth J F. At the academic/industry interface [J]. Journal of Organometallic Chemistry, 1985, 279 (1 – 2): 1 – 3.

[21] Reppe W, Vetter H . Synthesen mit Metallcarbonylwasserstoffen [J]. Justus Liebigs Ann Chem, 1953, 582: 133 – 161.

[22] Reppe W. Carbonylierung VI. Synthesen mit metallcarbonylwasserstoffen [J]. Justus Liebigs Annalen der Chemie, 1953, 582 (1): 133 – 161.

［23］ Heck R F. The mechanism of the allyl halide carboxylation reaction catalyzed by nickel carbonyl ［J］. Journal of the American Chemical Society，1963，85（13）：2013 – 2014.

［24］ Pommer H，Norrenbach A. Industrial synthesis of terpene compounds ［M］//Organic Synthesis. Butterworth – Heinemann，1975：527 – 551.

［25］ Wolfe J P. Wagaw S，Buchwald S L. An improved catalyst system for aromatic carbon – nitrogen bond formation：the possible involvement of bis（phosphine）palladium complexes as key intermediates ［J］. Journal of the American Chemical Society，1996，118（30）：7215 – 7216.

［26］ Hartwig J F. Transition metal catalyzed synthesis of arylamines and aryl ethers from aryl halides and triflates：scope and mechanism ［J］. Angewandte Chemie International Edition，1998，37（15）：2046 – 2067.